多塔缆索承重桥梁

Cable-supported Bridges with Multiple Towers

高宗余　编著

中 国 铁 道 出 版 社

2016 年·北 京

内 容 简 介

本书共7章，首先，系统总结了多塔缆索承重桥梁的技术演变；其次，通过对多塔斜拉桥、多塔悬索桥结构体系与力学行为的研究，阐述了多塔缆索承重桥梁的特殊性和设计的关键技术；最后，分别介绍了多塔斜拉桥和多塔悬索桥的工程实践。

本书是系统研究多塔缆索承重桥梁的首部著作，理论推导逻辑严密，析理细致，文笔流畅，可读性强，极具参考性和启发性。可供从事桥梁科学研究、设计、施工组织设计的工程技术人员、科研工作者和管理决策人员参考。

图书在版编目（CIP）数据

多塔缆索承重桥梁/高宗余编著．—北京：中国铁道出版社，2016.12
ISBN 978-7-113-22581-0

Ⅰ.①多… Ⅱ.①高… Ⅲ.①斜拉桥—悬索桥—承重结构—桥梁—研究
Ⅳ.①U448.25

中国版本图书馆CIP数据核字（2016）第291405号

书　　名：**多塔缆索承重桥梁**
作　　者：高宗余

策　　划：傅希刚
责任编辑：江新锡　冯海燕　傅希刚　　　**编辑部电话**：010-51873017
封面设计：郑春鹏
责任校对：苗　丹
责任印制：陆　宁　高春晓

出版发行：中国铁道出版社（100054，北京市西城区右安门西街8号）
网　　址：http://www.tdpress.com
印　　刷：中国铁道出版社印刷厂
版　　次：2016年12月第1版　2016年12月第1次印刷
开　　本：787 mm×1 092 mm　1/16　印张：12.75　字数：311千
书　　号：ISBN 978-7-113-22581-0
定　　价：53.00元

序　言

中国幅员广阔，大江大河众多，尤其是长江中下游和一些跨海通道水面非常宽阔。采用多塔缆索承重桥梁这种结构形式的桥型，可以少设桥墩，提供多个连续的大跨度，既可以减少桥墩对水流的阻碍作用，从而减少建桥对河道行洪的影响，又为船只通行提供了更大的自由度。通过多个主跨连续，可获得更好的水域覆盖能力。在山区宽阔峡谷，多塔缆索承重桥梁也不失为一种具有经济技术优势的可选方案。多塔缆索承重桥梁主要包括多塔斜拉桥和多塔悬索桥两种结构体系。由于其在技术上的可行性和经济性上的优势，所以受到科学界和工程界的一致重视和深入研究。

欧洲在 19 世纪就开始了多塔悬索桥的研究和工程实践，尤其是法国建成了多座中小跨度的多塔悬索桥。但是，国外对大跨度的多塔悬索桥尚未有工程实践。直到 21 世纪初，中铁大桥勘测设计院开展了对千米级多塔悬索桥技术的深入研究，系统解决了三塔悬索桥桥跨结构刚度、主缆与中主鞍座抗滑移稳定、中塔受力安全技术难题，并在泰州长江大桥、马鞍山长江大桥、武汉鹦鹉洲长江大桥工程实践中成功应用，取得了良好的经济和社会效益，同时为世界大跨度多塔悬索桥的技术发展做出了原创性的贡献。

斜拉桥相对于悬索桥来说发展较晚，但多塔斜拉桥在斜拉桥技术发展的初期就显示出其良好的技术和经济优势。早期最具代表性的多塔斜拉桥是委内瑞拉于 1962 年建成的马拉开波桥，它是主跨 235 m 的六塔五跨斜拉桥。多塔斜拉桥的结构体系比较复杂，桥塔、主梁和桥墩的组合形式多样，既可以合理选择各种梁塔之间的刚度分配，又可以采用交叉斜拉索或水平拉索等措施增加结构的刚度。多塔斜拉桥对于不同的地形和建设条件，显示出巨大的灵活性。目前全世界已经建成或在建的多塔斜拉桥 30 余座，跨度范围几乎覆盖 100 ~ 650 m，主梁形式也覆盖了预应力混凝土梁、钢箱梁、钢桁梁和结合梁等各种传统梁型。20 世纪 80 年代以后，中铁大桥勘测设计院先后设计了夷陵长江大桥、武汉二七长江大桥、郑州黄河公铁两用桥、济南建邦黄河大桥等大跨多塔斜拉桥，目前正在建设的还有荆州到岳阳铁路的洞庭湖大桥。

中铁大桥勘测设计院集团有限公司总工程师、全国工程勘察设计大师高宗余教授级高级工程师是我多年的同事，他长期从事多塔缆索承重桥梁的设计和研究工作。书中系统总结了多塔缆索承重桥梁的技术演变，通过对其静力和动力结构行为的研究，阐述了多塔缆索承重桥梁的特殊性和设计建造关键技术。该书是迄今为止系统研究多塔缆索承重桥梁的首部专著，理论推导逻辑严密，析理细致，文笔流畅，具有良好的可读性、参考性和启发性。

真心期待《多塔缆索承重桥梁》早日出版，相信该书会对大跨度缆索承重桥梁的发展和更加广泛的应用起到积极的推动作用。

中国工程院院士

秦顺全

2016年7月

前　言

本书介绍了多塔缆索承重桥梁的结构行为、设计与施工方法。全书共分7章，第1章放眼全球用历史的观点介绍了多塔缆索承重桥梁的技术演变和发展过程；第2章讨论了多塔斜拉桥结构体系与静动力行为，指出了多塔斜拉桥和传统斜拉桥结构行为的区别；第3章分析指出多塔斜拉桥的斜拉索疲劳要比传统斜拉桥更为不利，提出了利用等效疲劳损伤系数的方法来评估斜拉索的疲劳；通过参数研究，对多塔斜拉桥进行了静力参数敏感性分析，以加深读者对多塔斜拉桥结构行为的理解；第4章主要讨论了多塔悬索桥的静动力结构行为和多塔悬索桥中间桥塔刚度选择的关键和制约因数；阐述了多塔悬索桥中间桥塔的稳定性问题；第5章通过参数研究，对多塔悬索桥进行了静力参数敏感性分析，以便加深读者对多塔悬索桥结构行为的理解；第6章、第7章分别介绍了多塔斜拉桥和多塔悬索桥的工程实践。

本书内容基本覆盖了多塔缆索承重桥梁的科学研究基础、设计和施工关键技术、工程应用实例。

中国工程院院士秦顺全先生对书稿作了全面审核，提出了很好的修改意见，并为本书作序，中铁大桥勘测设计院的各位同事对书稿部分图表的整理给予了帮助，在此一并致谢！

多数读者无法亲临世界各地去欣赏经典的多塔缆索承重桥梁，本着普及桥梁知识和文化的愿望，本书用图片向读者展示了这些经典多塔缆索承重桥梁的风貌，以便读者在品读桥梁技术的同时增加其对桥梁美学和造型的了解。书中涉及的照片和文献内容未一一注明出处，在此对所有文献的作者和照片的摄影者表示深深的感谢！

书中涉及的内容繁多，由于时间和作者的水平有限，对存在的不足之处，恳请各位专家和读者给予批评和指正。

高宗余

2016年7月于武汉

目　　录

第 1 章　多塔缆索承重桥梁的技术演变

缆索承重桥梁大致可以分为斜拉桥和悬索桥两大类，及其演变的斜拉和悬索组合体系。缆索承重桥梁一般采用独塔或双塔，但是在开阔水域或者高原地区，为了减少桥墩的数量，采用多个主跨的多塔缆索承重桥梁在技术上更有优势。我国长江及黄河中下游河道宽阔，河势变化比较明显，采用多个大跨跨越整个水域，既减小了桥梁跨度，也更能适应河床演变，为航运的可持续发展奠定了良好的基础。例如，我国的泰州长江大桥和马鞍山长江大桥均采用主跨 1 080 m + 1 080 m 的三塔双跨悬索桥，武汉鹦鹉洲长江大桥采用 225 m + 850 m + 850 m + 225 m 的三塔四跨悬索桥，武汉二七长江大桥采用跨度为 90 m + 160 m + 2 × 616 m + 160 m + 90 m 的三塔斜拉桥，郑州黄河公铁两用桥主桥采用跨度为 120 m + 5 × 168 m + 120 m 的 6 塔斜拉桥等。跨海大桥和跨越山区宽阔峡谷的桥梁，也可以采用多塔缆索承重桥梁。希腊跨越科林斯海湾的里翁—安蒂里翁桥（Rion - Antirion Bridge），采用 286 m + 3 × 560 m + 286 m 的四塔五跨斜拉桥。法国跨越米约大峡谷的米约大桥采用 180 m + 6 × 320 m + 180 m 的七塔八跨钢箱梁斜拉桥等。

下面分别按照时间次序，总结多塔斜拉桥和多塔悬索桥的技术演变。从技术演变的过程中，可以看出多塔缆索承重桥梁结构行为的特点和针对这些特点而采用的对策。

1.1　多塔斜拉桥技术演变

最早的多塔斜拉桥应属意大利著名工程师里卡多 · 莫兰迪教授设计的马拉开波桥，随后多塔斜拉桥发展缓慢，直到 21 世纪以后，多塔斜拉桥才取得了较大的技术进步，目前最大跨度已经达到了 650 m。

马拉开波桥（Maracaibo Bridge）

马拉开波桥位于南美洲委内瑞拉北部，马拉开波湾和马拉开波湖相接最窄处的峡湾。1957 年，向国际征集桥梁方案。这是一座采用新技术建设的桥梁，有一定的历史意义和影响。

马拉开波桥进行国际方案招标，共得应征设计方案 12 个，其中 10 个是采用钢桥方案，唯独里卡多 · 莫兰迪设计了两个混凝土桥方案，一个是预应力钢筋混凝土稀索体系斜拉桥，另一个是钢筋混凝土拱桥。莫兰迪原投标方案为主孔约 400 m 的公铁两用斜拉桥，每塔只有一对斜拉索，由于混凝土梁在保养方面比较经济，委内瑞拉工程和建筑界亦欲借此掌握当时新的预应力混凝土结构技术，因此选中了这一方案。

在实际招标施工时，德国承包商认为单索 400 m 跨公铁两用桥在当时的技术条件下不可能实现，因此改为五孔 235 m 公路桥，维持莫兰迪的桥型方案设想。桥全长 8. 678 km，主桥孔跨布置为 160. 0 m + 5 × 235 m + 160. 0 m。主梁高 5. 0 m，主梁宽 17. 40 m，桥塔高 86. 60 m。

引桥孔跨布置为 26 ×85. 0 m +2 ×65. 8 m +79 ×46. 6 m +20 ×36. 6 m +22. 6 m。马拉开波桥的桥梁结构体系如图 1-1 所示，建成后的桥梁如图 1-2 所示。

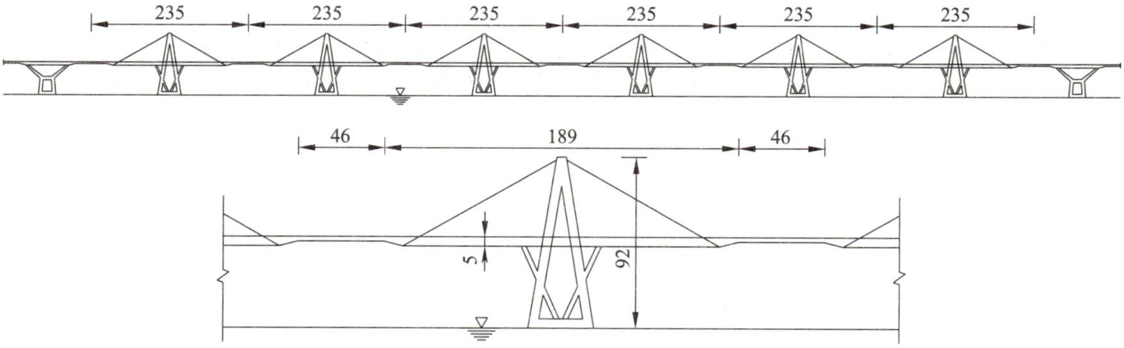

图 1-1　马拉开波桥结构总体布置（单位：m）

图 1-2　建成后的马拉开波桥

马拉开波桥是一座具有非同寻常特色的斜拉桥，索塔和加劲梁都用混凝土材料，而且是第一座多跨斜拉桥。为了提供进出马拉开波湖的航道，选择了建设一座具有五个主跨、各跨径为 235 m 的长桥。五个主跨中的每一跨包含两悬臂，各由一对从三角形桥塔顶上放射的斜拉索支承。该三角形索塔是为了稳定结构体系，也为了承担反对称荷载。在悬臂端之间布置小的悬挂孔，因此该体系为外部静定体系。由于只有一组索，因此不得不使用尺寸较大的箱梁从索塔到缆索支点跨越。在斜拉索体系的以后发展中，斜拉索的数量已逐渐增加，形成密索体系，促使缆索体系给加劲梁以更连续的支承，也使以后的加劲梁做得更柔更轻。

马拉开波桥最大的特点在于上部结构，其在技术和造型艺术上都很特殊。该桥的大跨和小跨，其桥塔或桥墩都是独立稳定的构造，左右伸臂，端部搁上悬挂孔形成伸臂梁桥。主塔左右伸臂各约 93 m（约 0. 39 倍跨长）。伸臂端用斜拉索拉在 A 字形塔上。为了增加左右伸臂梁的支点，在主塔基础上再增加 V 形墩柱，与三角形主塔墩形成双 X 形墩柱。

因为只有一个斜拉点，所以多根索集中锚在一起，下端锚固于伸臂梁端很大的横梁端部。施工时，伸臂梁端设钢脚手架临时墩，在此脚手架上就地现浇制梁，再施工斜拉索。

这一结构构造乃从悬臂钢桁梁演变而来，但引入了斜拉索体系。稀索体系并不能减少拉索用量，只是集中在一起。因此，后来就普遍采用在梁上和塔上将索分散锚固的方式，减小了梁的尺寸和重量，获得了更经济的密索体系斜拉桥。该桥在艺术上为莫兰迪的独特形式。全桥造型注意了节奏呼应，随桥的坡度，为 X 形墩、Y 形墩和 V 形墩。梁部则按弯矩图，改变梁高，成折线起伏。虽然，德国工程师莱昂哈特教授认为，从美学观点，其主墩 X 支承横向过实，宜予改进。然而莫兰迪的桥式形成了独特风格，曾风行一时，被称之为“莫兰迪的指纹”。

大贝尔特桥斜拉桥方案（Proposal of Great Belt Bridge）

1967 年，丹麦大贝尔特桥开展国际方案竞赛，德国工程师提出了预应力混凝土多塔斜拉桥方案。主跨 349.9 m，其中主梁采用柔性结构，桥塔和主梁采用固结体系，桥塔的底部分为两个薄片，以适应纵向变形，如图 1-3 所示。

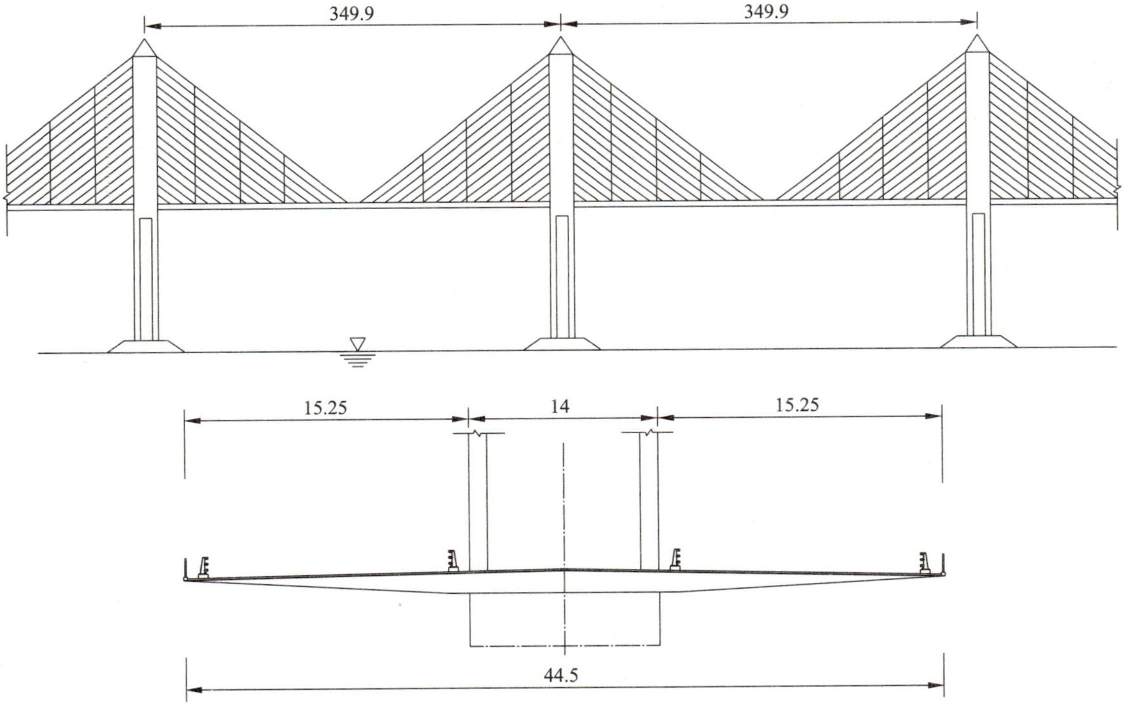

图 1-3　丹麦大贝尔特桥斜拉桥方案（1967 年）（单位：m）

印度安拉阿巴德恒河桥多塔斜拉桥方案

1966～1968 年德国工程师莱昂哈特为位于印度安拉阿巴德恒河桥提出了多塔斜拉桥的方案。该方案主跨 159 m，桥梁总长接近 4 000 m。桥塔在纵向采用刚性桥塔，桥墩采用两个薄片式的混凝土板，主梁之间加有悬挂孔，如图 1-4 所示。

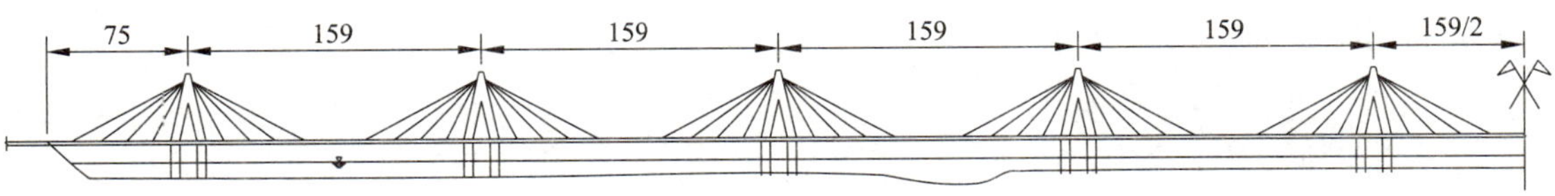

图 1-4　印度恒河多塔斜拉桥方案（单位：m）

印度巴特那恒河桥多塔斜拉桥方案

1971 年德国工程师莱昂哈特提出的印度巴特那恒河桥多塔斜拉桥方案，如图 1-5 所示。和安拉阿巴德多塔斜拉桥方案不同的是隔跨跨度减小 20%，并采用在塔顶交叉布置一对斜拉索保证中塔的刚度，桥梁的跨度按照 L 和 $0.8L$ 依次循环。在桥梁的主跨采用伸缩缝，但是该伸缩缝传递剪力和弯矩，不传递轴力。该桥的跨度约 200 m，总长约 4 000 m。这种方法后来在中国的嘉绍大桥中得到了应用。

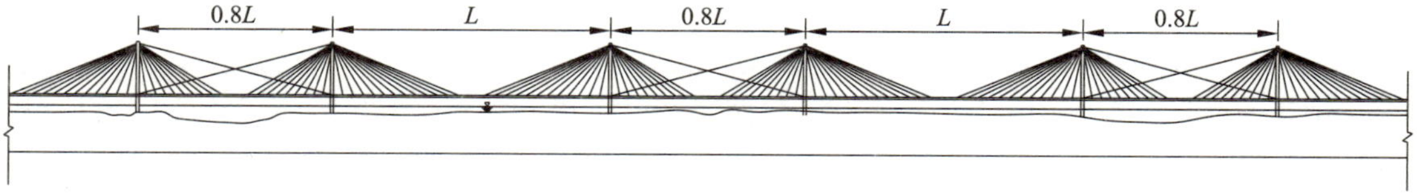

图 1-5　印度巴特那恒河桥多塔斜拉桥方案

光复大桥（Kwangfu Bridge）

中国台湾于 1977 年建成的台北市光复大桥是早期非常有名的三塔公路斜拉桥。光复大桥桥塔采用钢筋混凝土结构，孔跨布置为 67 m + 134 m + 134 m + 67 m，斜拉索采用稀索体系，跨中设铰，桥塔高 19. 10 m，桥面宽度 20. 40 m。该桥总体布置和建成后的照片分别如图 1-6 和图 1-7 所示。

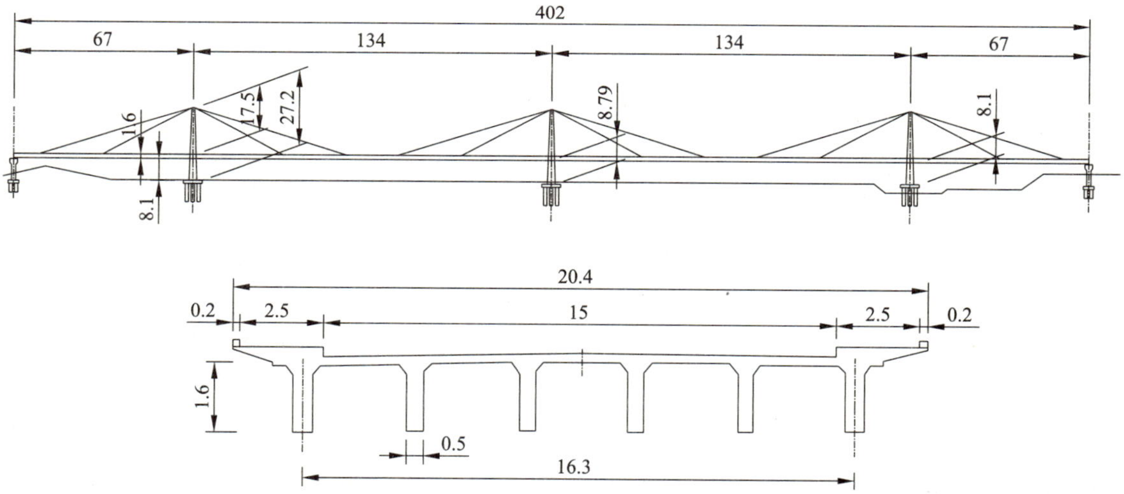

图 1-6　光复大桥总体布置（单位：m）

英吉利海峡多塔斜拉桥方案

1985 年，英国和法国在研究英吉利海峡通道时也提出了多塔斜拉桥方案。主梁采用钢箱梁，桥塔在纵向和横向都采用倒 V 形。桥梁为一系列主跨 500 m 的连续斜拉桥，其中每跨的跨中为 60 m 的挂孔。施工方案设想按照每个桥塔和 440 m 主梁的悬臂结构，采用浮式起重机运输到位置，直接安装，然后再安装 60 m 的挂孔，主桥主跨合龙。英吉利海峡多塔斜拉桥方案的部分布置如图 1-8 所示。

图 1-7　光复大桥

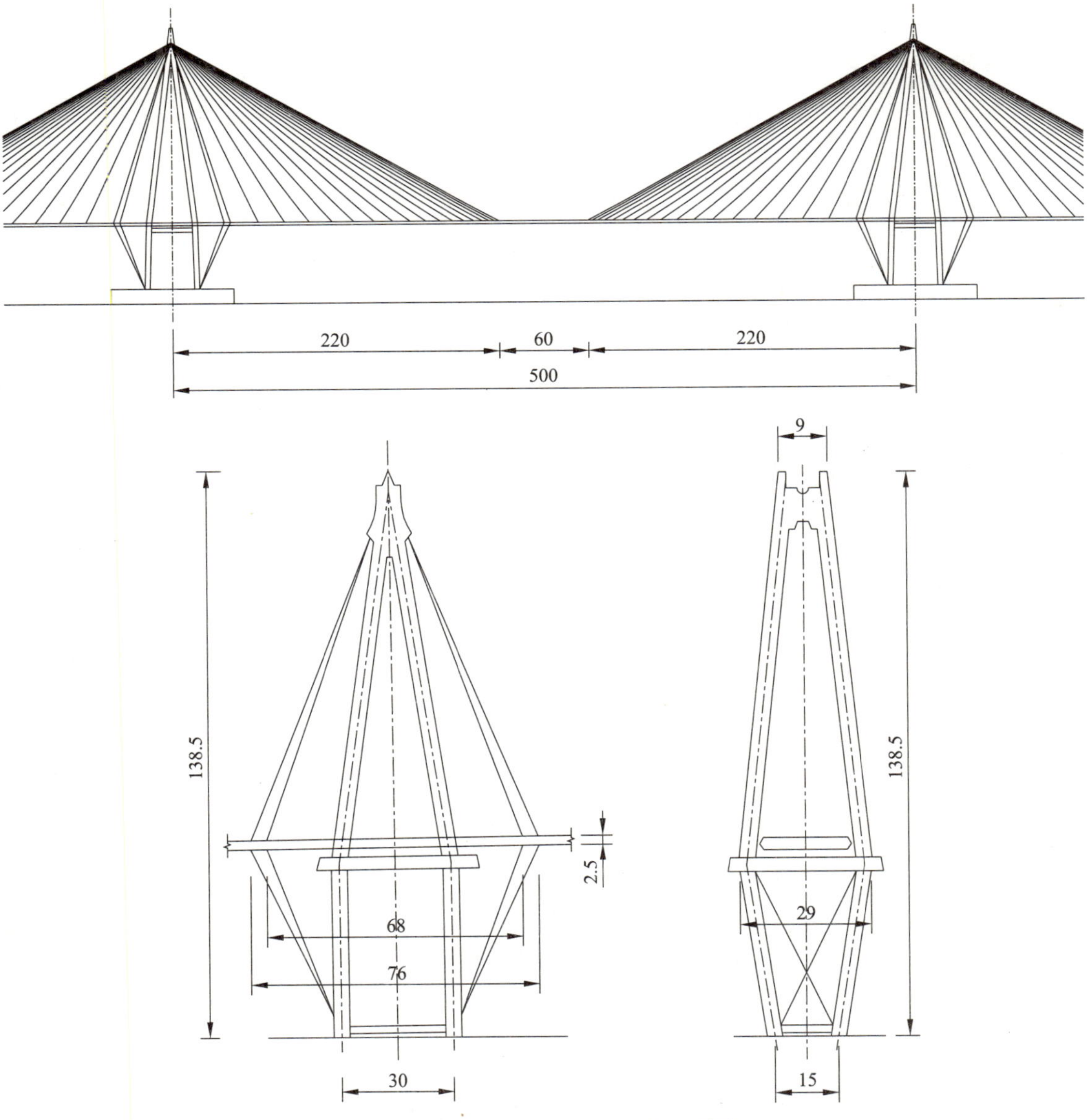

图 1-8　英吉利海峡多塔斜拉桥方案（单位：m）

法国雷岛桥（Re Island Bridge）多塔斜拉桥方案

1986 年法国在进行雷岛桥方案竞赛时，也提出过多塔斜拉桥方案。该方案主跨140 m，采用混凝土主梁。桥塔在纵桥向和横桥向都采用倒 V 形以保证结构的刚度。在每跨主梁的跨中设置纵向伸缩缝，以释放收缩徐变、温度应力和位移。该桥的总体方案如图 1-9 所示。

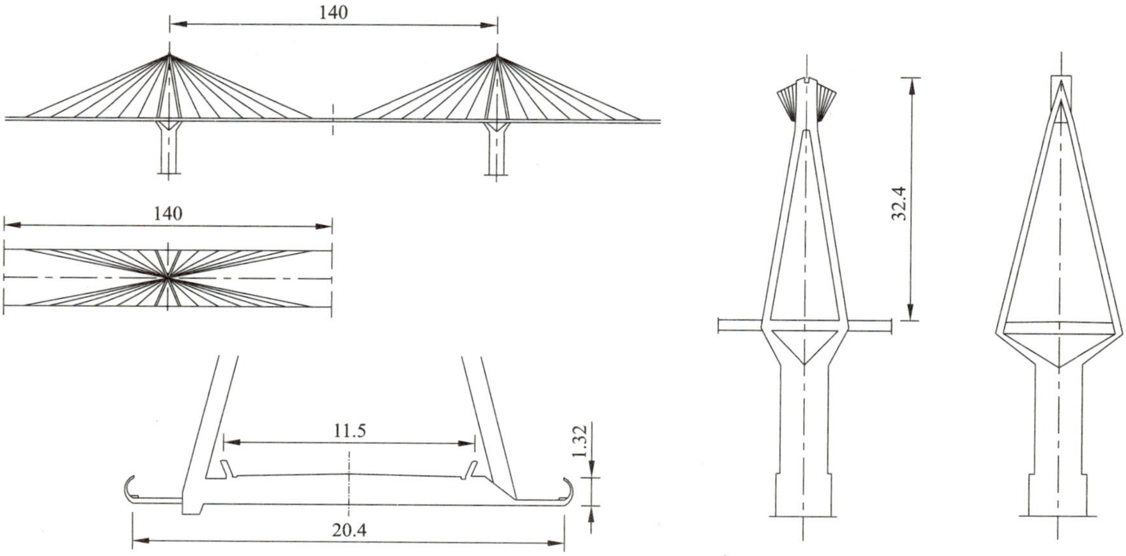

图 1-9 法国雷岛桥梁方案（单位：m）

加拿大爱德华王子岛多塔斜拉桥方案

1990 年左右，德国约格·施莱希在参加加拿大爱德华王子岛跨海大桥的投标时，提出采用和印度巴特拉恒河多塔斜拉桥方案类似的方案，如图 1-10 所示。该方案主跨采用 222. 5 m 和 177. 5 m 相互交替，中间挂孔长 20 m，施工时做成 380 m 长的大节段，采用大型浮式起重机将380 m 长的节段一次性架设，再逐次架设中间的挂孔。

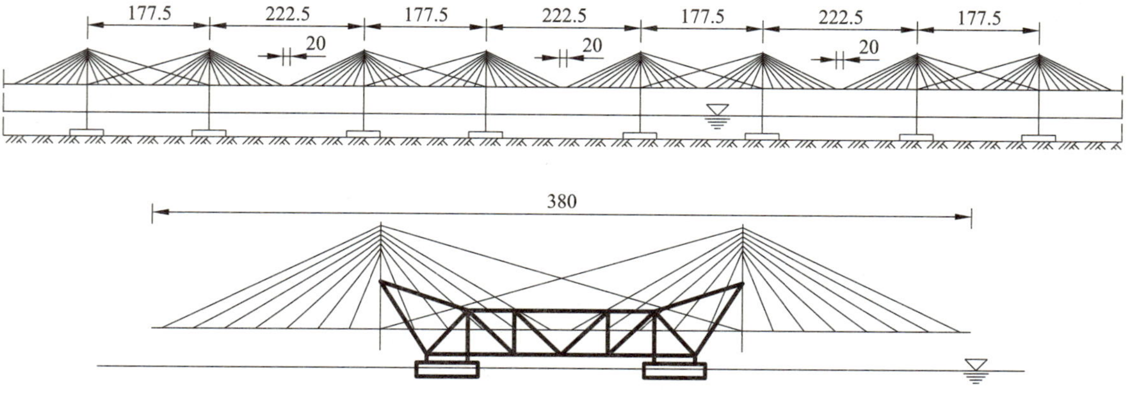

图 1-10 加拿大爱德华王子岛多塔斜拉桥方案（单位：m）

西班牙阿瑞拉桥（Arena Viaduct）

西班牙阿瑞拉桥为主跨 105 m 的六塔七跨斜拉桥，位于距离毕尔巴鄂（Bilbao）市 15 km 的高速公路上，采用结合梁，结构体系为塔梁固结、墩梁铰接体系。1992 年建成，总长 667 m，桥梁孔跨布置为 70. 2 m + 5 × 105. 3 m + 70. 2 m。结构总体布置如图 1-11 所示，平面呈 S 形曲线。因为它能和环境配合的比较融洽，但结构分析和施工都比较困难，本桥跨度较小，弱化了中间桥塔的刚度问题。

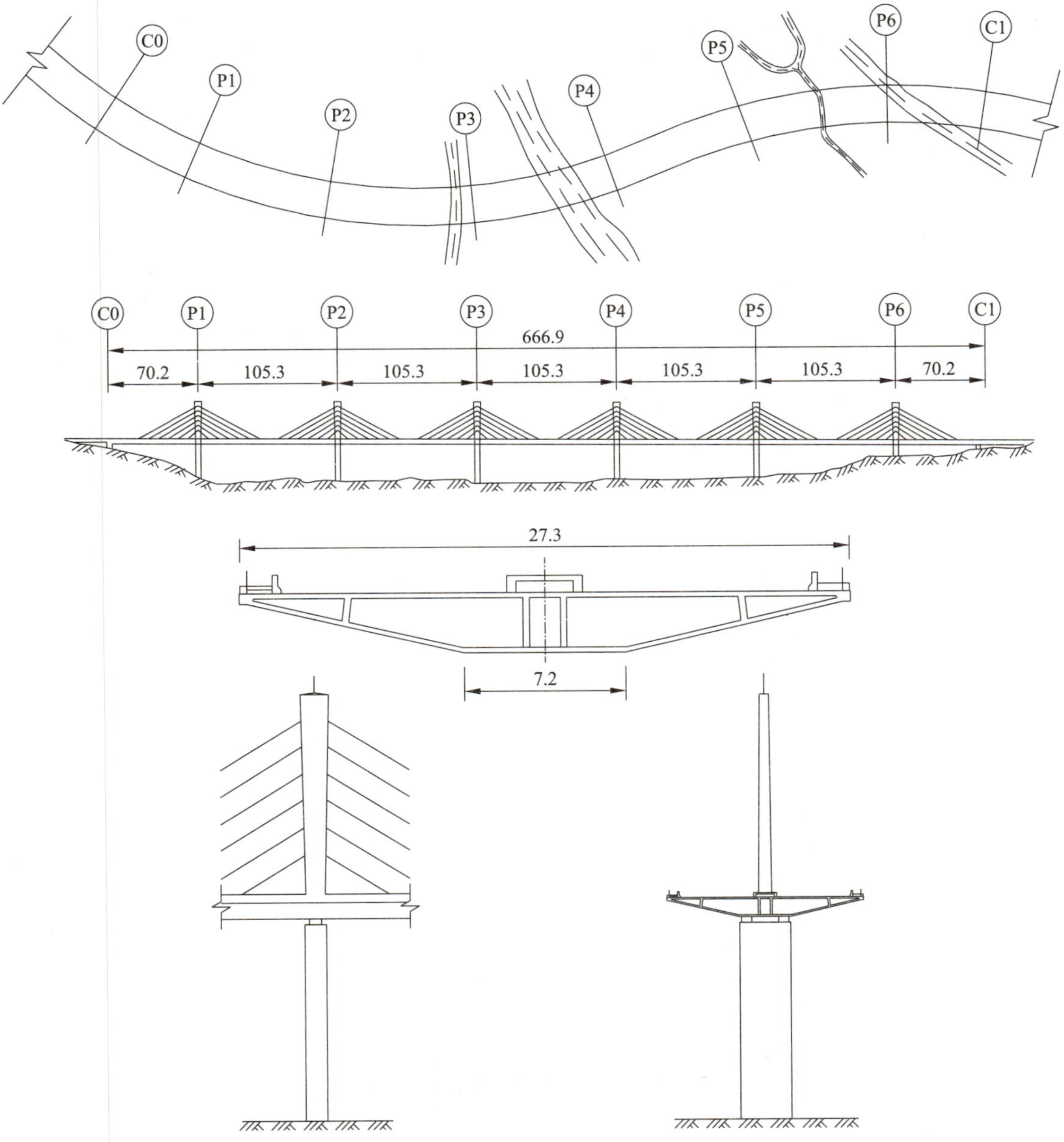

图 1-11 阿瑞拉高架桥总体布置（单位：m）

墨西哥梅斯卡拉桥（Mezcala Bridge）

墨西哥梅斯卡拉桥于1993年建成，是一座高低塔的三塔斜拉桥，其孔跨布置为57 m + 79.86 m + 311.44 m + 299.46 m + 83.84 m + 67.87 m + 39.44 m = 938.91 m，该桥的总体布置如图1-12所示。主梁采用结合梁，四车道，桥面宽度为19.1 m，混凝土板厚0.2 m，工字梁高2.59 m，每隔4 m设置一道横梁。桥塔采用混凝土桥塔，其中3号塔高241.8 m。主梁在2号桥塔上纵向固定，在其余塔墩处可以纵向自由伸缩。桥梁建成后下游会修建大坝，一些桥墩会淹没在蓄水位80 m以下。梅斯卡拉桥的边跨采用顶推法施工，中跨采用悬臂拼装法施工。建成后的梅斯卡拉桥如图1-13所示。

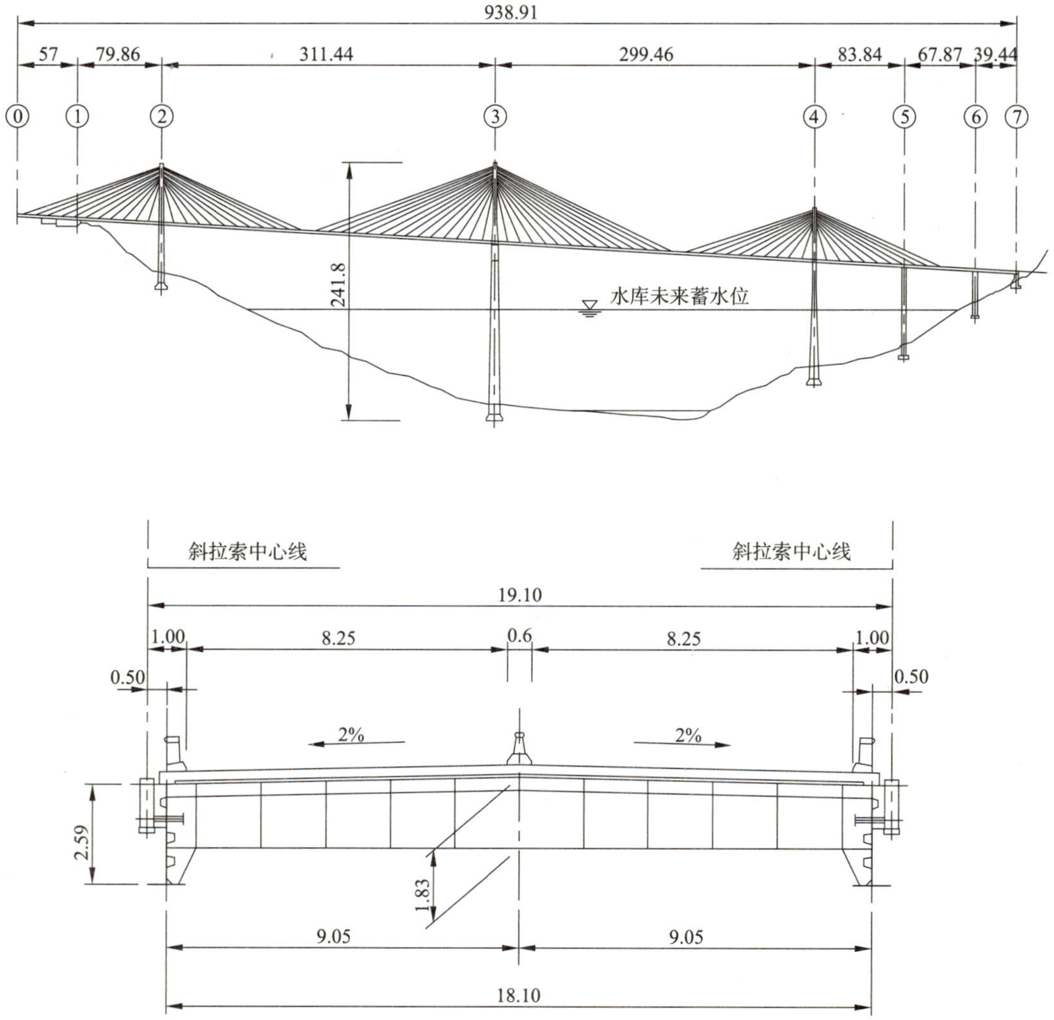

图1-12　梅斯卡拉桥总体布置和主梁截面（单位：m）

澳门澳凼桥

1994年建成的澳门澳凼桥是孔跨布置为35 m + 112 m + 35 m + 112 m + 35 m的多塔斜拉

图 1-13　建成后的梅斯卡拉桥

桥，如图 1-14 所示。同样是多塔斜拉桥，澳凼桥采用了中间两塔靠近，其间交叉布置纵向索来解决纵向刚度问题。具体的方法是把两座跨度相等的部分斜拉桥的边跨相互重叠，因此两个中塔可以相互加劲，提高中塔的纵向刚度，另外还可以把双向往返的航道分为两个分离较远的单向航道。建成后的澳门澳凼桥如图 1-15 所示。

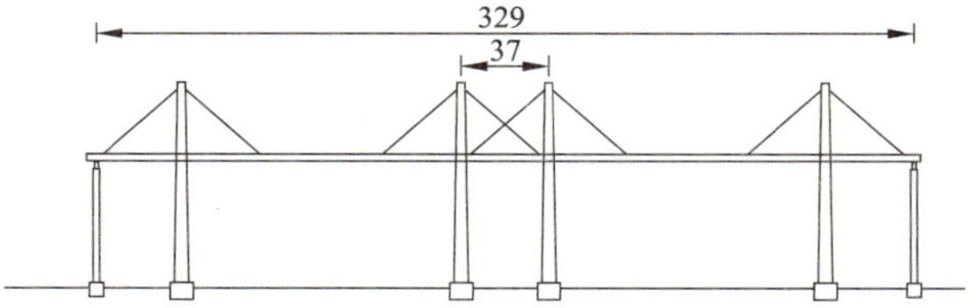

图 1-14　澳凼桥总体布置（单位：m）

图 1-15　建成后的澳凼桥

瑞士圣尼伯格桥（Sunniberg Bridge）

瑞士圣尼伯格桥于 1998 年建成，是曲线矮塔斜拉桥，桥塔呈花蕊状，别具特色。圣尼伯格桥的概念设计由 Christian Menn 完成。圣尼伯格桥主梁采用预应力混凝土结构，长 526 m，最大跨度为 140 m，孔跨布置为 59 m + 128 m + 140 m + 134 m + 65 m。水平曲线半径为 503 m，桥梁面积为 6 510 m^2，桥面高出谷底 50 ~ 60 m。主梁宽 12. 375 m，桥塔最大高度为 77 m。圣尼伯格桥桥塔和主梁的一般构造如图 1-16 所示，采用悬臂法施工，主梁呈“凹”字形前进。建成后的圣尼伯格桥如图 1-17 所示。圣尼伯格桥获得 2001 年度国际桥梁与结构工程协会杰出结构工程奖。

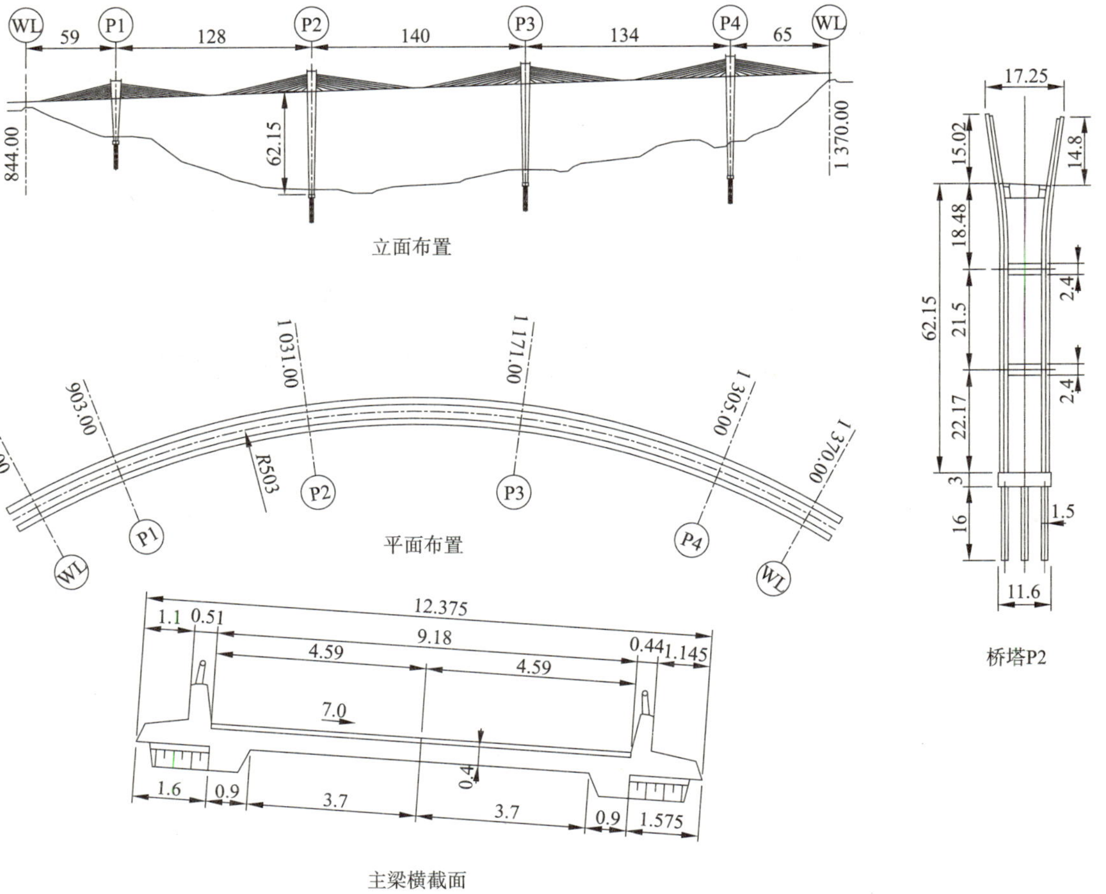

图 1-16　圣尼伯格桥桥塔和主梁一般构造（单位：m）

图 1-17　建成后的圣尼伯格桥

香港汀九桥（Ting Kau Bridge）

中国香港汀九桥于 1997 年建成，是 127 m + 448 m + 475 m + 127 m 三塔结合梁斜拉桥。三桥塔的中央主桥塔，采用纵向稳定索加劲的柔性桥塔。稳定拉索斜拉至两边桥塔塔位处，锚固在主梁上，桥塔在斜拉索锚固区采用钢和混凝土组合结构。汀九桥的具体内容将在第 6 章进行介绍。

法国米约高架桥（Millau Viaduct）

法国米约高架桥是目前世界上最高的桥梁，于 2004 年 12 月 14 日落成。米约高架桥全长 2 460 m，为 180 m + 6 × 320 m + 180 m 的七塔八跨钢箱梁斜拉桥，其结构体系为塔梁固结，塔墩铰接，梁高 4.2 m。采用顶推法施工，施工时在两岸设顶推台座，各跨跨中设置一个临时墩，顶推时，两岸各带一个桥塔并张拉 6 对斜拉索向跨中顶推，在跨中合龙，其余各塔整体运输，旋转就位，再张拉斜拉索，拆除临时墩。米约高架桥是第一座多塔钢箱梁斜拉桥，具体内容将在第 6 章进行介绍。

希腊里翁—安蒂里翁桥（Rion-Antirion Bridge）

里翁—安蒂里翁桥为多塔结合梁斜拉桥，建成于 2004 年 12 月 8 日，总长 2 880.40 m。孔跨布置为 286 m + 3 × 560 m + 286 m，主桥长 2 252 m，主梁高 2.82 m、宽 27.2 m。大桥建在强地震带，而且地质条件差，水深、通航要求高等不利条件给建桥带来了很大的困难。设计中采用全飘浮体系的斜拉桥，基础采用在加固地基上铺设碎石垫层的沉箱基础，解决了较大的水平位移问题。施工中采用大型浮式起重机安装上塔柱和主梁，在船坞中预制和浮运沉箱基础等海上作业的方法。里翁—安蒂里翁桥的具体内容将在第 6 章进行介绍。

宜昌夷陵长江大桥

夷陵长江大桥于 2001 年建成，主桥桥跨布置为 120 m + 2 × 348 m + 120 m，其中 120 m 边跨由三个小跨（38 m + 38.5 m + 43.5 m）组成。夷陵长江大桥采用单索面，主梁在中间桥塔处和桥塔固结。全桥三个主塔中，两个边塔结构相同，中塔高于边塔。主塔采用钻石形钢筋混凝土结构，边、中塔自承台顶以上高度分别为 106.5 m 和 126.0 m。主梁为单箱三室倒梯形截面，三向预应力混凝土结构，主梁全桥外轮廓尺寸一致，梁高 3 m，顶板宽 23 m，底板宽 5 m，两侧悬臂长 3.5 m。其具体内容将在第 6 章进行介绍。

委内瑞拉奥里诺科河二桥（Second Orinoco River Bridge）

委内瑞拉奥里诺科河二桥于 2005 年建成，位于委内瑞拉玻利维亚州的圭亚那城（Ciudad Guayana），跨越奥里诺科河，为公铁两用斜拉桥。奥里诺科河二桥通过单线铁路，外加四车道高速公路，主桥由两座对称布置的斜拉桥组成，每座斜拉桥主跨 300 m，桥塔高 120 m，桥面宽度 24.7 m，主梁高 5.33 m，如图 1-18 所示。奥里诺科河二桥的最大特点是其两座斜拉桥之间的三角形固定墩。建成后的奥里诺科河二桥如图 1-19 所示。

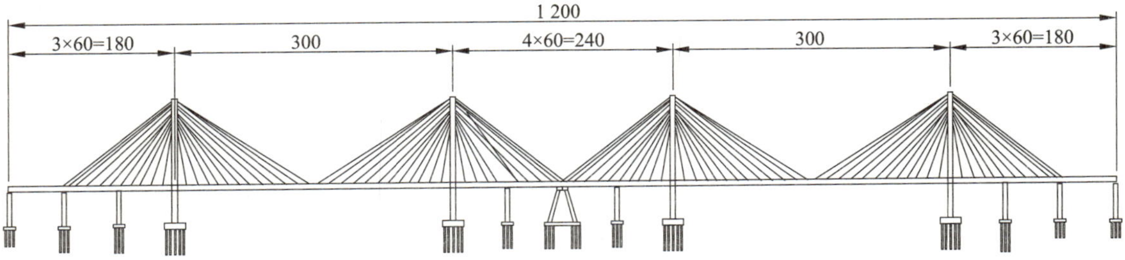

图 1-18　奥里诺科河二桥（单位：m）

图 1-19　建成后的奥里诺科河二桥

瑞典明士克桥（Munksjö Bridge）

瑞典明士克桥建成于 2006 年，总长 262.5 m，为五塔六跨斜拉桥。明士克桥孔跨布置为 6 ×43.75 m，桥面总宽 14.75 m。主梁采用钢-混凝土结合梁，桥塔采用钢管结构。中间桥塔之间采用水平斜拉桥进行加劲。斜拉索和水平加劲索均采用高强度实心的钢杆，拉索采用花篮螺纹接长。明士克桥采用顶推法施工。建成后的明士克桥如图 1-20 所示。明士克桥是世界上第一座也是唯一采用塔顶水平拉索加劲的多塔斜拉桥。

图 1-20　建成后的明士克桥

英国福斯三桥（Third Bridge across the Firth of Forth）

2012 年开始建设的英国福斯三桥，又称福斯替换桥（Forth Replacement Bridge），跨越苏格兰福斯湾。该桥以两个 650 m 主跨、三塔斜拉桥的方式跨越宽广的福斯湾入海口。福斯三桥斜拉索在主跨中部重叠，以提高中塔稳定性，这是它区别于同等规模其他桥梁的重要特点。南引桥分为两联，第一联采用 64 m + 80 m + 90 m 分幅布置的钢箱结合梁，第二联采用 87 m + 87 m + 87 m 分幅布置的钢箱结合梁。主桥布置为 89 m + 104 m + 221 m + 2 × 650 m + 221 m + 104 m 的三塔结合梁斜拉桥，跨中 7 对索交叉锚固。福斯三桥将在第 6 章详细介绍。

济南建邦黄河大桥

建邦黄河大桥位于济南市西北部新徐庄附近，2010 年 12 月建成通车，大桥按双向六车道、一级公路标准设计，主桥宽 30. 5 m。

三塔斜拉桥跨度布置为 53. 5 m + 56. 5 m + 2 × 300 m + 56. 5 m + 53. 5 m 共六跨连续结构，整幅布置。三塔采用不等高形式，中塔高于两边塔，主跨 300 m，边跨 110 m，边中跨比为 0. 33。边跨设一个辅助墩，以提高斜拉桥整体刚度，改善结构受力状况。中塔采用抗弯刚度大的钻石形桥塔且与梁体、桥墩固结，两边塔分别与桥墩固结，但主梁在通过桥墩时在梁体上开了一个洞，让桥塔穿过主梁。主梁采用预应力混凝土箱梁。济南建邦黄河大桥将在第 6 章具体介绍。

武汉二七长江大桥

武汉二七长江大桥长 2. 9 km，是武汉市二环线跨越长江的桥梁。主桥为三塔斜拉桥，跨度布置为 90 m + 160 m + 2 × 616 m + 160 m + 90 m = 1 732 m。

主梁采用结合梁与预应力混凝土梁混合的组合结构，两端各 94. 5 m 范围采用预应力混凝土梁，依靠混凝土结构自重大的优势来平衡边跨桥墩的负反力，中间 1 543 m 范围内梁段采用经典的钢结构框架上覆混凝土板的结合梁。斜拉索面为双索面扇形布置，三座桥塔高度相同，均为 206 m。大桥于 2011 年 12 月建成通车（图 1-21）。武汉二七长江大桥将在第 6 章具体介绍。

图 1-21　建成后的武汉二七长江大桥

郑州黄河公铁两用桥

郑州黄河公铁两用桥是京广高铁和郑州—新乡城际公路跨越黄河的共用桥梁，全长22.691 km。上层桥面通行双向六车道一级公路，设计速度为100 km/h；下层通行双线高速铁路，设计速度为350 km/h。

主桥为120 m + 5 × 168 m + 120 m 的六塔连续钢桁结合梁斜拉桥，上层桥面宽32.5 m，下层桥面宽18 m，上下层桥面宽度相差14.5 m。采用三片主桁、边桁斜置方案，上弦桁宽为2 × 12 m。下弦桁宽2 × 8.5 m，边桁倾斜14.036°。中桁的存在减小了上层公路桥面的横向计算跨度，并方便与钢主塔直接连接。主梁采用钢-混凝土结合桁梁，公路桥面采用混凝土板，和钢桁梁的上弦结合，混凝土板悬臂长4.25 m，无需设置托架。铁路桥面采用钢正交异性板，和钢桁梁的下弦共同受力。郑州黄河公铁两用桥于2012年12月通车，建成后的大桥如图1-22所示，该桥将在第6章具体介绍。

图1-22　建成后的郑州黄河公铁两用桥

浙江嘉绍跨海大桥

嘉绍跨海大桥是嘉兴至绍兴公路跨越钱塘江河口段的一座桥梁，2013年7月建成通车。大桥主航道桥采用六塔斜拉桥，跨度布置为70 m + 200 m + 5 × 428 m + 200 m + 70 m = 2 680 m，通行双向八车道高速公路，桥宽55.6 m（含布索区）。为释放主梁纵向温度变形，主梁在中间一个主跨的跨中处设置一个刚性铰。这个刚性铰可承受主梁竖向弯矩、侧向弯矩和扭转荷载，但释放刚性铰两端的主梁纵向相对变形和轴力。刚性铰上方设有1 120 mm 伸缩缝将主梁分为两联，每联为一个三塔斜拉桥。伸缩缝下方不设过渡墩。主梁高4 m，单幅主梁全宽22.2 m（含风嘴）。该桥将在第6章具体介绍。

1.2　多塔悬索桥技术演变

多塔悬索桥的发展要比多塔斜拉桥早近100年。19世纪中期，法国修建了众多的多塔悬索桥。为了增加多塔悬索桥的刚度并保证主缆不在鞍槽内滑移，采取了以下措施：①在多塔悬索桥的顶部采用水平索增加中塔的纵向刚度；②采用圬工桥塔增加多塔悬索桥中塔的刚度，并将部分索股锚固在中塔上。因为多塔悬索桥的刚度较弱，影响了其发展，20 世纪以前，多塔悬索桥的最大跨度为 200 m 左右。直到 21 世纪初，中铁大桥勘测设计院对多塔悬索桥技术开展了深入研究，并率先在泰州长江大桥实施主跨 2 × 1080 m 的三塔悬索桥，使多塔悬索桥焕发了新的活力。智利的查考桥也准备采用多塔悬索桥方案，主跨 1 100 m 左右。

卢瓦河夏托纳夫桥（Châteauneuf-sur-Loire Pont）

卢瓦河夏托纳夫桥于 1840 年建成，跨越卢瓦河，是地锚式的多塔悬索桥。孔跨布置为 49 m + 3 × 59 m + 49 m，1933 年遭破坏，1935 年按照原貌重新修建。破坏前的卢瓦河夏托纳夫桥如图 1-23 所示，1935 年重新修建的卢瓦河夏托纳夫桥如图 1-24 所示。从图中可以清楚地看到悬索桥塔顶的水平索，用它来增加中间桥塔的纵向刚度和结构的竖向刚度。

图 1-23　1840 年建成的卢瓦河夏托纳夫桥

图 1-24　1935 年建成的卢瓦河夏托纳夫桥

圣辛福里安桥（Saint-Symphorien Bridge）

圣辛福里安桥建成于 1847 年，跨越卢瓦河，为地锚式多塔悬索桥，总长 350 m，主跨 55 m，后来重新加固。圣辛福里安桥的主梁采用非连续体系，在桥塔的塔顶设置水平拉索以增加其纵向刚度。如图 1-25 所示。

图 1-25　圣辛福里安桥

朗热桥（Langeais Bridge）

朗热桥建造于 1846 ~ 1849 年，1861 年被破坏，后来按照原样重新修建。孔跨布置为 43 m + 3 × 88 m + 43 m，塔顶采用水平钢索增加中塔的纵向刚度，桥塔采用经典的罗马建筑风格。重新修建的朗热桥如图 1-26 所示。

图 1-26　朗热桥

尼古拉桥（Nicholas Chain Bridge）

除了在法国修建了多座多塔悬索桥之外，19 世纪中期最著名的多塔悬索桥是位于基铺（Kiev）的尼古拉桥。该桥是当时全世界范围内规模和跨度最大的多塔悬索桥。

尼古拉桥于 1853 年由英国工程师设计，为 68 m + 4 × 134 m + 68 m 的五塔六跨悬索桥。建成后的尼古拉桥如图 1-27 所示。尼古拉桥桥塔采用圬工结构，增加了结构的总体刚度。主缆采用锻铁眼杆，在桥塔处锚固，解决了钢丝主缆在中塔索鞍处容易滑移的缺点，材料和结构处理得都很巧妙。四条主缆和销钉共用锻铁 1 578 t。可惜的是，尼古拉桥 1920 年毁于战火。

图 1-27　尼古拉桥

福斯铁路桥的多塔悬索桥方案

福斯铁路桥位于爱丁堡西部 14 km，连接苏格兰首府爱丁堡和法夫郡，是英国东北和东南的运输大动脉。在初步设计中提出了许多多塔方案，如图 1-28 所示。选中的实施方案为图 1-28(a)，该方案是一座两跨悬索桥，每一跨度为 487. 68 m。

从结构布置图可以看出该方案和桥位地形是比较吻合的，两个边塔分别位于两侧岸边，中间桥塔正好利用河中的突起岩石。与美国纽约的布鲁克林桥相对照，相似之处是两桥均采用悬吊-斜拉组合结构，不同的是福斯铁路桥采用两大跨，并且采用了“负拉索”。在布鲁克林桥中，斜拉索的作用是把主梁向上拉，斜拉索一端锚固在主梁上，另一端锚固在桥塔顶端。而福斯铁路桥选中方案中的斜拉索一端锚固在桥塔下部，另一端锚固在主缆上。其作用是约束悬索桥半跨加载时另外半跨主缆向上的位移，增加结构刚度。因为这一方案是双线铁路桥，因此活载很大，而且对刚度要求较高。

1879 年末，总设计者布奇设计的泰湾桥倒塌，公众对他失去了信心。布奇也从福斯铁路桥主要负责人的位置上被赶了下来，不久抑郁而终。否则福斯铁路桥的方案就是多塔悬索桥而不是后来的悬臂桁梁了。但从图 1-28 可以看出布奇设计的方案有许多可取之处，例如，采用双主缆、负拉索、部分串联悬索桥等都是非常巧妙的构思。

奥克兰海湾桥多塔悬索桥方案

美国旧金山奥克兰海湾桥在初步设计时提出了三个方案，分别为 363 m + 3 × 725 m + 363 m 的四塔五跨悬索桥方案，跨度为 352 m + 701 m + 352 m + 40 m + 352 m + 701 m + 352 m 的串联悬索桥方案，跨度为 393 m + 2 × 1 036 m + 393 m 的三塔四跨悬索桥方案。桥式方案如

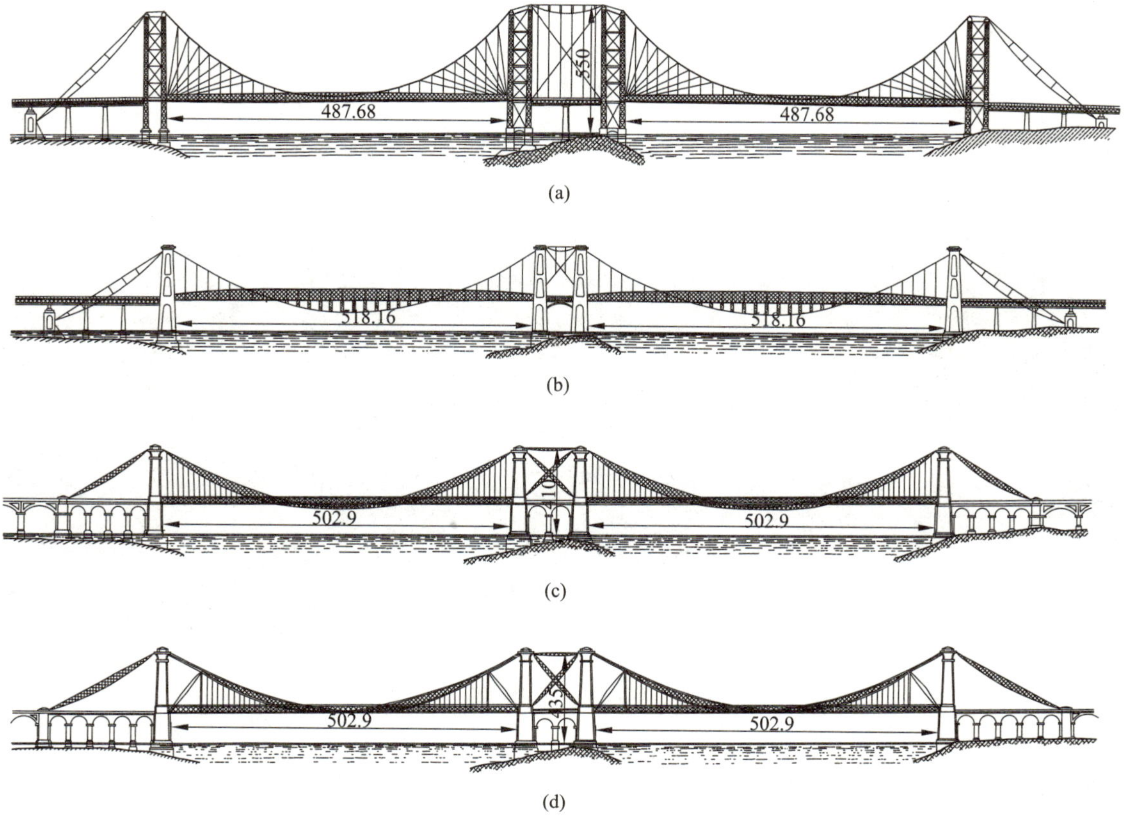

图 1-28　福斯铁路桥最初的悬索桥方案（单位：m）

图 1-29 所示的模型 A ~ 模型 C。多塔方案的中塔采用 I 形钢结构桥塔，塔顶采用水平拉索增加桥梁的总体刚度。奥克兰海湾桥最终采用包括两座主跨为 704. 5 m 的串联悬索桥模型 B，两悬索桥于深水区共用一个锚碇。

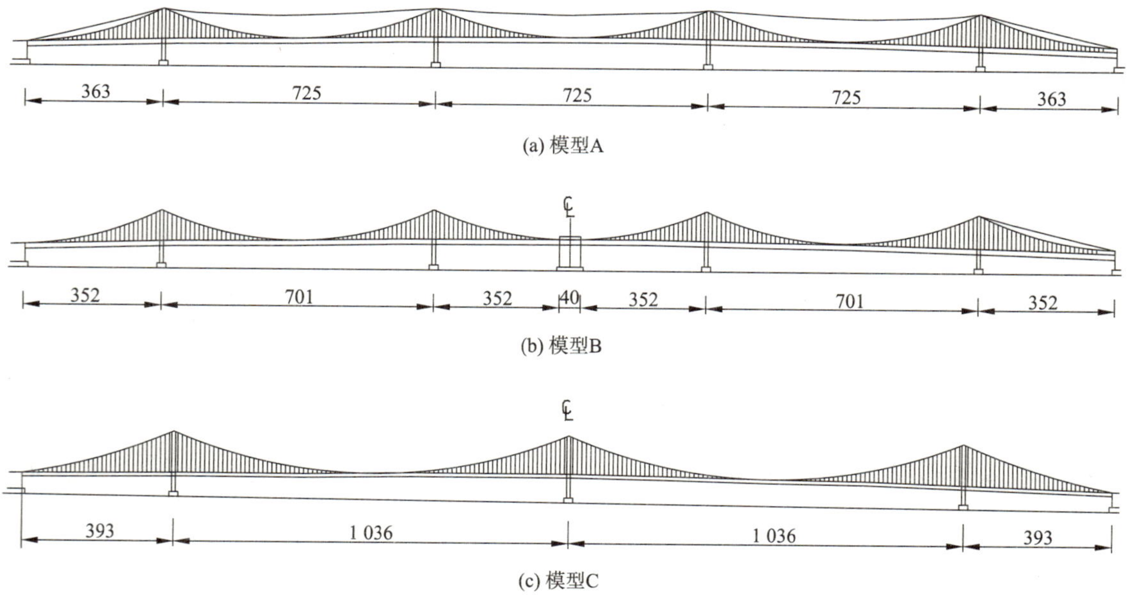

图 1-29　美国奥克兰海湾桥多塔悬索桥方案（单位：m）

太特赞比西河桥（Zambezi River Bridge at Tete）

1965 年葡萄牙工程师在莫桑比克的太特省设计并建成跨越赞比西河的太特桥，桥梁总长 850 m，孔跨布置为 110 m + 3 × 210 m + 110 m，中跨矢跨比为 1/8.4，如图 1-30 所示。该桥的最大特点是采用上、下主缆及交叉斜吊杆，形成缆索桁架悬索桥，完全不用加劲梁，桥面系的纵梁只起支承节点加劲构件及预应力桥面板的作用。采用钢筋混凝土桥塔，桥塔总高 39. 85 m。桥面宽度 10. 5 m，车行道宽 7. 2 m，两侧的人行道各宽 1. 35 m。每根主缆包括 7 个索股，每个索股由 183 根直径 5 mm 的钢丝组成。吊杆间距 10 m，桥面是 10. 6 m 宽、10 m 长的预应力混凝土板。主缆锚固在两岸桥台的三角形刚性支架上。另外的刚性索通过横梁并在桥台处锚固，该刚性索和主缆的面积相同，而且施加 1. 5 MN 的预张力。建成后的太特赞比西河桥如图 1-31 所示。

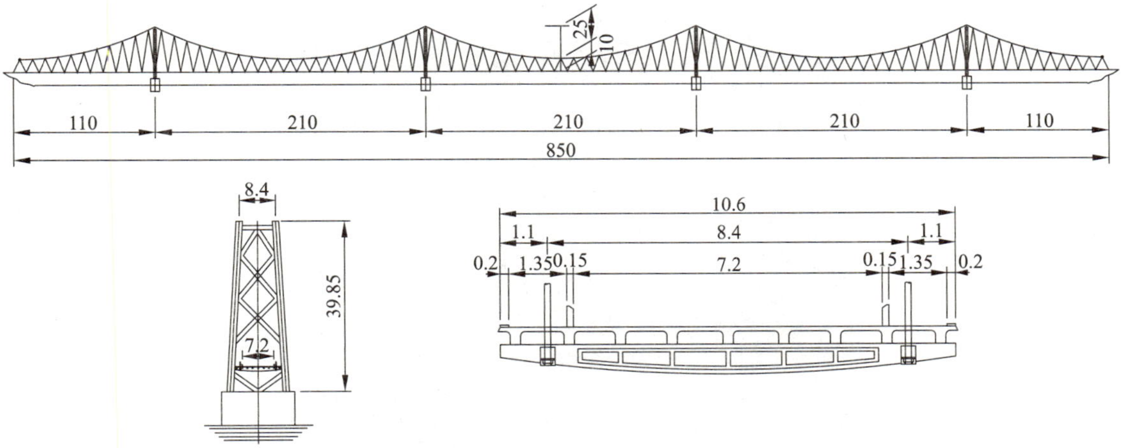

图 1-30　太特赞比西河桥总体布置（单位：m）

图 1-31　太特赞比西河桥

日本小鸣门桥（Konaruto Bridge）

小鸣门桥位于神户淡路鸣门高等级干线公路，跨小鸣门海峡，1961 年 7 月建成通车。

主桥为四跨三塔悬索桥，全长441.4 m，桥高23.5 m，最大跨度160 m，宽7 m，两车道。大桥中间的主塔纵向呈A字形，建在海峡中的锅岛上，如图1-32所示。小鸣门桥的技术特点如下：

（1）主跨2×160 m，采用纵向A形中塔。

（2）为解决主缆与中间主鞍座间滑移问题，让主缆在中塔塔顶断开锚固，主缆在中塔处不连续通过。

（3）由于跨度不大，具备主缆在塔顶集中锚固的条件，采取该技术措施后，中塔处由活载产生的主缆拉力全部由中塔分担，并作用于塔顶。

图1-32　小鸣门桥

智利查考桥（Chacao Bridge）

查考海峡位于智利首都圣地亚哥以南约1 000 km处。智利交通部委托ICUATRO-COWI联营体作海峡桥的可行性研究、方案设计并编制招标文件，经过研究先后提出了主跨820 m + 1 270 m + 210 m三跨连续双塔悬索桥方案（图1-33），主跨870 m和1 260 m的串联悬索桥方案（图1-34）和主跨分别为1 055 m及1 100 m的三塔悬索桥方案（图1-35）。2013年9月的正式招标文件中推荐采用1 055 m + 1 180 m的三塔悬索桥方案，中间桥塔采用A形塔，如图1-36所示。

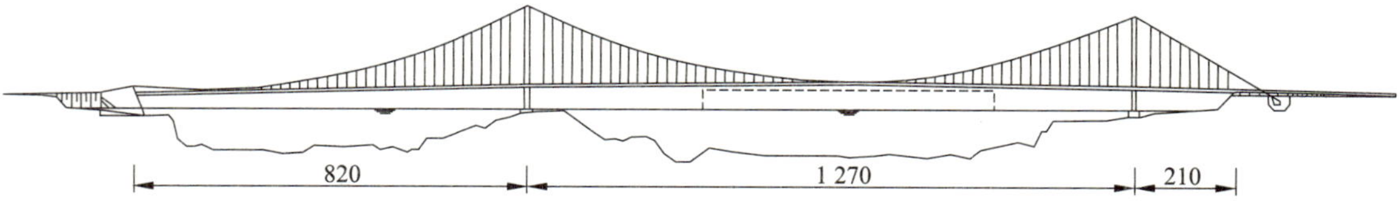

图1-33　查考桥三跨两塔方案（单位：m）

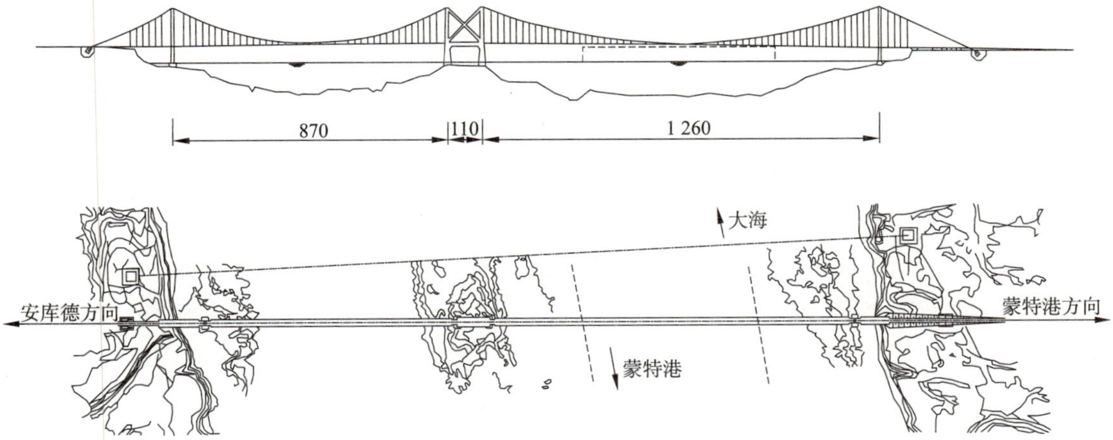

图 1-34　查考桥串联悬索桥方案（单位：m）

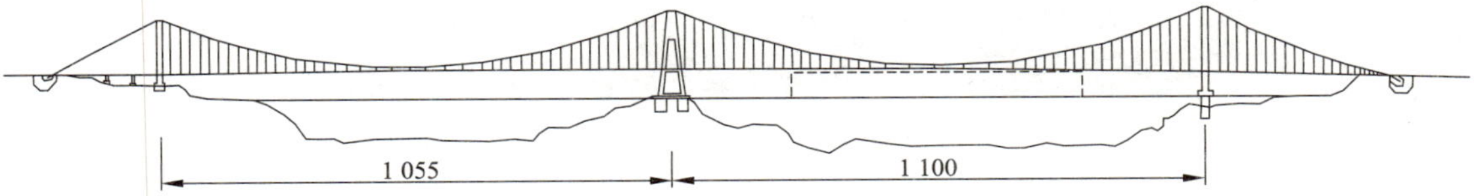

图 1-35　查考桥三跨三塔方案（单位：m）

图 1-36　查考桥的刚性中间桥塔

泰州长江大桥

20 世纪 90 年代以后，我国开始研究多塔悬索桥技术。进入 21 世纪后，由于经济快速发展，我国率先在长江中下游建成 3 座大跨度的三塔悬索桥。首先建设的是泰州长江大桥。

泰州长江大桥位于江苏省境内，润扬长江大桥和江阴长江大桥之间正桥为三塔两跨悬索桥，两个主跨均为1080 m，是世界首座千米级三塔两跨悬索桥。加劲梁为流线形扁平钢箱梁；中塔为纵向倒Y形的钢塔，边塔采用钢筋混凝土结构。大桥于2012年11月通车，建成后的泰州长江大桥实景如图1-37所示。泰州长江大桥的具体内容将在第7章进行介绍。

图1-37　泰州长江大桥实景

马鞍山长江大桥

马鞍山长江大桥位于安徽省东部，连接马鞍山和巢湖两市。大桥为三塔两跨悬索桥，主跨的跨度2×1080 m，与泰州大桥相同。加劲梁为流线形扁平钢箱梁；中塔为钢-混凝土叠合结构，边塔采用钢筋混凝土结构。马鞍山长江大桥于2013年12月通车，实景照片如图1-38所示。马鞍山长江大桥的具体内容将在第7章进行介绍。

图1-38　马鞍山长江大桥

武汉鹦鹉洲长江大桥

武汉鹦鹉洲长江大桥位于武汉市中心城区，武汉长江大桥上游2 km，是武汉市第八座长江大桥。主桥为三塔四跨悬索桥，结构成对称布置，主梁跨径为200 m + 2 × 850 m +

200 m；主缆分跨布置为：225 m + 2 × 850 m + 225 m。该桥是世界上首次采用主缆连续的三塔四跨悬索桥，也是世界上最大跨度的三塔四跨悬索桥。加劲梁为钢-混凝土结合梁；中塔为钢-混凝土组合塔，上部为钢结构，下部为钢筋混凝土结构；边塔采用钢筋混凝土结构。鹦鹉洲大桥于 2014 年 12 月通车，实景照片如图 1-39 所示。鹦鹉洲长江大桥的具体内容将在第 7 章进行介绍。

图 1-39　鹦鹉洲长江大桥实景

第 2 章　多塔斜拉桥结构体系与力学行为

2.1　多塔斜拉桥结构体系

2.1.1　概　　述

经典的双塔三跨斜拉桥中跨加载时，桥塔受到锚固在桥台或桥墩附近斜拉索的约束，塔顶的水平位移很小，桥塔、主梁主要承受轴向力，活载引起的弯矩较小，如图 2-1 所示。

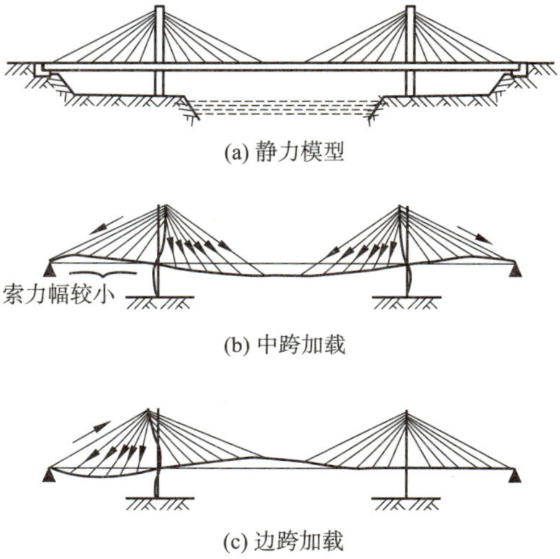

图 2-1　经典双塔三跨斜拉桥结构行为

多塔斜拉桥相对于双塔或独塔斜拉桥而言，中间桥塔因缺乏通过锚墩及其锚索进行约束的有利条件，结构的整体刚度减弱，在活载作用下，中间塔顶的水平变形与跨中主梁的竖向挠度明显增大，如图 2-2 所示，以致可能会影响到桥梁的正常使用性能。需要说明的是，公路桥与铁路桥对于主梁的挠度、梁端转角的使用限值也有着明显的区别，即使同是铁路桥，当行车速度不同时，也会对主梁的变形限值有不同的要求，因此，不同功能需求的多塔斜拉桥各部分构件及其组合方式等需要根据桥梁刚度的实际需要来区别对待。另一方面，随着跨度和塔数的增加，主梁沿桥轴向的伸缩量（因温度、混凝土收缩徐变等作用产生）加大，在主梁轴向所发生的较大伸缩变形量与桥塔水平变形能力的适应性就会形成矛盾。多塔斜拉桥结构的整体刚度能否满足桥梁的具体使用要求问题以及长联主梁变形与桥塔变形的适应性问题便构成了多塔斜拉桥结构所特有的两个基本问题，它们所反映出的均为多塔斜拉桥的内在结构性矛盾，需要通过合理的结构体系来解决。

当多塔斜拉桥处于强震条件下时，如何合理传递地震引发的结构内力，如何合理消耗地震传递的能量，与斜拉桥结构内部的体系有着密切的关系。例如，近十余年来的一些工程实践中，在结构体系上通过在塔与梁之间设置阻尼约束解决了这些问题（此部分内容详见 2. 3 节），这也是多跨长联结构需要解决的共性问题之一。

斜拉桥是由墩、塔、梁、索四种基本构件组合形成的结构，这四种基本构件之间的连接关系便是本章所述“结构体系”要涵盖的内容。塔与墩之间可以固结也可以分离；塔与梁之间可以固结或分离；梁与墩之间可以固结、铰接，也可以分离，还可以进行弹性联系；索的布置有稀索、密索；梁的布置可以是整联或是断开分联；多塔间可以独立也可以借助拉索联系起来。由此看来，塔、墩、梁、索四种构件间的不同连接关系所形成的结构体系至少涉

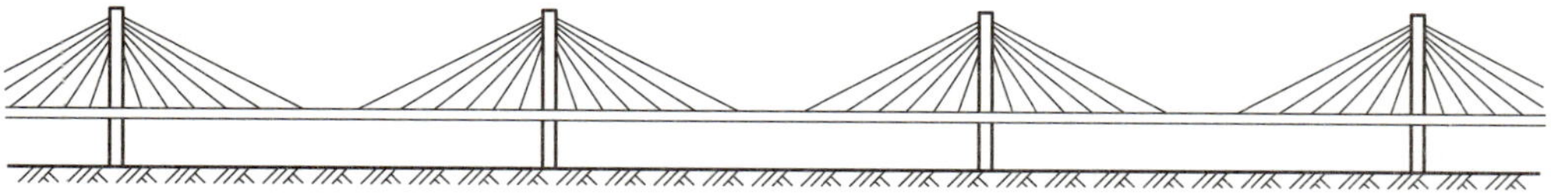
(a) 刚性桥塔或者刚性主梁的结构体系

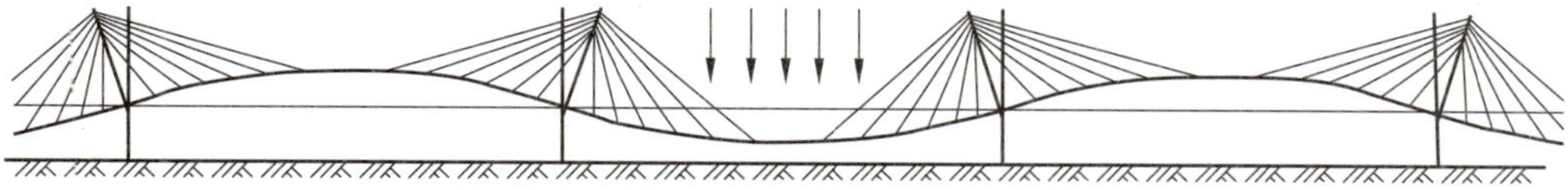
(b) 塔梁固结、塔墩之间设置单排支座

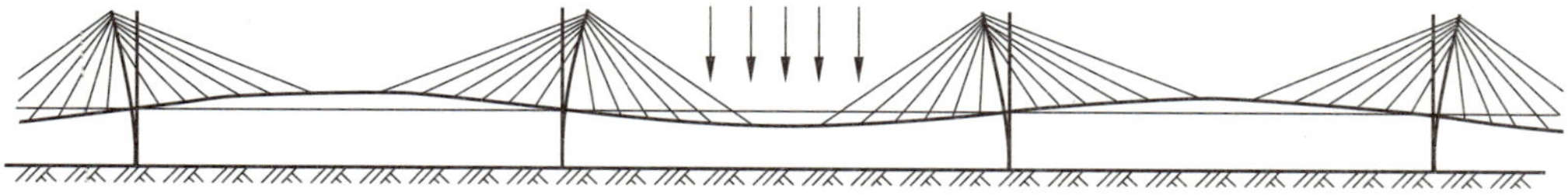
(c) 塔、墩、梁固结体系

图 2-2　多塔斜拉桥结构行为

及上述六个方面的组合，而每座多塔斜拉桥又必定是这些构件间连接方式多方面的综合选择。因此，多塔斜拉桥的结构体系就必然会呈现出复杂化、多样化的特征。

多塔多跨缆索承重桥梁由于非对称活载引起的结构弯矩和变形较大，一般采用以下两种方法来提高多塔斜拉桥的总体刚度、减小主梁或桥塔的弯矩：一种是采用辅助墩或额外缆索加劲桥塔，减小桥塔和主梁的弯矩；另一种是采用刚性桥塔或者刚性主梁。

2.1.2　采用辅助墩或额外缆索加劲的多塔斜拉桥体系

缆索承重桥梁设计的核心思想是尽可能地让所有的构件都成为轴心受力构件。采用辅助墩和额外缆索加劲的多塔斜拉桥体系如图 2-3 所示，这些额外的拉索或者辅助墩会使得桥梁不够美观。这里着重讨论减小非对称活载加载时的弯矩和位移，暂且不把主梁长度的变化列为考察对象。

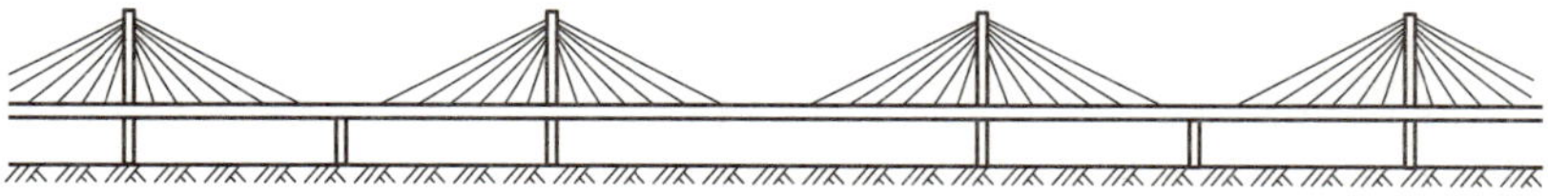
(a) 每隔一跨采用辅助墩

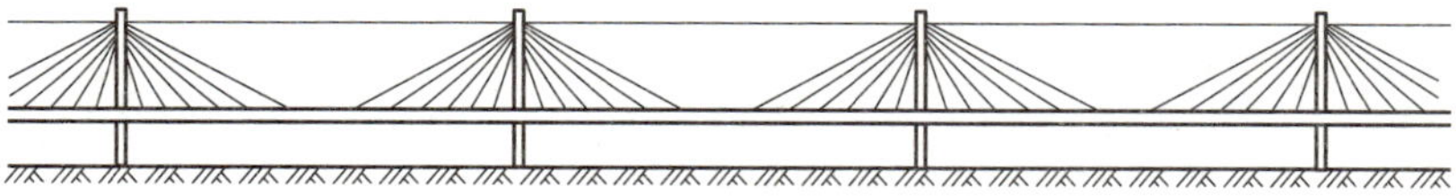
(b) 采用塔顶水平拉索

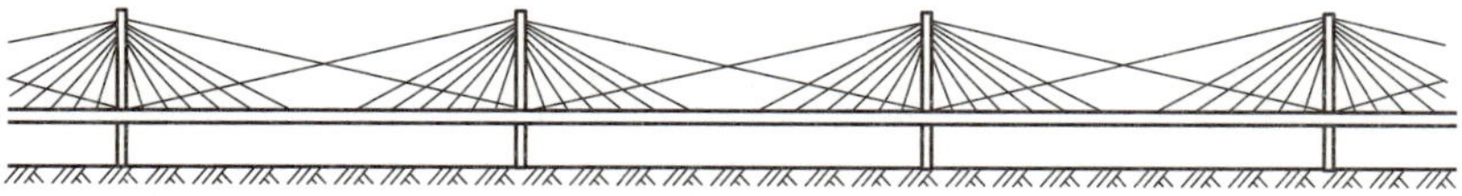
(c) 从塔顶到相邻桥塔的桥面处或相邻塔根处采用稳定斜拉索

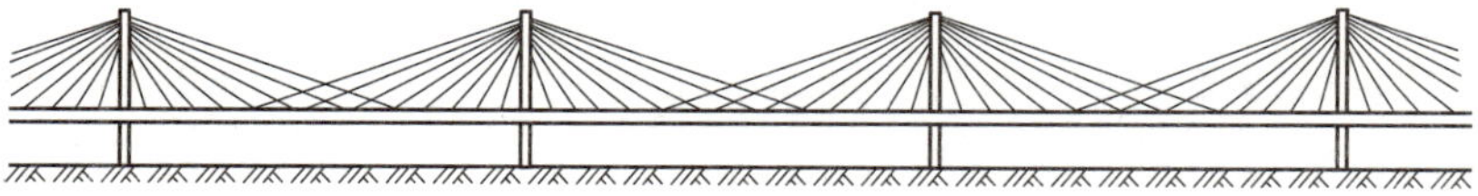
(d) 主跨一定范围内采用交叉拉索

图 2-3　采用辅助墩或额外缆索加劲的多塔斜拉桥

1. 隔跨增加辅助墩

这种方法的思路是将多塔斜拉桥分隔成两个或多个双塔体系。采用该种体系的典型例子是2004年建成的奥里诺科河二桥（委内瑞拉），该桥是公铁两用桥，采用纵向倒三角形的辅助墩传递水平力和提高结构刚度。但是该种体系从景观上来看，不够美观，另外，如果水深较深则造价较高，或者通航条件不允许时，该体系则不能成立。

2. 设置塔顶水平索来限制塔顶变形

这种方法源于经典的多跨悬索桥，例如法国早期的多座小跨度的多塔悬索桥就是采用的该种方法。该种方法用于斜拉桥时塔顶水平索的效率要比悬索桥低一些，因为斜拉桥的刚度要比悬索桥大得多。从景观上来看，斜拉桥采用塔顶水平索要比悬索桥差一些，因为塔顶水平索打破了经典斜拉桥的间接性。另外，由于水平拉索的垂度较大，几何非线性效应明显，拉索长度增加后，对相邻桥塔提供的约束有限，故用于大跨度的多塔斜拉桥效率必然很低。目前采用该方法建成的多塔斜拉桥仅一座，就是瑞典2006年建成的跨度为44 m的五塔公路斜拉桥 Munksjö 桥。

碳纤维材料具有强度高、容重小、弹性模量高的优良性能，可以大幅减小拉索的垂度和非线性的不利影响，如果该种材料在制索技术上能够取得突破，并能达到工程应用的程度，则可以考虑在大跨度斜拉桥中采用设置塔顶水平索这一体系。

3. 从塔顶到相邻桥塔的桥面处或相邻塔根处采用稳定斜拉索的方法

这种稳定索在经典的斜拉桥结构中又引入了新的构件，看上去有些不协调。当一跨加载时，加载跨的桥塔要偏向加载跨，而其塔顶相邻跨的稳定索就会受拉约束其顶部向加载跨偏移，加载跨桥塔的不平衡弯矩则通过稳定索传递到了远离加载跨的桥塔上或变为主梁的轴向压力。类似工程首见我国香港1998年建成的主跨475 m的汀九桥，该桥为三塔结合梁斜拉桥。目前正在建设的荆岳铁路主跨 2×406 m的三塔斜拉桥洞庭湖大桥也采用了该种体系。但是跨度增大后，稳定索垂度引起的几何非线性导致其轴向刚度减弱，稳定索的效率大打折扣。

4. 主跨一定范围内采用交叉拉索

传统的斜拉桥主梁的一期恒载一般由一个桥塔承载，而跨中交叉拉索后，该范围内主梁的恒载就由两个桥塔承受。其结构行为、斜拉索锚固构造和施工方法也和传统的斜拉桥有所不同。

恒载作用下，在非斜拉索交叉区域，各桥塔分别承担加劲梁上面的全部恒载 g_{dk}，如图2-4(a)所示。而斜拉索交叉区域的加劲梁上面的恒载则有相邻的两个桥塔共同分担。如果BC跨满跨活载，其他跨无荷载，则B桥塔向加载跨转动，导致AB跨交叉索区锚固在A塔上斜拉索的索力减小，由于AB跨交叉索区的主梁恒载由锚固在A塔和B塔上的斜拉索共同承担，导致AB跨斜拉索交叉区域锚固在B塔上的斜拉索索力增加，BC加载跨的活载 p 被AB跨交叉区域的部分恒载 Δg_{dk} 平衡，如图2-4(b)所示。这样一部分加载跨桥塔的不平衡活载弯矩就传递到了相邻的非加载跨桥塔上。这种体系对于采用桥塔刚度较大的多塔斜拉桥和三塔斜拉桥效果比较明显，而对多于三个桥塔且桥塔刚度较弱的斜拉桥其效果不明显。

由于交叉部分的主梁重量由相邻的桥塔共同分担，所以该部分的主梁重量和刚度适当增

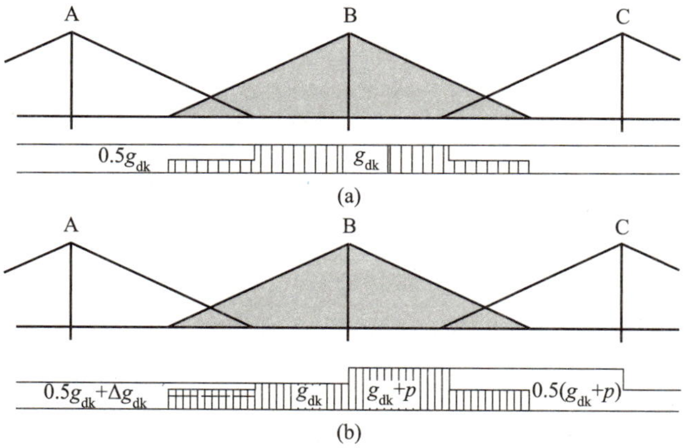

图 2-4　交叉跨中部分斜拉索的结构行为示意

加更为有效。目前正在建设的英国福斯三桥采用了该种体系，该桥是主跨 650 m 三塔公路斜拉桥，交叉 6 对斜拉索，斜拉索交叉区域的水平长度约为主跨的 25%。

结构的总体刚度和交叉的斜拉索的根数有关，一般来说，交叉斜拉索的根数越多，结构的刚度越大，但是交叉拉索根数增加到一定数量后，结构刚度增加变得非常有限。例如，福斯三桥的主梁挠度和交叉拉索根数的关系如图 2-5 所示。可见福斯三桥交叉斜拉索的根数超过 5 根后，结构刚度增加并不明显。

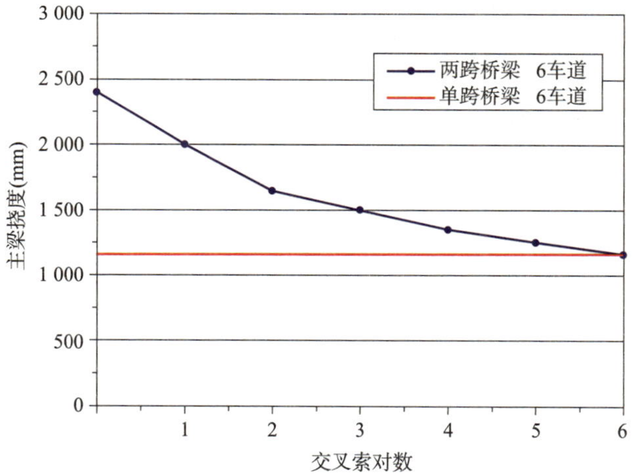

图 2-5　福斯三桥主梁挠度和交叉拉索根数的关系

以福斯三桥为例，主梁采用结合梁和钢箱梁两个方案，采用 6 对交叉拉索和不采用交叉拉索的结构刚度见表 2-1，主梁的弯矩如图 2-6 所示。

表 2-1　不同主梁方案下交叉斜拉索和不交叉斜拉索的结构竖向位移

主梁梁型	主梁向下的位移（m）		交叉斜拉索后刚度的增加百分比
	有交叉拉索	无交叉拉索	
钢箱梁	3.5	4.7	35%
结合梁	2.4	3.0	25%

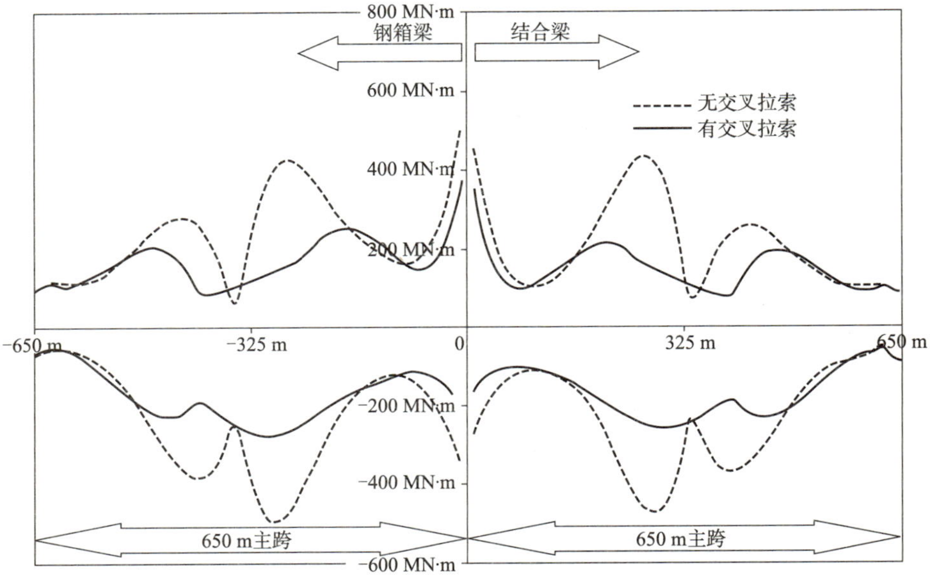

图 2-6　交叉斜拉索、不交叉斜拉索时钢箱梁方案和结合梁方案的主梁弯矩

根据表 2-1 和图 2-5 可以看出，交叉 6 对斜拉索以后，结构总体刚度较不交叉斜拉索时，钢箱梁方案提高了 35%，结合梁方案提高了 25%。而且结合梁方案主梁的总体挠度明显小于钢箱梁。交叉斜拉索以后，主梁弯矩明显降低。另外还可以发现斜拉索交叉以后，桥塔的活载不平衡弯矩明显减小。而桥塔的活载不平衡弯矩减小，会明显减小基础的规模和数量。

2.1.3　采用刚性构件的多塔斜拉桥

为了限制非对称满跨活载引起的结构位移和弯矩，除了采用隔跨的辅助墩和额外的拉索体系外，也可以采用在桥塔、主梁和桥墩之间合理分配结构刚度的方法来达到这一目的。图 2-7 给出了不同刚度组合的多塔斜拉桥结构体系。

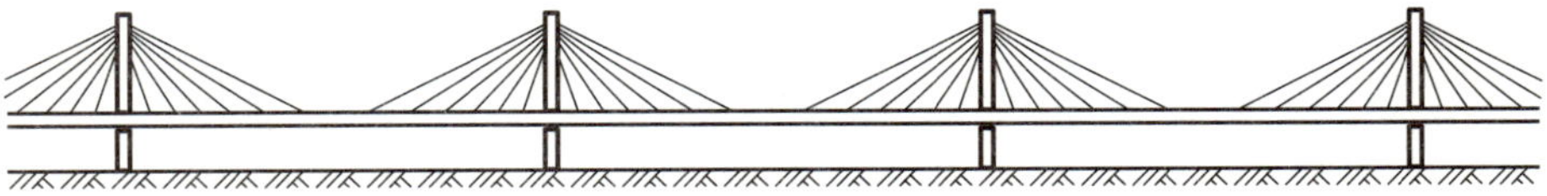

(a) 刚性主梁方案 (主梁和桥墩之间可以采用多种连接方式)

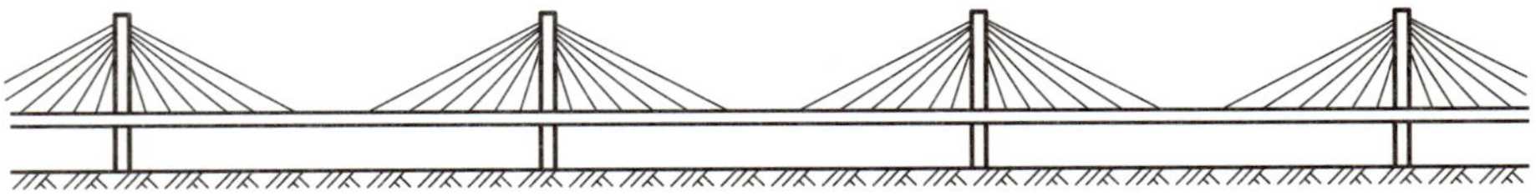

(b) 桥塔和主梁的刚度都比较大

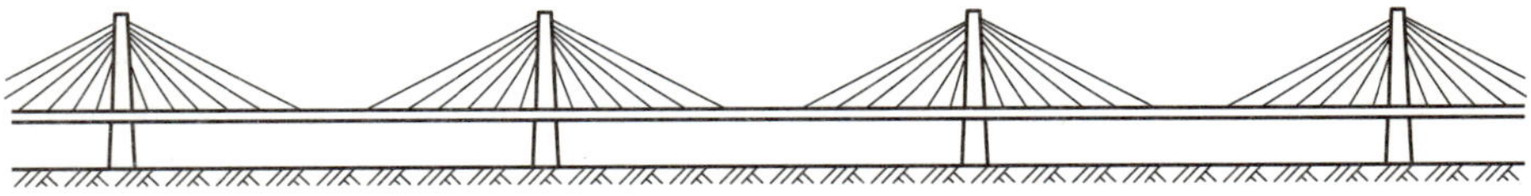

(c) 刚性桥塔、柔性主梁方案

图 2-7　提高结构构件刚度的多塔斜拉桥方案

1. 刚性主梁方案

采用刚性主梁，主梁可以和桥塔固结，主梁和桥墩之间采用支座；也可以采用桥塔和桥墩固结，桥塔和主梁分离的结构体系。因为主梁的刚度足够大，足以抵抗非对称满跨活载加载时引起的不平衡弯矩，所以桥塔的刚度和经典双塔斜拉桥的桥塔刚度类似。这种体系只适用跨度较小的多塔斜拉桥方案，例如中国台湾的光复桥，西班牙的 Arena 桥等。

2. 主梁和桥塔的刚度都比较大

为了抵抗非对称满跨活载引起的不平衡弯矩，主梁和桥塔的刚度都适当增加。这种体系适用于中等跨度和小跨度的多塔斜拉桥，例如郑州黄河公铁两用桥就是采用刚性桥塔和刚度较大的钢桁梁方案。

采用这种方案时，如果桥塔和桥墩固结，则由于温度变化导致的主梁纵向位移较大，对于混凝土斜拉桥还要考虑混凝土的收缩徐变，以及桥梁合龙后，后期预应力钢束产生的主梁纵向变形。此时可以在每跨采用抽屉梁，如图 2-8 所示。抽屉梁只释放主梁的纵向位移，可以承受弯矩。抽屉梁一般采用钢结构以限制其重量和尺寸。抽屉梁尤其适用于主梁为箱梁的多塔斜拉桥，因为箱梁内部可以为抽屉梁的安装和工作提供足够的空间。

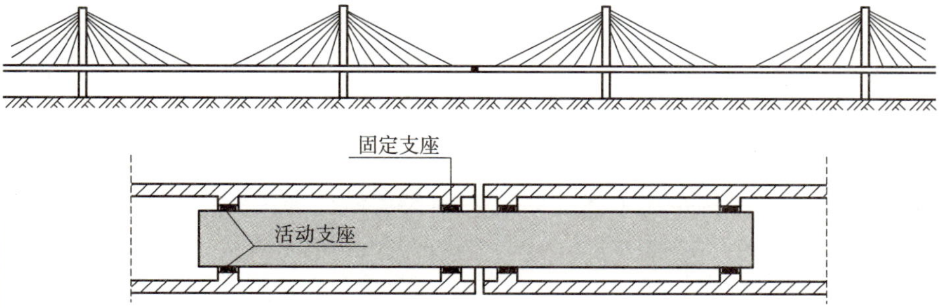

图 2-8　抽屉梁结构示意

3. 刚性桥塔、柔性主梁方案

桥塔可以采用纵向刚性桥塔，例如纵向可以采用 A 形桥塔或者倒 V 形桥塔，以便提高结构的总体刚度。采用刚性桥塔后，在非对称的活载满跨加载时，不平衡弯矩主要由刚性桥塔承受，故大跨度的多塔斜拉桥大多采用该方案，例如希腊的里翁—安蒂里翁桥（Rion-Antirion Bridge）就是采用的这种方案。

刚性桥塔一般有两种结构体系：桥墩、桥塔和主梁刚性固结，桥墩采用双薄壁墩的刚构体系，如图 2-9 所示；桥墩和桥塔固结并采用刚性结构，主梁采用柔性结构，主梁和桥塔完全分离，如图 2-10 所示。

桥塔、桥墩和主梁固结的刚构体系由于桥墩分为两个纵向抗推刚度很弱的薄片，因此可以通过桥墩的纵向变形来适应温度、收缩、徐变和后期预应力钢束引起的主梁长度方向的变化。例如，著名的法国米约（Millau）桥就是这种结构体系。实际上，两塔斜拉桥的美国阳光高架桥（Sunshine Skyway Bridge）桥塔采用的也是双薄壁墩。该体系也可以仅在中间几个桥墩较高的位置处采用刚构体系，在其他较矮的桥墩处，塔梁固结，塔墩分离，主梁和桥墩之间设置支座。如果该体系的纵向位移过大，也可以考虑采用抽屉梁的结构构造。

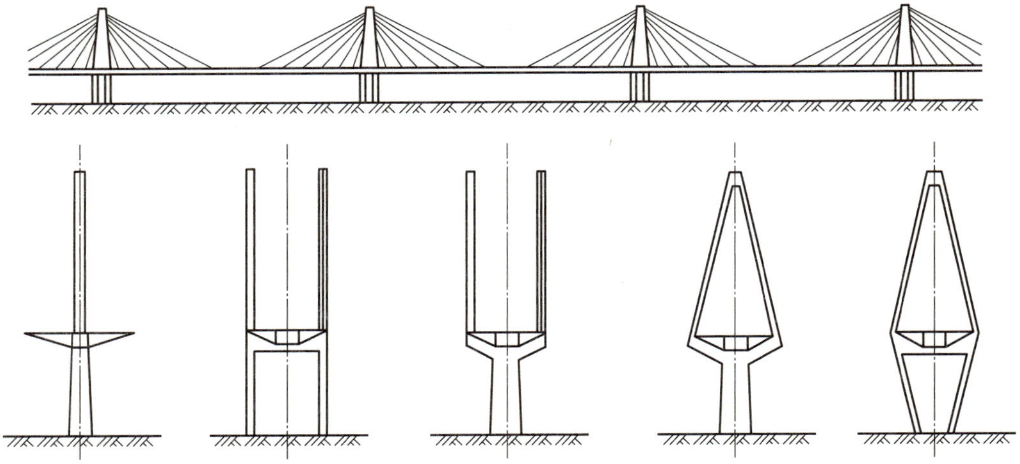

图 2-9　桥塔、桥墩和主梁固结，部分或全部桥墩采用纵向双薄片的结构形式

采用刚性桥塔和柔性主梁的方案，刚性桥塔和桥墩固结，主梁和桥塔完全分离。该结构形式主梁的纵向位移完全不受桥塔刚度的约束，非对称满跨活载加载时主塔的纵向不平衡弯矩和主梁的纵向位移完全分离开来，因此有利于结构抗震。也是大跨度多塔斜拉桥经常采用的结构形式之一，武汉二七长江大桥就是这种结构体系。

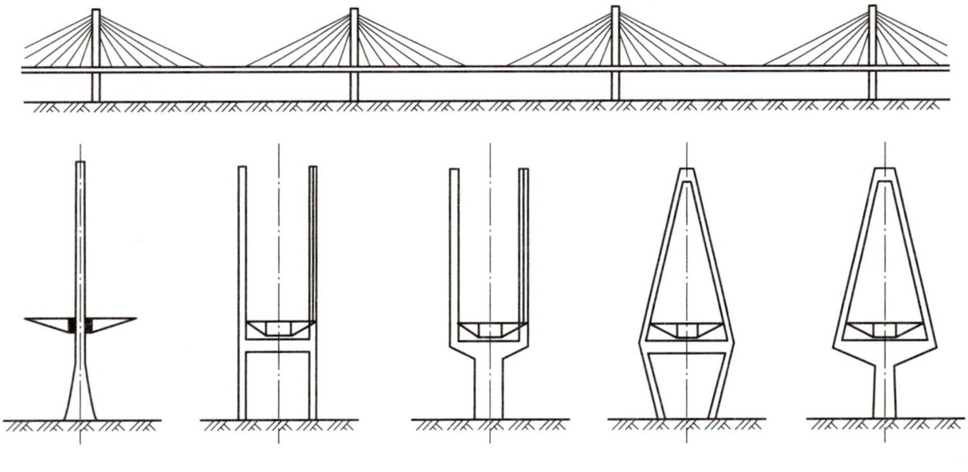

图 2-10　刚性桥塔、柔性主梁，主梁和桥塔完全分离

2.2　多塔斜拉桥的静力结构行为

多塔斜拉桥因中塔顶的约束作用较边塔明显减弱，当竖向活载作用于一个主跨的情况下，跨中挠度及中塔顶偏位明显增大，中塔底弯矩及斜拉索的索力变化幅度也明显增大，结构的整体刚度趋弱。另外，随着塔数、跨度的增加，长联主梁在温度作用下沿桥轴向的伸缩变形量增加，边塔产生的推力及弯矩均增大，中塔则基本无需承担此项内力。

以某三塔斜拉桥为例，将变形（主跨跨中挠度）、内力（中塔底弯矩）作为考察指标，分析其影响线特征，如图 2-11、图 2-12 所示。

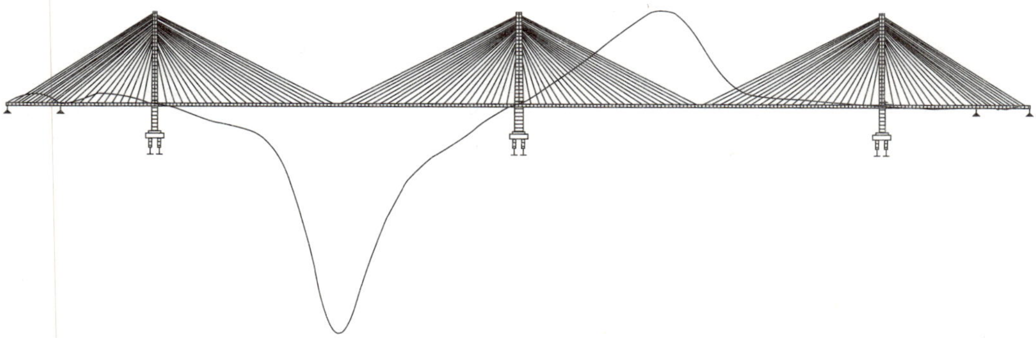

图 2-11　主跨跨中竖向位移影响线示意

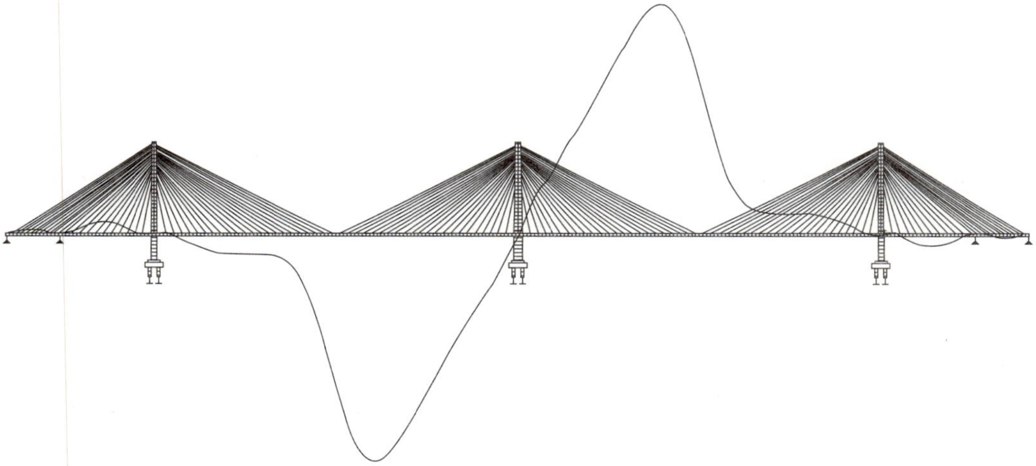

图 2-12　中塔底弯矩影响线示意

对于主跨跨中挠度，影响区段主要在两个主跨。一侧主跨加载时，加载侧主跨跨中呈现最大挠度，同时非加载侧主跨出现最大的反向挠度，边跨加载对于中跨跨中挠度的影响基本可以忽略不计。

对于中塔底弯矩，影响区段主要在两个主跨，图形呈反对称形。一侧主跨加载时，中塔底呈现最大弯矩，边跨加载对于中塔根部的弯矩影响基本可以忽略不计。中塔呈现出双向较大弯矩可能产生的交变应力幅带来的疲劳问题需引起关注。

中、边塔最长斜拉索的索力影响线如图 2-13 ~ 图 2-15 所示。

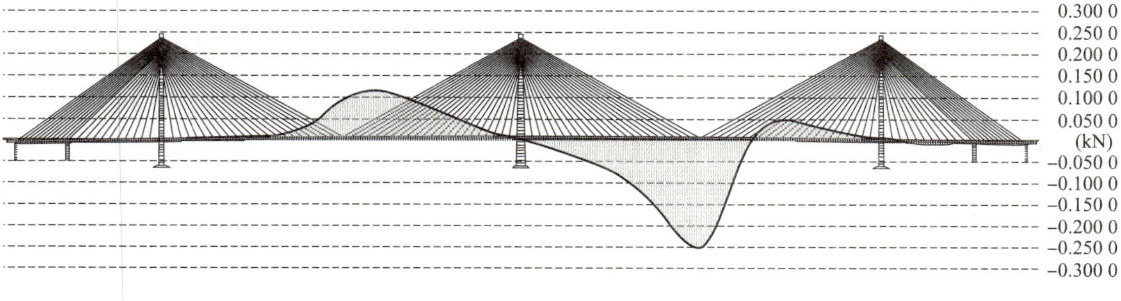

图 2-13　边塔跨中侧拉索索力影响线

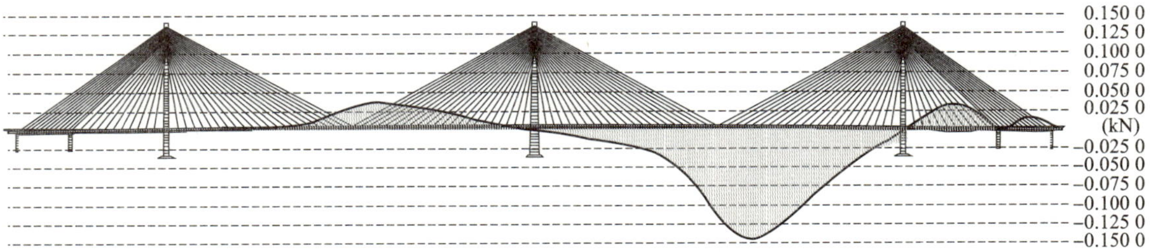

图 2-14　边塔边跨侧拉索索力影响线

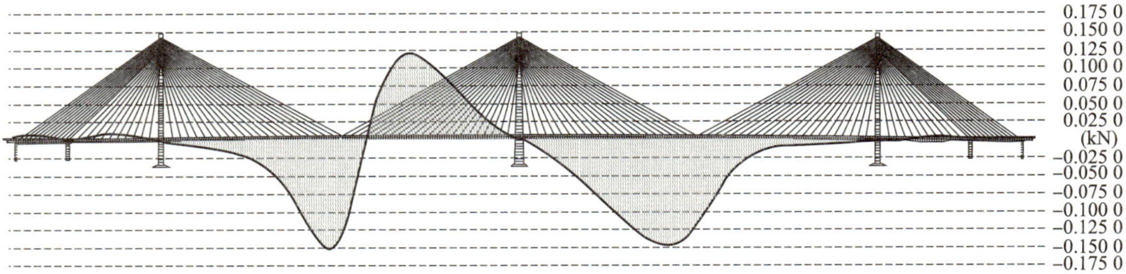

图 2-15　中塔跨中拉索索力影响线

对比上述三图的斜拉索索力影响线可以看出，中、边塔最长斜拉索索力影响范围均较大，中塔拉索影响线的明显特征是分布范围正负区间起伏较大。换言之，索力变化幅度的加大引起的疲劳应力是需要工程师关注的一项内容（详见第 3 章斜拉索疲劳评估相关内容），尤其是对于活载大的铁路桥更要密切关注。

多塔斜拉桥在不同的结构体系下，其变形特征也有着明显的区别。以一个主跨满跨加载双塔斜拉桥(A)为基础进行对比，考察同等跨度下，与双塔斜拉桥构件截面相同的多塔体系(B)、塔与下部固结体系(C)、塔与下部固结且将主塔惯性矩增大 10 倍的体系(D)、设塔顶水平索体系(E)、分叉形刚性塔体系(F)的变形特征。各主跨跨中挠度特征如图 2-16 所示。

对比可以看出，若不对多塔斜拉桥采取特殊措施，其主跨的跨中挠度剧增。采取不同的体系时，主跨跨中挠度的变化效果也明显不同。就本例而言，以分叉形的刚性桥塔体系最为有效，塔顶设水平索体系次之，增大桥塔刚度有一定效果。

上述为多塔斜拉桥在静力行为方面的一些基本特征，尽管多塔斜拉桥存在着总体刚度趋柔，结构变形及材料应力幅变大的特征，但可以通过采取多种技术措施加以综合解决。

在实际工程中，需结合建桥条件，从结构总体布置、主梁结构选型、主塔结构、斜拉索布置、结构体系等多方面综合考虑，对其中的关键参数进行分析，确定多塔斜拉桥的经济合理方案。

在结构总体布置方面，一是需要考虑边跨设置辅助墩的措施，通过约束边塔以及边跨主梁的变形来提供刚度，此举在边跨具备设墩的条件下是极为经济有效的提高总体刚度的措施。典型的实例便是夷陵长江大桥和武汉二七长江大桥，但遇到设辅助墩困难或代价过高的情况则需慎重考虑。二是需要考虑中边塔的高度比例关系，一般而言，对于三塔斜拉桥，中

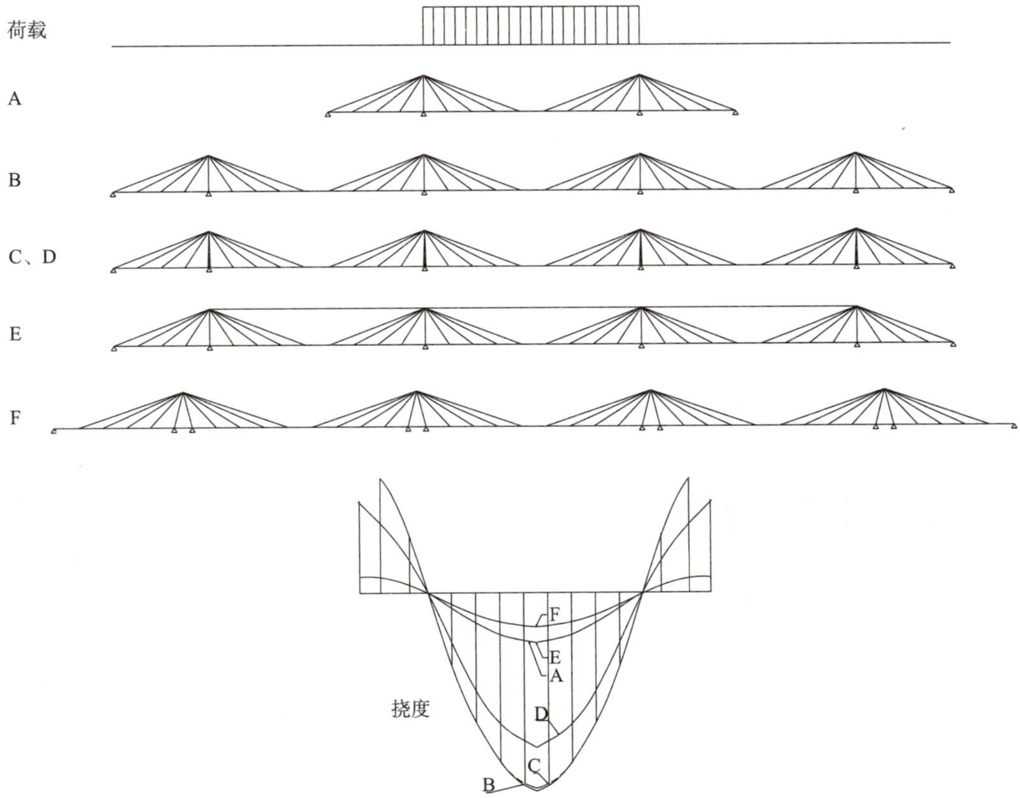

图 2-16　主跨跨中挠度特征图

塔高边塔矮的布置形式，可利用短边跨带来的边塔及主梁小变形来对中塔变形产生较强约束，从而提高总体刚度。此举应用成功的典型实例便是香港汀九大桥，但需要结合地形条件具体问题具体分析。对于四塔及以上的多塔斜拉桥而言，塔高的变化所起到的约束变形的作用会差很多。

在主梁结构选型方面，就目前工程实践来看，主梁多以 PC 梁及结合梁为主。对于主跨 500 m 以上的大跨径多塔斜拉桥而言，PC 梁结构较难实现，结合梁与钢箱梁需要比较。笔者以为，结合梁型就获取结构刚度与经济方面综合优势较为明显，斜拉桥与悬索桥从受力体系上的根本区别在于斜拉桥主梁是总体受力构件，而悬索桥主梁基本作用只是将桥面荷载传给主缆，重力刚度较大的结合梁在保持斜拉桥体系恒载受力合理的基本条件下，索与塔的刚度均得以提高。

在主塔结构布置方面，除了前面所述的不等高布置因素之外，中塔自身的结构刚度是关系总体刚度的重要因素，尤其对于四塔及以上的多塔斜拉桥。典型的工程实例便是希腊里翁—安蒂里翁桥中所采用的四肢刚性塔，武汉二七长江大桥三塔斜拉桥。考虑景观要求武汉二七长江大桥采用了三塔等高的布置形式，在该种条件下，对中塔刚度进行了加强以提高结构的整体刚度。

在斜拉索布置方面，值得考虑的措施一是设置中央稳定索的办法，合适的稳定索截面、角度参数是关系刚度提高效率的关键，此种办法利用了现代的高强度斜拉索技术达到了以巧取胜的经济效果，典型的工程实例是香港汀九桥。但需要注意的是如何结合建桥环境来综合考虑桥梁景观问题，是该种体系今后值得进一步研究的内容。二是在中跨一定范围布置交叉索的办法，正在建设中的英国福斯三桥主跨650 m的三塔斜拉桥采用的就是这种方案。三是设置塔顶水平索的办法，此法目前仅在较小跨径中应用过，对于大跨度桥梁，水平拉索存在的几何非线性影响会极大削弱其加劲效果，再有一个就是景观方面的影响。但碳纤维具有容重小、强度高的优势，是此种体系应用值得研究的一条思路。

在结构体系方面，首先要研究比较塔、梁、墩之间的不同连接关系，以合理解决提高整体刚度的问题，研究利用阻尼技术解决均匀传递地震引起的结构内力与消耗地震能量的问题。其次要研究解决长联温度变形与塔墩适应能力问题的办法。在梁体设置刚性铰，将桥墩设计为双臂墩均是行之有效的办法。

总而言之，上述几个方面是多塔斜拉桥设计需要考虑的主要内容，具体工程则要结合建设条件的具体情况，将上部结构和下部结构统筹考虑确定。

2.3 多塔斜拉桥的动力结构行为

2.3.1 多塔斜拉桥的自振特性

斜拉桥具有可悬臂施工、经济、美观的突出优点，因而跨度在200～1 000 m的范围内均获得了巨大的成功。

斜拉桥的斜拉索上端锚固于主塔，下端锚固于主梁，使得斜拉桥的自振特性由于斜拉索的存在而导致横弯和扭转振型的强烈耦合，出现弯中有扭，扭中有弯。即振型往往是横弯为主兼有扭转，或是扭转为主兼有横弯，很难出现纯弯曲或纯扭转的振型，使斜拉桥的颤振形态变得复杂而难以判断。

对称布置的双塔斜拉桥的自振振型往往以主跨跨中为对称轴两侧对称，而多塔斜拉桥由于主塔数量多，中间桥塔的刚度与两侧桥塔的刚度也有所不同，因此，多塔斜拉桥结构的自振特性有如下两个方面的变化：

（1）纵向振动往往只是中间塔的纵向振动，两边塔并不与中间塔一起产生纵向振动。

（2）由于对称轴的不同，直接影响结构的横弯或竖弯振型是否呈现对称或反对称取决于主塔个数。当主塔个数为偶数（$n=4$、6、8）时，主桥自振振型的对称轴为中间跨的跨中；当主塔个数为奇数（$n=3$、5、7）时，主桥自振振型的对称轴为中间塔。一般地，偶数塔的振型往往先出现对称振型，而奇数塔的振型往往先出现反对称振型。

1. 多塔斜拉桥结构特征参数和结构动力特性影响参数

针对多塔斜拉桥的结构特点，选择中塔的纵向刚度、中间塔与主梁处的约束条件两个结构特征参数，扭弯频率比ε、最低阶竖弯自振频率f_b、最低阶扭转自振频率f_t、结构体系的最低阶纵向振动自振频率f_z四个动力特性影响参数进行分析对比，见表2-2。

表2-2 多塔斜拉桥的各特征参数和结构动力特性影响参数的名称和定义

影响因素	特征参数名称	特征参数定义
结构特征参数	中塔的纵向刚度	中塔的纵向弯曲刚度 $E_{中} I_{中(纵)}$
	约束条件	中塔与主梁处的约束条件

续上表

影响因素	特征参数名称	特征参数定义
动力特性影响参数	扭弯频率比 ε	$\varepsilon=\frac{f_t}{f_b}$，$f_b$、$f_t$分别为主梁的竖弯和扭转自振频率
	最低阶竖弯自振频率f_b（Hz）	f_b为主梁的最低阶竖弯自振频率
	最低阶扭转自振频率f_t（Hz）	f_t为主梁的最低阶扭转自振频率
	最低阶纵向振动自振频率f_z（Hz）	f_z为结构体系的最低阶纵向振动自振频率

结构的自振频率采用空间有限元方法计算，扭弯频率比定义为最低阶扭转自振频率与最低阶竖向弯曲自振频率之比，扭弯频率比的定义和计算方法见表 2-3。

表 2-3　扭弯频率比的定义和计算方法

扭弯频率比	定　义	计算公式
ε_{s1}	第一阶对称扭转振型$f_{t(s1)}$与第一阶对称竖弯振型$f_{b(s1)}$之比	$\varepsilon_{s1}=\frac{f_{t(s1)}}{f_{b(s1)}}$
ε_{d1}	第一阶反对称扭转振型$f_{t(d1)}$与第一阶反对称竖弯振型$f_{b(d1)}$之比	$\varepsilon_{d1}=\frac{f_{t(d1)}}{f_{b(d1)}}$

2. 多塔斜拉桥结构动力特性分析

按结构特征参数对结构动力特性的影响程度，以武汉二七长江大桥的三塔斜拉桥为例，建立结构动力特性分析的 9 种结构模型，见表 2-4。

表 2-4　三塔斜拉桥结构动力特性分析结构模型一览表

结构特征参数		结构模型编号	模型描述
原结构		模型 0（基本模型）	中塔的纵向弯曲刚度为边塔的 4 倍，$E_{中}I_{中(纵)}=4E_{边}I_{边(纵)}$中塔与主梁交接处的纵向约束条件为漂浮
中塔纵向刚度	弹性索加固中塔	模型 1-1	在模型 0 的基础上，中塔与主梁交接处采用弹性索连接
	刚性中塔	模型 1-2	中塔的纵向弯曲刚度与边塔的相等，$E_{中}I_{中(纵)}=E_{边}I_{边(纵)}$
		模型 1-3	中塔的纵向弯曲刚度为边塔的 8 倍，$E_{中}I_{中(纵)}=8E_{边}I_{边(纵)}$
	斜拉索连接中塔和边塔	模型 1-4	中塔塔顶与边塔塔梁处采用斜拉索
约束条件	中塔与梁处	模型 2-1	漂浮
		模型 2-2	纵向弹性约束为现有刚度
		模型 2-3	纵向弹性约束为现有刚度的 2 倍
		模型 2-4	纵向弹性约束为现有刚度的 4 倍
		模型 2-5	固结

根据表 2-4 中的不同模型，通过中塔纵向刚度的变化和纵向约束条件的改变等因素对结构动力特性（纵向振动振型频率f_z、竖向弯曲振型频率f_b、扭转振型频率f_t、扭弯频率比 ε）的影响进行分析，分析结果见表 2-5、表 2-6。从表 2-5 可以看出：中塔纵向刚度的改变对结构的纵向振动频率影响较大，但对主梁的竖弯和扭转频率及扭弯频率比几乎没有影响。从表 2-6 可以看出：中塔与主梁处的纵向约束刚度对结构的纵向振动频率影响较大，但对主梁的竖弯和扭转频率及扭弯频率比影响较小。

表 2-5　中塔纵向刚度的变化对结构动力特性的影响

模型编号	中塔纵向刚度	纵向振动频率（Hz）	竖弯频率（Hz）	扭转频率（Hz）	ε
模型 0	原结构	0.071 4	0.299 6	0.555 2	1.85
模型 1-1	在模型 0 的基础上，中塔与主梁交接处采用弹性索连接	0.095 1	0.299 6	0.555 3	1.85
模型 1-2	中塔的纵向弯曲刚度与边塔的相等，$E_{中} I_{中(纵)} = E_{边} I_{边(纵)}$	0.065 1	0.299 6	0.555 3	1.85
模型 1-3	中塔的纵向弯曲刚度为边塔的 8 倍，$E_{中} I_{中(纵)} = 8E_{边} I_{边(纵)}$	0.074 3	0.299 6	0.555 3	1.85
模型 1-4	中塔塔顶与边塔塔梁处采用斜拉索	0.075 8	0.299 6	0.555 3	1.85

表 2-6　纵向约束刚度对结构动力特性的影响

模型编号	Δx（纵向约束刚度）	纵向振动频率（Hz）	竖弯频率（Hz）	扭转频率（Hz）	ε
模型 2-1	漂浮	0.071 4	0.299 6	0.555 2	1.85
模型 2-2	纵向弹性约束为现有刚度	0.095 1	0.299 6	0.555 5	1.85
模型 2-3	纵向弹性约束为现有刚度的 2 倍	0.112 9	0.299 6	0.555 8	1.86
模型 2-4	纵向弹性约束为现有刚度的 4 倍	0.138 3	0.299 6	0.556 3	1.86
模型 2-5	固结	0.165 3	0.299 6	0.595 9	1.99

3. 武汉二七长江大桥（三塔斜拉桥）的自振特性分析

（1）工程概述

武汉二七长江大桥为三塔双索面混合梁斜拉桥，跨度布置为 90 m + 160 m + 616 m + 616 m + 160 m + 90 m = 1 732 m，两主跨及边跨 149 m 均为钢-混凝土结合梁，其余为混凝土箱梁，梁宽 32 m，梁高 3.5 m，钻石形塔，塔自承台顶以上高 206.8 m，边墩和辅助墩均为独柱墩。主桥的总体布置如图 2-17。

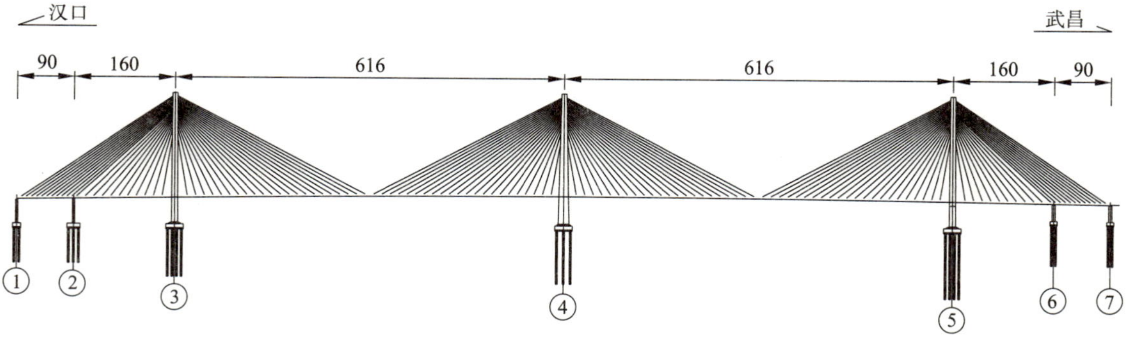

图 2-17　武汉二七长江大桥主桥总体布置（单位：m）

（2）大桥动力特性

动力特性分析采用空间结构计算图式，主梁、小纵梁、横梁、主塔、过渡墩和桩基等均离散为空间梁单元。其中，主梁、小纵梁和横梁自然形成梁格，桥面板采用板单元模拟，成桥状态、施工最大单伸臂状态、施工最大双伸臂状态的计算图式分别如图 2-18 ~ 图 2-20所示。

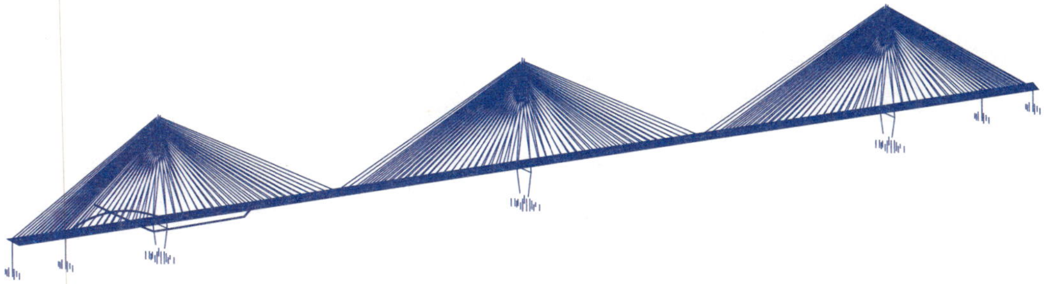

图 2-18　成桥状态计算图式

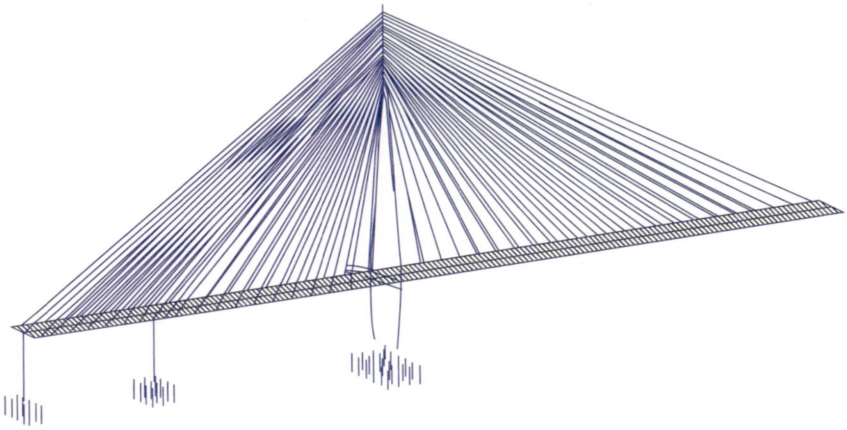

图 2-19　施工最大单伸臂状态计算图式

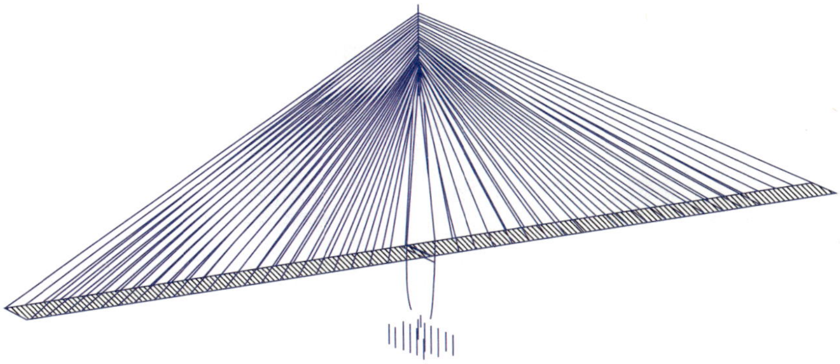

图 2-20　施工最大双伸臂状态计算图式

成桥状态和施工阶段结构各部位边界条件见表 2-7。

表 2-7　成桥状态和施工阶段结构各部位边界条件

结构部位		成桥状态						施工阶段					
		Δx	Δy	Δz	θ_x	θ_y	θ_z	Δx	Δy	Δz	θ_x	θ_y	θ_z
主塔在承台顶处		1	1	1	1	1	1	1	1	1	1	1	1
塔与梁交接处	中塔	1	1	1	1	0	0	1	1	1	1	0	1
	边塔	0	1	1	1	0	0	1	1	1	1	0	1

续上表

结构部位	成桥状态						施工阶段					
	Δx	Δy	Δz	θ_x	θ_y	θ_z	Δx	Δy	Δz	θ_x	θ_y	θ_z
主塔、墩基础在桩嵌固点处	1	1	1	1	1	1	1	1	1	1	1	1
过渡墩、辅助墩与梁交接处	0	1	1	0	0	0	0	1	1	0	0	0

注：Δx、Δy、Δz 分别表示沿纵桥向、横桥向、竖桥向的线位移；θ_x、θ_y、θ_z 分别表示绕纵桥向、横桥向、竖桥向的转角位移。1 表示约束，0 表示无约束。

成桥状态的振型主要特点见表 2-8，其相应的振型图见图 2-21。从振型图来看：

表 2-8　成桥状态动力特性

振型阶数	振型主要特性	自振频率 f（Hz）	圆频率 ω（rad/s）	自振周期 T（s）
1	体系纵向振动	0.1653	1.0387	6.0488
2	主梁横弯	0.2269	1.4259	4.4066
3	主梁横弯	0.2551	1.6026	3.9206
4	主梁竖弯	0.2996	1.8822	3.3382
5	主梁竖弯	0.3101	1.9485	3.2246
6	主梁竖弯	0.4683	2.9427	2.1352
7	主梁竖弯	0.4786	3.0073	2.0893
13	主梁扭转	0.5959	3.7440	1.6782

注：扭弯频率比 $\varepsilon = f_{13}/f_4 = 1.99$。

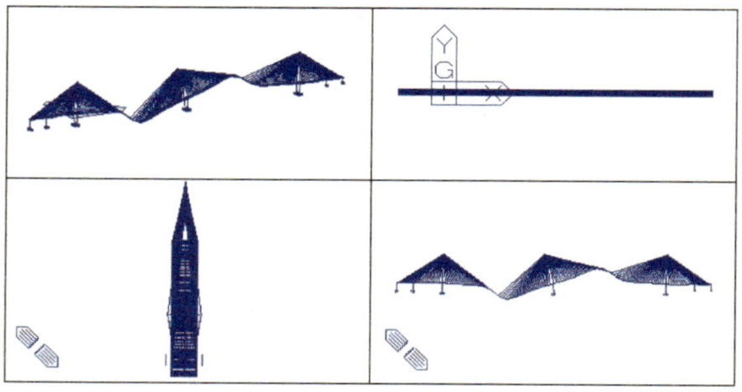

第1阶振型

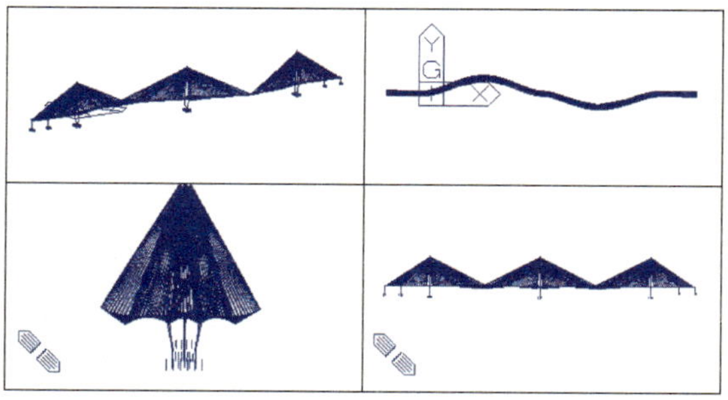

第2阶振型

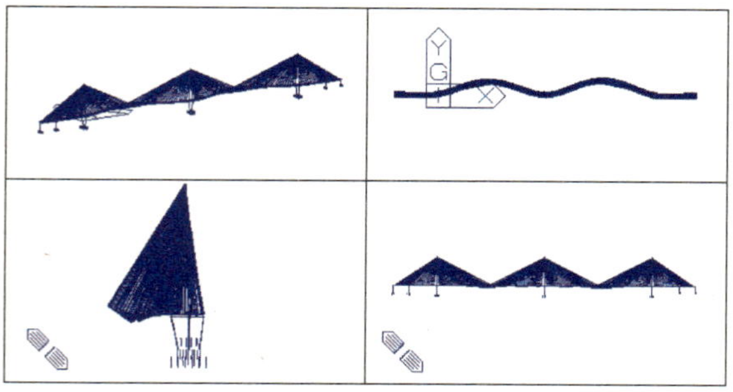

第3阶振型

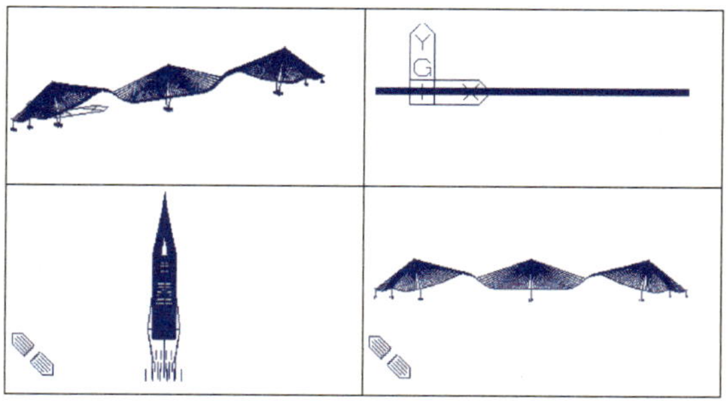

第4阶振型

图　2-21

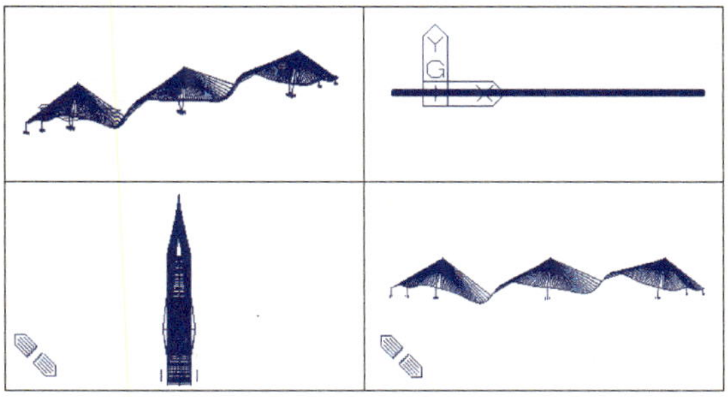

第5阶振型

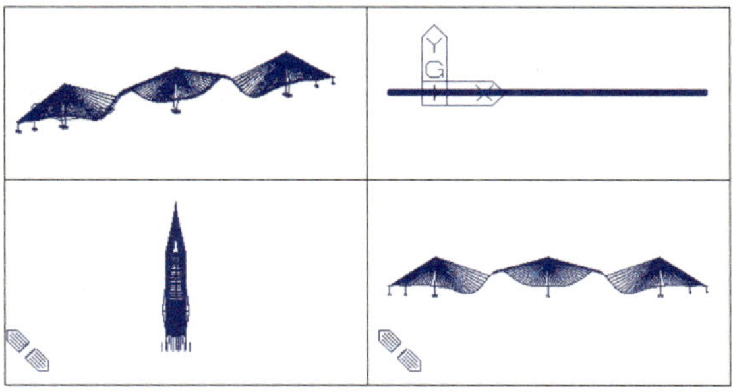

第6阶振型

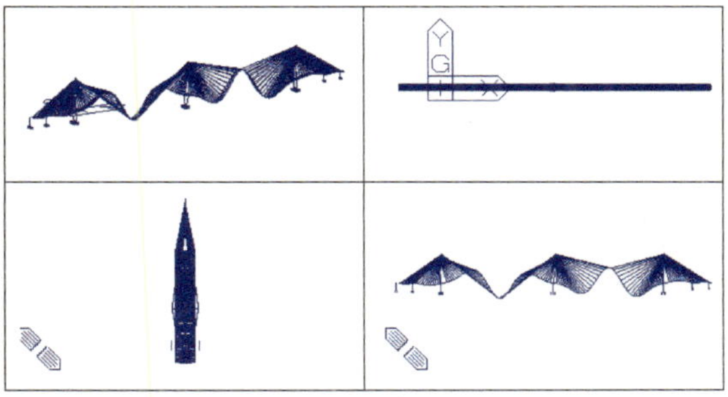

第7阶振型

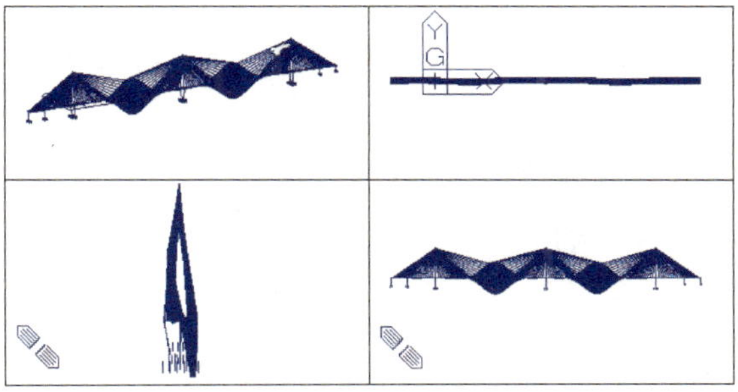

第13阶振型

图 2-21　成桥状态振型图

1）由于中塔纵桥向刚度较小，第一阶振型为中塔纵弯振型，而非双塔斜拉桥的两个塔同时纵向振动。

2）由于结构的对称轴是中塔，第一阶横弯是反对称振型。而双塔斜拉桥的对称轴是主跨，其第一阶横弯一定是对称振型。

3）过渡墩、辅助墩对主梁的横向和竖向振动的制约作用比较明显，这对结构抗风是有利的。

4）与结构抗风稳定性有关的振型是以梁的振动为主的振型，其中与主梁横向抖振有关的振型是第 2 阶振型；与主梁竖向抖振有关的振型是第 4 阶振型；与主梁自激振动有关的振型是第 4 阶振型和第 13 阶振型，扭弯频率比 $\varepsilon = 1.99$。

5）对主塔横向地震响应贡献最大的振型是第 2 阶振型；对主梁横向地震响应贡献最大的振型也是第 2 阶振型。

由上述分析可以看出，尽管本桥跨度较大，但由于在结构体系中采取了若干措施，使主梁仍具有较高的扭转自振频率和扭弯频率比。同时，也使对结构控制截面地震响应贡献最大的振型有较长的周期，为大桥的抗震安全性提供了良好的结构动力学基础。在结构体系中采取的措施有：采用斜索面，斜索面较平行索面对主梁的扭转频率有 30% ~ 40% 的提高；增设辅助墩。这些措施对增大颤振临界风速，减小涡激振的振幅，减小抖振响应均产生了程度不同的效果。

施工阶段最大单伸臂长度 308 m，其振型主要特点见表 2-9，相应的振型图如图 2-22 所示。从振型图来看：由于塔较高，伸臂端较长，因而主梁伸臂端横弯频率和塔的侧弯频率均较低。此施工阶段与结构抗风稳定性有关的振型有：与主梁横向抖振有关的振型是第 1 阶振型；与主梁竖向抖振有关的振型是第 2 阶振型；与主梁自激振动有关的振型是第 2 阶振型和第 6 阶振型，扭弯频率比 $\varepsilon = 2.01$。

表 2-9　施工最大单伸臂状态动力特性

振型阶数	振型主要特性	自振频率 f（Hz）	圆频率 ω（rad/s）	自振周期 T（s）
1	伸臂端横弯	0.1764	1.1084	5.6687
2	主梁竖弯	0.2783	1.7488	3.5929
3	塔侧弯	0.4598	2.8893	2.1746
4	主梁竖弯	0.4713	2.9610	2.1220
5	主梁竖弯	0.5598	3.5173	1.7863
6	主梁扭转	0.5604	3.5213	1.7843

注：扭弯频率比 $\varepsilon = f_6/f_2 = 2.01$。

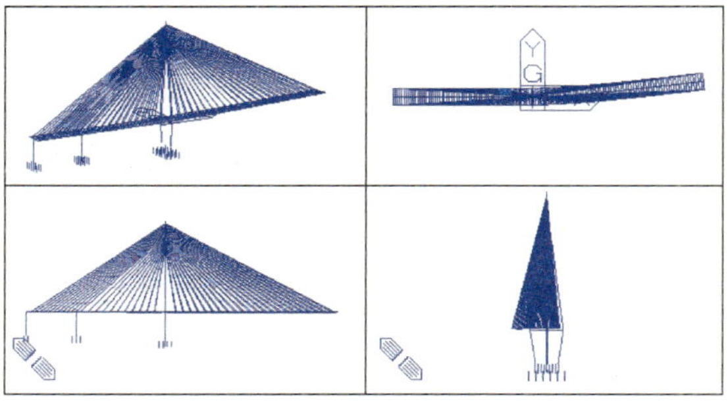

第1阶振型

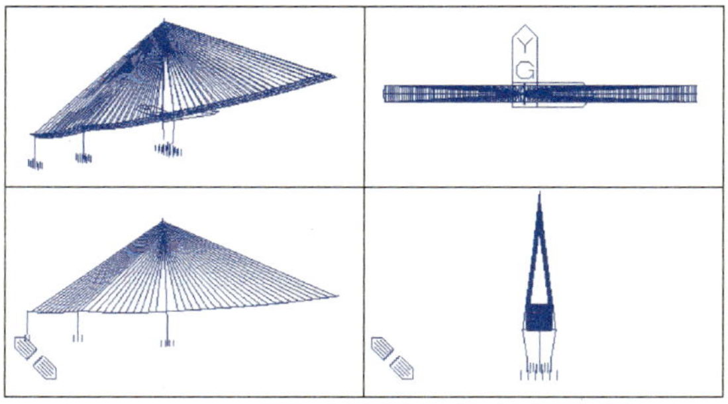

第2阶振型

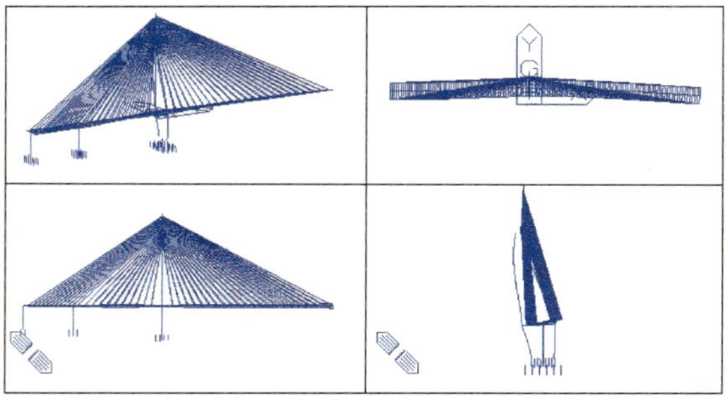

第3阶振型

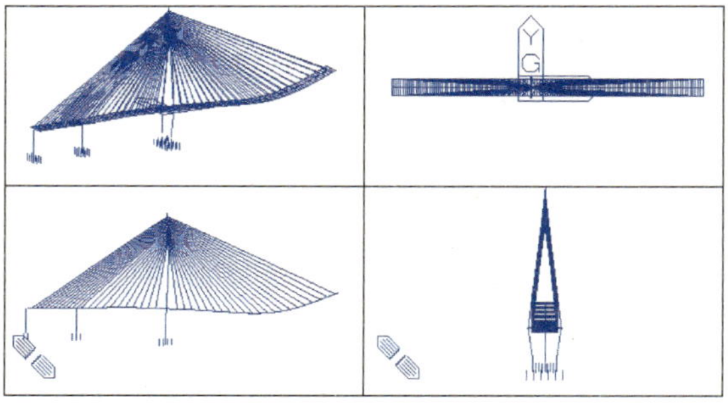

第4阶振型

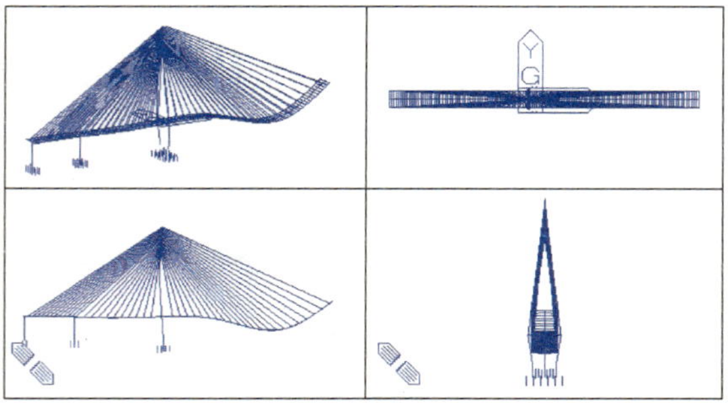

第5阶振型

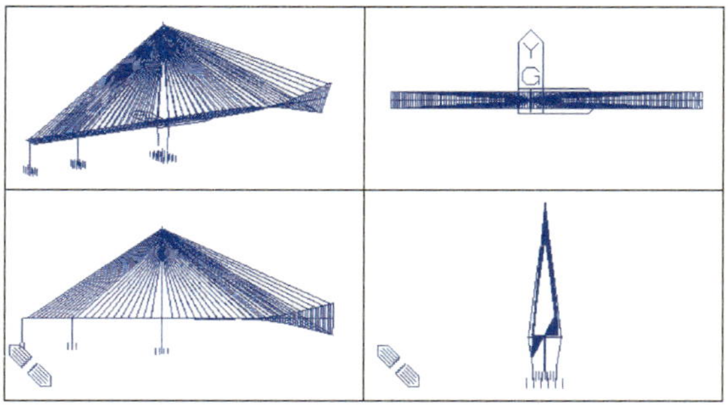

第6阶振型

图 2-22　施工最大单伸臂状态振型图

施工阶段最大双伸臂长度约为 308 m，其振型主要特点见表 2-10，相应的振型图如图 2-23 所示。从振型图来看：施工最大双伸臂较最大单伸臂的横弯、竖弯、扭转频率均有提高。这为施工最大双伸臂阶段的抗风稳定性打下了良好的基础。

总之，对于施工阶段，主梁均具有较高的扭转自振频率和扭弯频率比，为主梁施工阶段的抗风稳定性提供了有力的保证。

表 2-10　施工最大双伸臂状态动力特性

振型阶数	振型主要特性	自振频率 f（Hz）	圆频率 ω（rad/s）	自振周期 T（s）
1	主梁伸臂端竖摆	0.1373	0.8625	7.2848
2	主梁伸臂端横摆	0.1538	0.9662	6.5029
3	主梁横弯	0.2129	1.3376	4.6975
4	主梁竖弯	0.4379	2.7511	2.2839
5	主梁竖弯	0.5054	3.1755	1.9786
6	塔侧弯	0.5181	3.2551	1.9302
7	主梁竖弯	0.5403	3.3948	1.8508
8	主梁扭转	0.5795	3.6413	1.7255

注：扭弯频率比 $\varepsilon = f_8/f_4 = 1.32$。

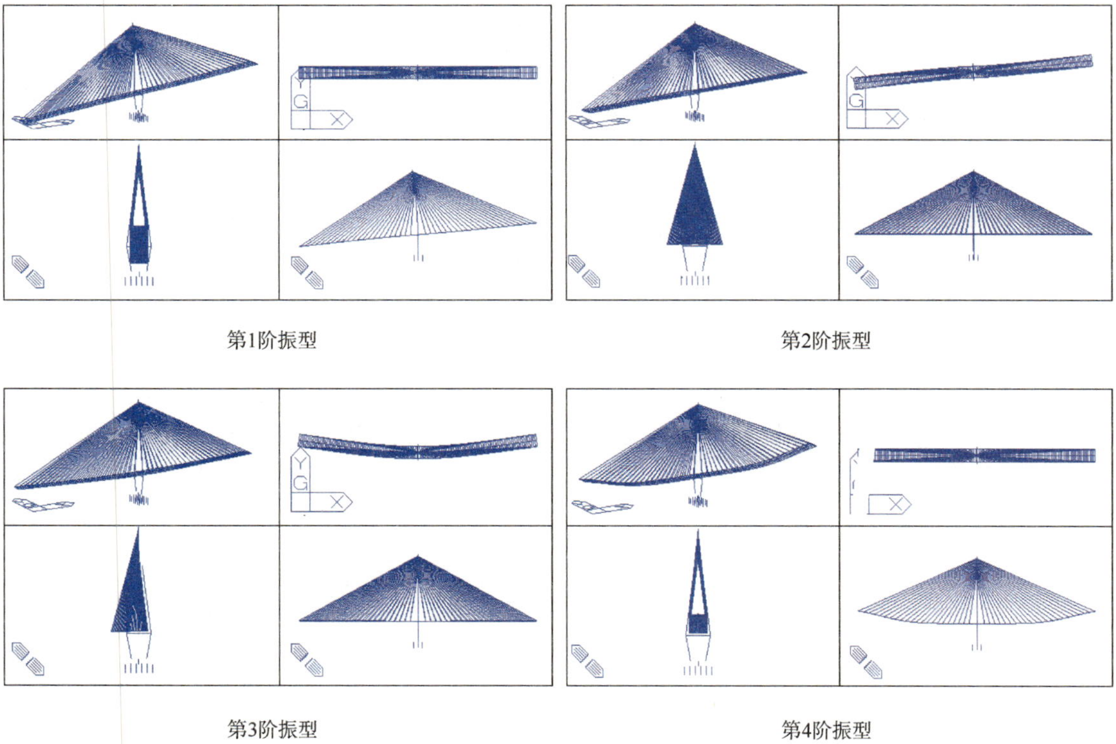

第1阶振型　第2阶振型

第3阶振型　第4阶振型

图　2-23

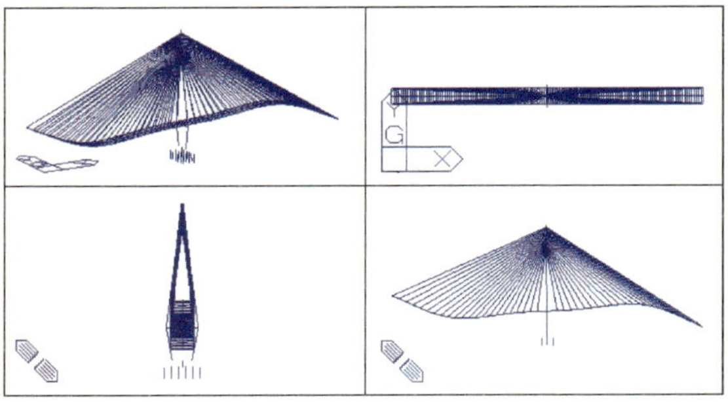

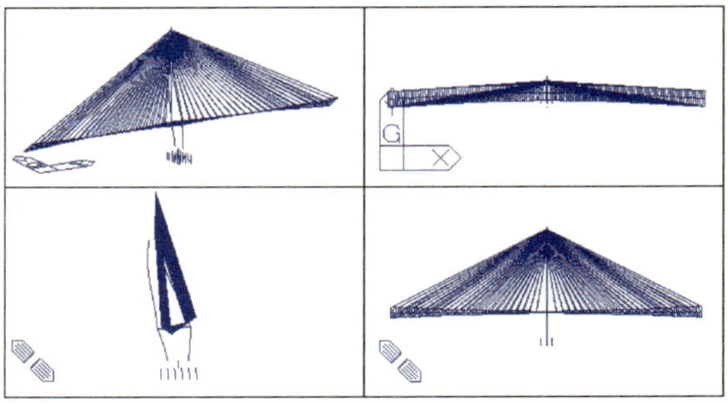

第5阶振型　　第6阶振型

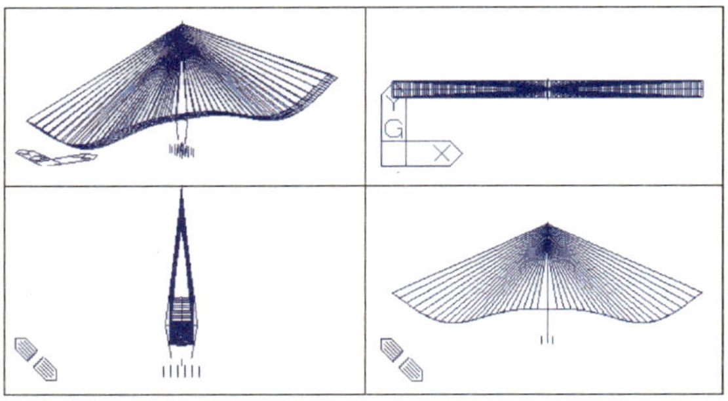

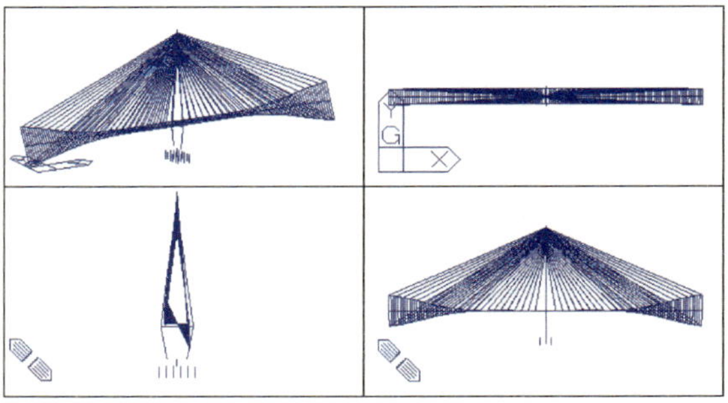

第7阶振型　　第8阶振型

图 2-23　施工最大双伸臂状态振型图

2. 3. 2　多塔斜拉桥的地震动力响应和设防措施

1. 多塔斜拉桥的地震动力响应特点

与双塔斜拉桥相比，多塔斜拉桥的结构刚度更弱，因而其基本自振周期更长。多塔大跨度斜拉桥的基本自振周期多在 5 s 以上，因此，多塔斜拉桥结构的地震响应较双塔斜拉桥结构的地震响应略小，这对多塔斜拉桥结构抗震性能的提高是有利的。

虽然多塔斜拉桥的长周期对其结构的地震响应的减小是有利的，但长周期反应谱的取值问题一直是个难题。

解决长周期反应谱的取值问题，途径之一是利用现在开始大量使用并已取得重要记录的数字强震仪的记录，重新确定反应谱长周期部分的谱值；途径之二是利用现有地震仪记录的结果，采取反演方法进行修正。

然而，在数字强震仪问世以前，由于受强震仪频率特性限制，很难从强震记录中获得真实可靠的长周期频谱信息。利用已有的地震仪记录采取反演方法进行修正这一方法也是近二十多年来才发展起来的，真正得到长周期的频谱信息还有许多工作要做。因此，反应谱特性研究通常限于周期 3 s 以下的短周期范围。20 世纪 80 年代以来，数字强震仪才获得较快发展。在我国，中国地震局工程力学研究所与美国地质调查局、加州理工学院、南加州大学合作，自 1981 年以来在唐山地区布设了一个试验性数字强震仪台网。但由于地震发生率低，数字强震仪记录资料有限，6 级以上地震动记录更是匮乏。反应谱长周期特性需从大量数字强震仪记录资料统计得出。统计样本量少，地震震级分布也极不均匀，统计结果的代表性也就较低。总的来说，无论国内、国外对反应谱的长周期特性尚处于研究探索和资料积累过程。目前，《铁路工程抗震设计规范》(GB 50111—2016) 对动力放大系数的最小值作了限制，规定 $\beta_{min} \geqslant 0.45$，《公路桥梁抗震设计细则》(JTG/T B02-01—2008) 论证了反应谱长周期范围可以扩展到 10 s，且按照 T^{-1} (T 为结构自振周期) 的速度下降是有足够安全保障的，安全没有必要设下限值。

随着我国经济的发展和桥梁技术的进步，近年来，一大批大跨度斜拉桥和悬索桥已经建成。而目前的抗震设计规范只适用于单跨跨经 150 m 以下的梁桥和拱桥，不适用大跨度斜拉桥和悬索桥的抗震设计。因为大跨度斜拉桥和悬索桥的第一阶主要自振周期都很长，如：江阴长江公路大桥的第一周期 $T_1 = 19.6$ s，广东虎门大桥的第一周期 $T_1 = 11$ s，而公路桥梁设计规范设计反应谱的最长周期为 5 s。实际结构的主要自振周期远大于规范要求的最长周期，引出的难题是当实际结构的主要自振周期超出规范要求的最长周期时，动力放大系数 β 究竟取多少比较合理？

反应谱法计算简单，在大跨度桥梁抗震设计中还是有其应用价值的。大跨度桥梁造价很高，一般均是交通枢纽，且为生命线工程，在地震中不允许主体结构发生过大的非弹性变形，桥梁的主体结构须在弹性或轻微非弹性状态下工作。

大跨度桥梁结构的主要自振周期超出规范要求的最长周期的动力放大系数 β 的取值，常用的做法是将规范规定的 β_{min} 等值延伸，但 β_{min} 的取值大小直接关系到结构的安全与否，若都按规范直接取值将使设计过于保守。

范立础教授的《桥梁抗震》专著中，对规范反应谱长周期部分的修正给出了如下建议：

1) 对于Ⅲ类场地，$T > 3.5$ s 的长周期范围以曲线 $\beta' = \dfrac{5.5125}{T^2}$ 代替 $\beta = 0.45$。

2) 对于Ⅰ类、Ⅱ类场地，可偏安全地将原有公式延长使用，直至与Ⅲ类场地的修正公式相交为止。

斜拉桥结构的阻尼比的取值，双塔斜拉桥和多塔斜拉桥差别不大，《公路桥梁抗震设计细则》(JTG/T B02-01—2008) 规定不宜大于 0.03，《城市桥梁抗震设计规范》(CJJ 166—2011) 亦规定取值为 0.03。可见，两本规范对于阻尼比的取值均较小，多塔斜拉桥结构如此低的阻尼比，意味着在地震作用下，结构的振动衰减很慢，结构的地震响应较大。

此外，多塔斜拉桥结构大多是自锚结构，在地震作用下，多塔斜拉桥不像地锚结构的悬索桥那样会有很大的水平力通过锚碇传递到地基，而是通过主塔传递到地基。而软土地基的卓越周期为 1 ~ 2 s，往往与多塔斜拉桥的某一阶周期相近，导致类共振现象的发生，这是多塔斜拉桥结构抗震设计所要充分注意的。

2. 武汉二七长江大桥（三塔斜拉桥）地震动力响应

(1) 抗震设防类别和设防等级

根据《公路桥梁抗震设计细则》(JTG/T B02-01—2008)，武汉二七长江大桥抗震设防类别为 A 类。抗震设防目标为：在 E1 地震作用下一般不受损或不需修复可继续使用；E2 地震作用下可发生局部轻微损伤，不需修复或经简单修复可继续使用。

依据《中国地震动参数区划图》(GB 18306—2001) 划分，桥址区地震动峰值加速度 A 为 $0.05g$，对照地震基本烈度为Ⅵ度，地震动反应谱特征周期 0.45 s。

按照《公路桥梁抗震设计细则》(JTG/T B02-01—2008) 第 3.1.4 条的规定，武汉二七长江大桥抗震设防等级为7，抗震重要性系数 C_i 为：E1 地震作用下 1.0，E2 地震作用下 1.7。

（2）场地类别及设计地震动参数

按照大桥详勘报告，桥址区场地类别以Ⅱ类为主，水域1号、2号墩位处为Ⅲ类。按照《公路桥梁抗震设计细则》(JTG/T B02-01—2008) 第5.2.2条的规定，场地系数统一取 C_s 为1.0。

按照《公路桥梁抗震设计细则》(JTG/T B02-01—2008) 第5.2.1条的规定，设计水平加速度反应谱 S 由式 (2-1) 确定：

$$S=\begin{cases}S_{max}(5.5T+0.45) & T<0.1\ \text{s}\\ S_{max} & 0.1\ \text{s}\leqslant T\leqslant T_g\\ S_{max}(T_g/T) & T>T_g\end{cases}\tag{2-1}$$

式中 T_g——特征周期，根据《公路桥梁抗震设计细则》第5.2.3条的规定，取 $T_g=0.45$ s；

S_{max}——水平设计加速度反应谱最大值，$S_{max}=2.25C_iC_sC_dA$，C_i、C_s、A 上面已经给出，C_d 按照《公路桥梁抗震设计细则》第5.2.4条的规定取为1.180 18，则 $S_{max}=2.25\times1.7\times1.0\times1.180\,18\times0.05\times9.8=2.211\,95(\text{m/s}^2)$。

按照《公路桥梁抗震设计细则》(JTG/T B02-01—2008)第5.2.5条的规定，设计竖向加速度反应谱由水平向设计加速度反应谱乘以竖向/水平谱比函数 R 得到。

$$R=\begin{cases}1.0 & T<0.1\ \text{s}\\ 1.0-2.5(T-0.1) & 0.1\ \text{s}\leqslant T<0.3\ \text{s}\\ 0.5 & T\geqslant0.3\ \text{s}\end{cases}\tag{2-2}$$

水平加速度反应谱曲线如图2-24所示。

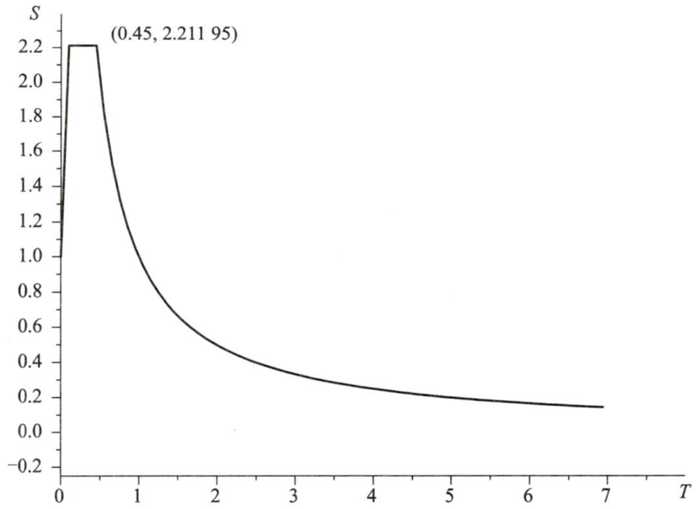

图2-24　水平加速度反应谱曲线

竖向加速度反应谱曲线如图2-25所示。

（3）反应谱分析结果

采用 MIDAS/Civil 进行水平横桥向、纵桥向及竖向的地震反应谱分析，三个方向的分析结果按照《公路桥梁抗震设计细则》第5.1.1条的规定进行组合，三个方向地震作用下结构的响应分别记为 E_X、E_Y、E_Z，则总的地震响应 $E=\sqrt{E_X^2+E_Y^2+E_Z^2}$。

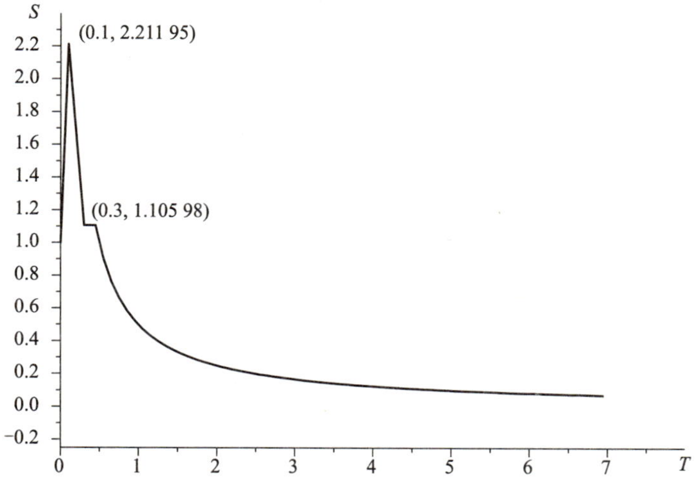

图 2-25　竖向加速度反应谱曲线

三向反应谱共同作用下，墩(塔)底内力见表 2-11。

表 2-11　墩（塔）底内力结果

墩（塔）		塔（墩）底内力		
		轴力（kN）	面内弯矩（kN · m）	面外弯矩（kN · m）
1 号墩		1 277	225 562	262 053
2 号墩		2 520	225 839	657 546
3 号塔	上游塔肢	21 212	263 000	266 402
	下游塔肢	20 987	262 850	271 454
4 号塔	上游塔肢	29 881	793 575	566 739
	下游塔肢	29 852	794 449	569 577
5 号塔	上游塔肢	24 974	250 907	317 606
	下游塔肢	24 946	250 956	320 371
6 号墩		2 487	155 558	348 504
7 号墩		1 250	159 487	219 157

在利用反应谱法进行结构的地震响应计算时，用到了振型参与系数和振型参与质量的概念。

每个质点质量 m_i 与其在某一振型中相应坐标 ϕ_{ij}乘积之和与该振型的主质量（或者说该模态质量）之比，即为该振型的振型参与系数（表明地震反应中 j 振型位移对该振型质量点的某一方向的反应的加权系数）。一阶振型自振频率最小（周期最长），二阶、三阶……振型的自振频率逐渐增大。地震作用大小和地面加速度大小成正比，周期越长加速度越小，地震作用也越小。自振振型曲线是在结构某一阶特征周期下算得的各个质点相对位移（模态向量）的图形示意，在形状上如实反映实际结构在该周期下的振动形态。振型阶数越高，周期越短，地震作用越大，但由于地震反应是各振型的迭代，所以高阶振型的振型参与系数小。

所谓振型参与质量，就是某一振型的主质量（或者说该模态质量 $\varphi_j^{\mathrm{T}}M\varphi_j$）乘以该振型的振型参与系数的平方，即为该振型的振型参与质量。

假设抗震计算时只取几个振型，那么这几个振型的振型参与质量之和与总质量之比即为振型参与质量系数。振型参与质量系数用于判断参与振型数足够与否，或所取的振型数是否足够，一般用百分数来表示。

对于多跨斜拉桥结构，需要较多振型才能准确计算地震作用，这时尤其要注意振型参与质量系数是否超过了 90%。表 2-12 给出了武汉二七长江大桥中塔承台底弯矩与振型参与质量系数的关系，图 2-26 和图 2-27 分别给出了中塔承台底纵（横）向弯矩与振型参与质量系数的影响关系。

表 2-12　中塔承台底弯矩与振型参与质量系数的关系

振型参与质量系数 / 弯矩	50%	60%	70%	80%	90%	99%
中塔承台底纵向弯矩（kN・m）	1 114 308	1 139 782	1 142 696	1 149 484	1 154 528	1 162 528
中塔承台底横向弯矩（kN・m）	978 145	984 939	990 274	997 033	1 005 716	1 015 327

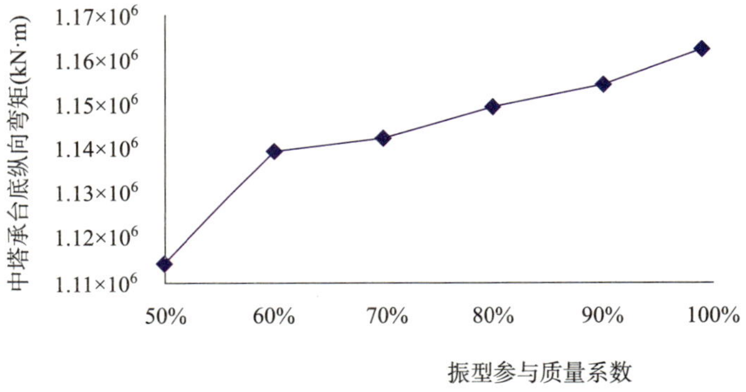

图 2-26　武汉二七长江大桥中塔承台底纵向弯矩与振型参与质量系数的影响关系

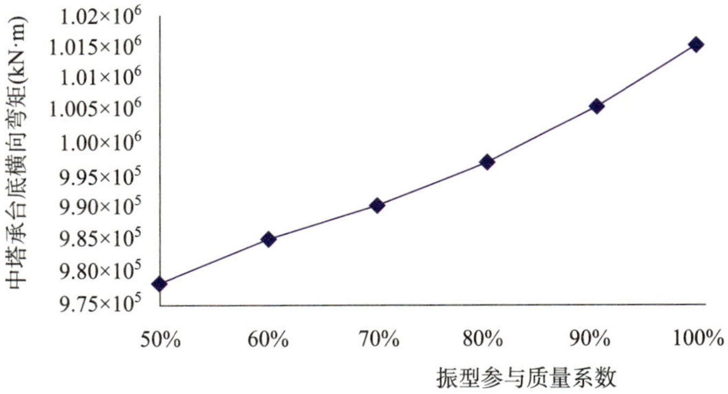

图 2-27　武汉二七长江大桥中塔承台底横向弯矩与振型参与质量系数的影响关系

由表 2-12 和图 2-26、图 2-27 可知：

1）中塔承台底的纵向弯矩和横向弯矩均随振型参与质量系数的增大而增大。

2）中塔承台底的纵向弯矩在振型参与质量系数为 60% 时变化幅度较大，随后出现增幅平缓，这是由于体系的纵向振动振型比较靠前的缘故。

3）中塔承台底的横向弯矩随振型参与质量系数的增幅比较均匀，这是由于主梁和主塔的各阶横弯振型前后均有分布的缘故。

4）振型参与质量系数为 90% 和 99% 时的中塔承台底的纵向弯矩之比为 0.993；振型参与质量系数为 90% 和 99% 时的中塔承台底的横向弯矩之比为 0.991，二者均接近 1。由此可以推断：武汉二七长江大桥所取的振型数足够，符合相关规范的要求。

（4）时程分析法的结构地震响应

1）地震加速度时程曲线。武汉二七长江大桥地震响应的时程分析采用振型叠加法进行。振型叠加法是一种线性分析方法，因此本结构没有考虑阻尼器等非线性单元。人工地震波采用武汉地震工程研究院提供的《武汉二环线二七路过江通道工程场地地震安全性评价报告》中提供的人工合成地震波，地震激励时长取 20.48 s。人工地震加速度时程曲线由《武汉二环线二七路过江通道工程场地地震安全性评价报告》（武汉地震工程研究院）给出。采用 100 年超越概率 3% 的概率水平下的地震加速度时程曲线如图 2-28 所示。

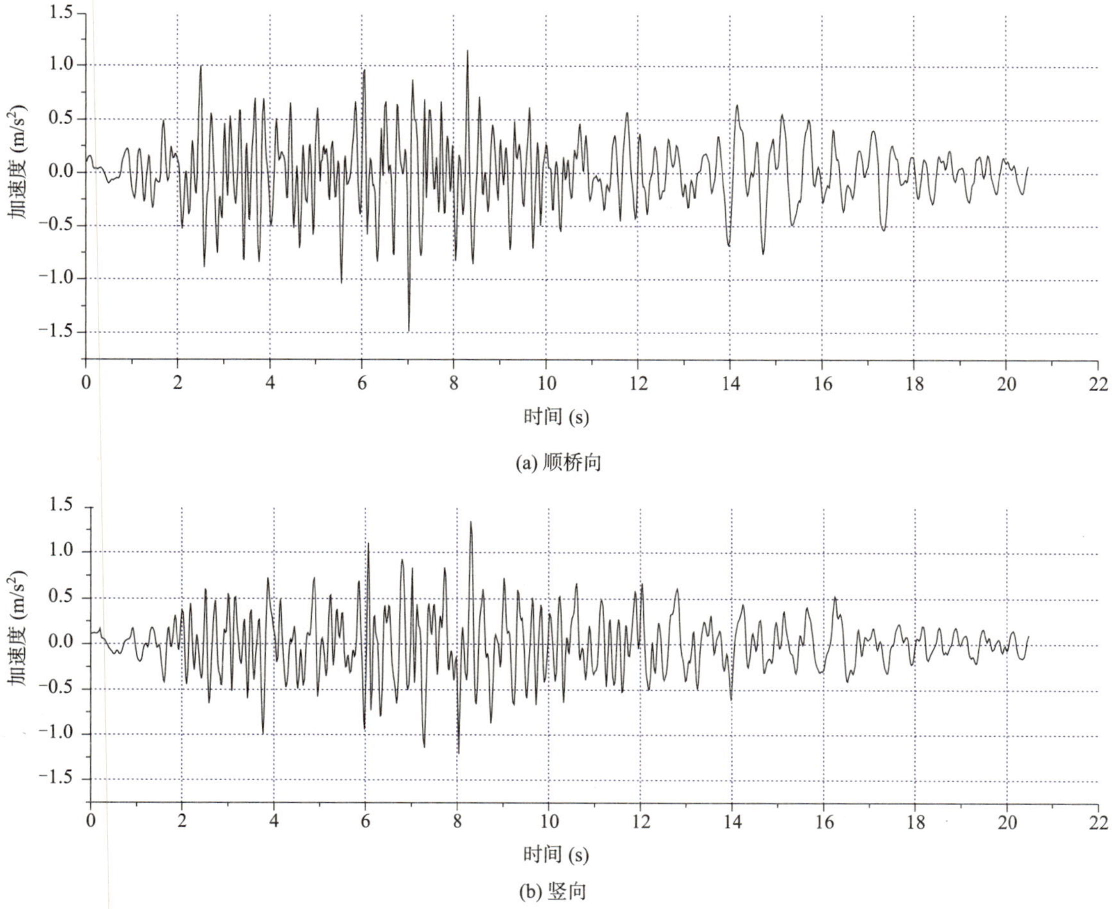

图　2-28

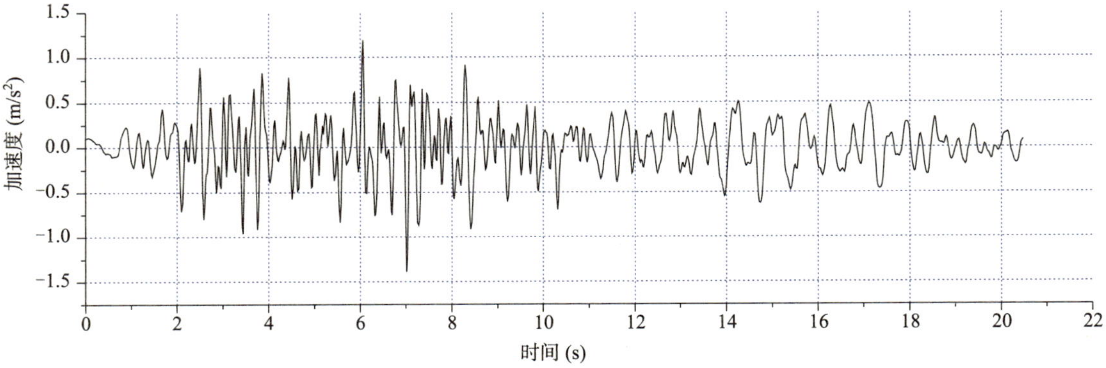

(c) 横桥向

图 2-28　人工地震加速度时程曲线

2）地震时程分析结果。人工地震波作用下塔（墩）根部面外弯矩的时程曲线如图 2-29 所示。

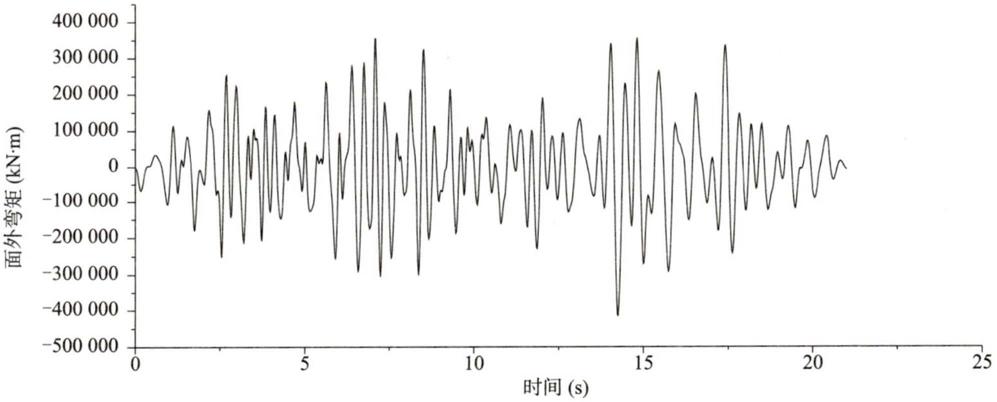

(a) 1号墩根部

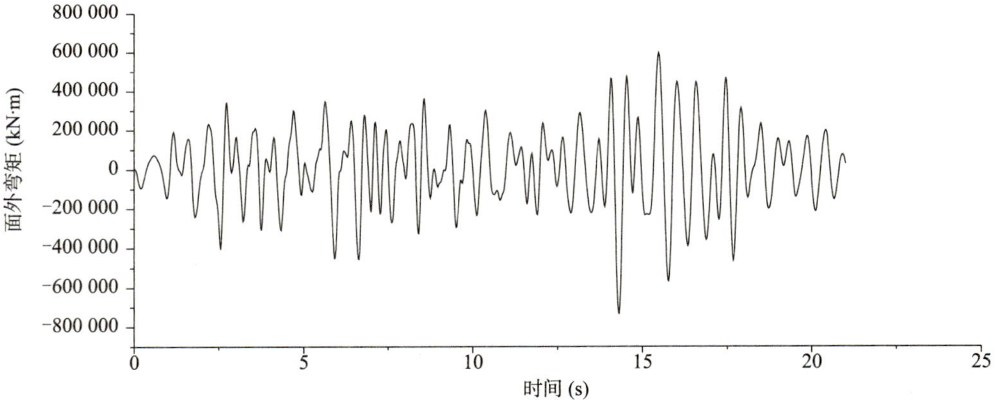

(b) 2号墩根部

图　2-29

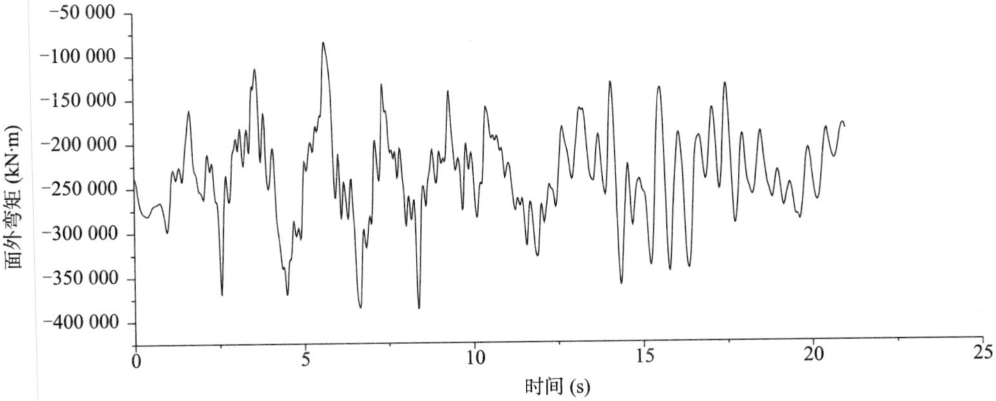

(c) 3号塔上游根部

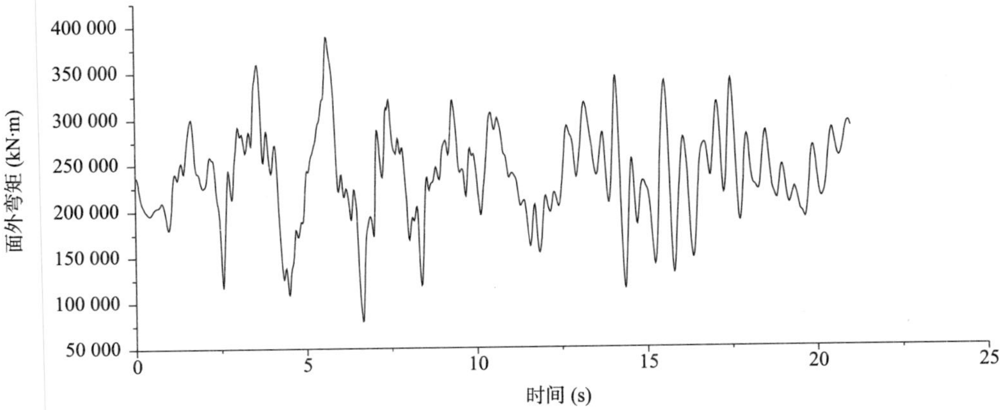

(d) 3号塔下游根部

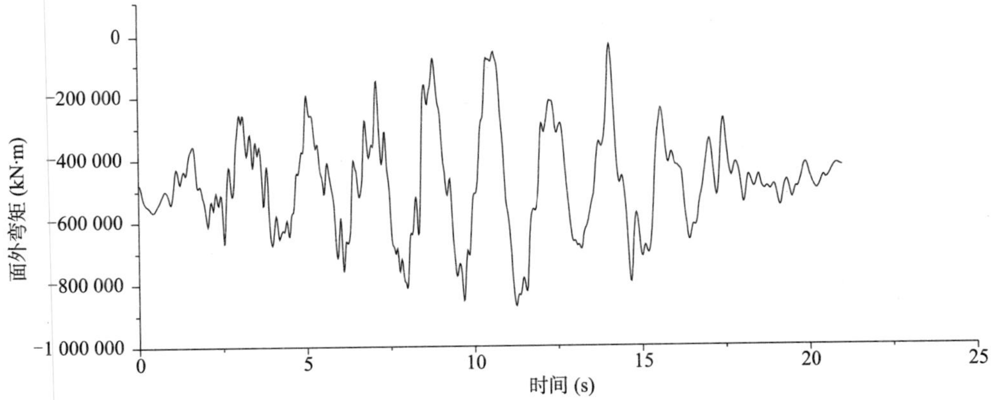

(e) 4号塔上游根部

图　2-29

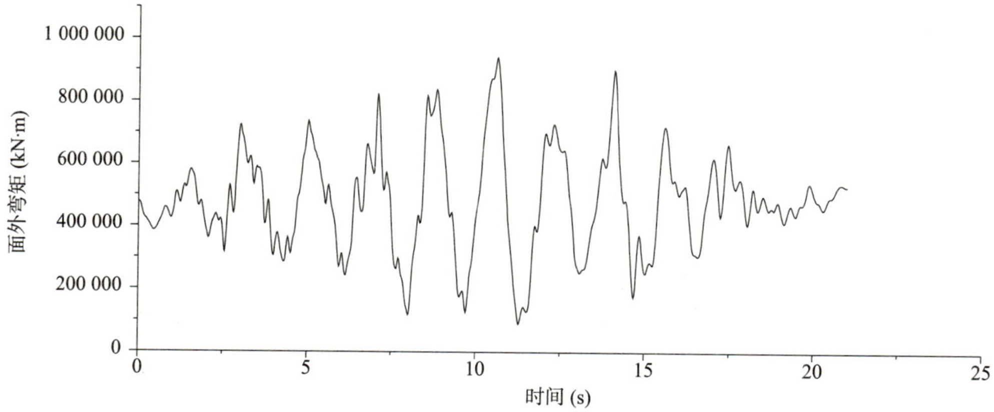

(f) 4号塔下游根部

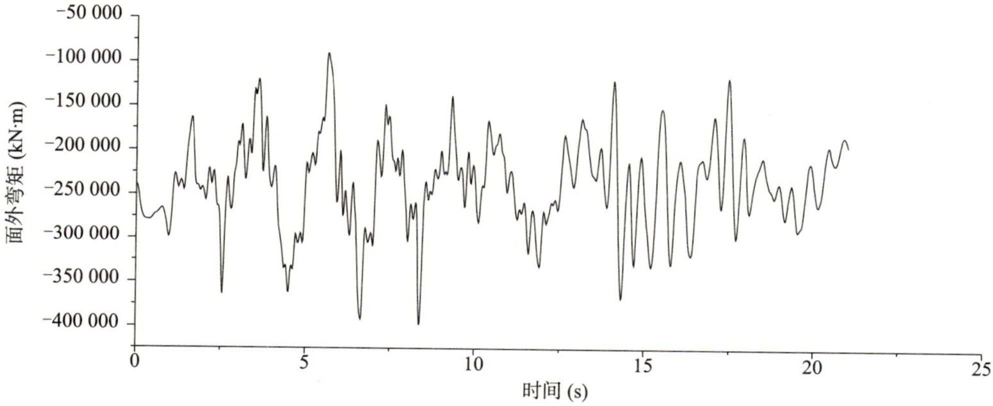

(g) 5号塔上游根部

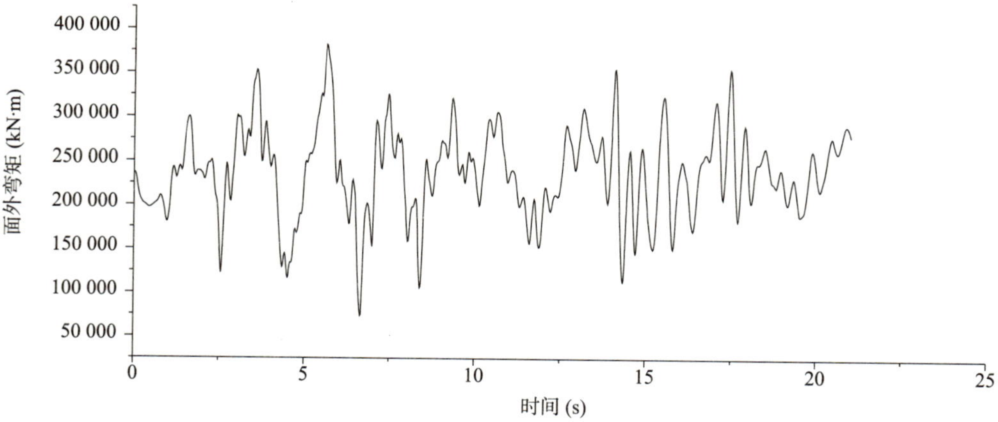

(h) 5号塔下游根部

图　2-29

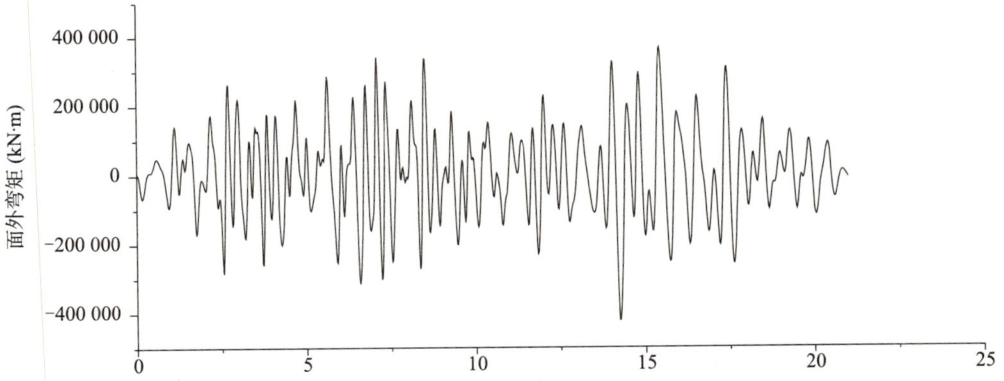

(i) 6号墩根部

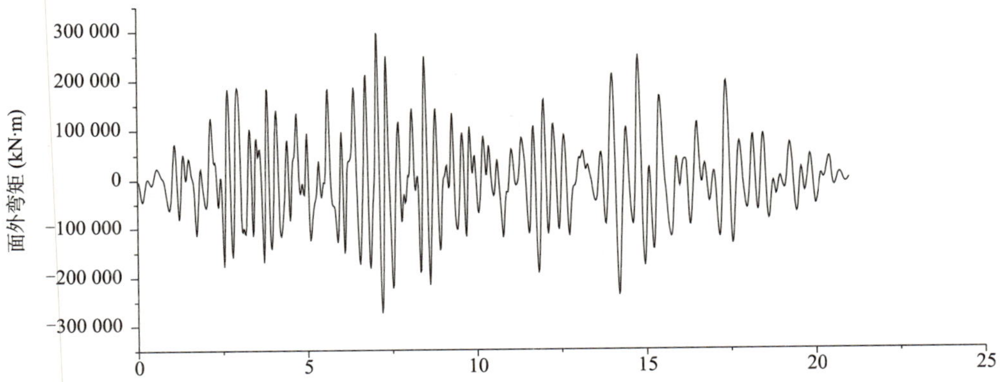

(j) 7号墩根部

图 2-29　人工地震波作用下塔（墩）根部面外弯矩时程曲线

人工地震波作用下塔（墩）根部面内弯矩的时程曲线如图 2-30 所示。

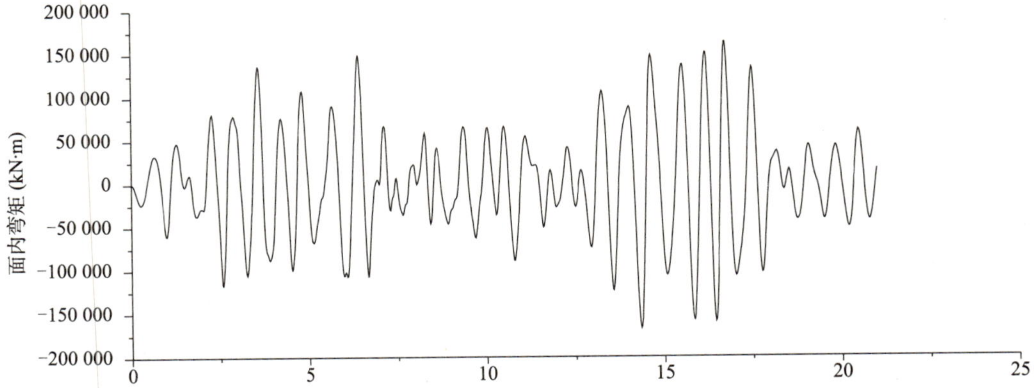

(a) 1号墩根部

图　2-30

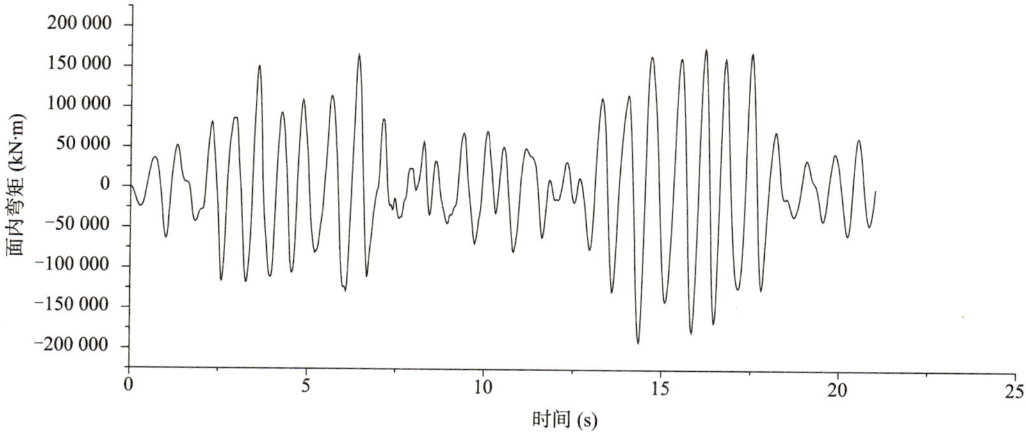

(b) 2号墩根部

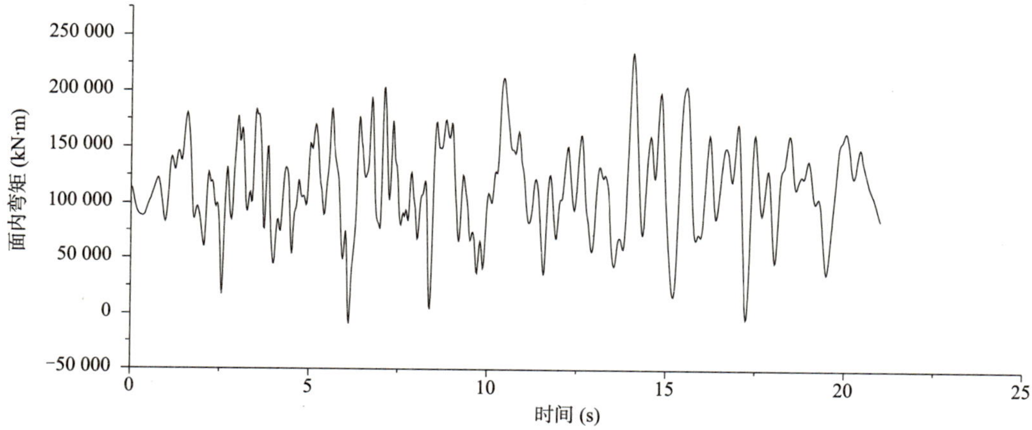

(c) 3号塔上游根部

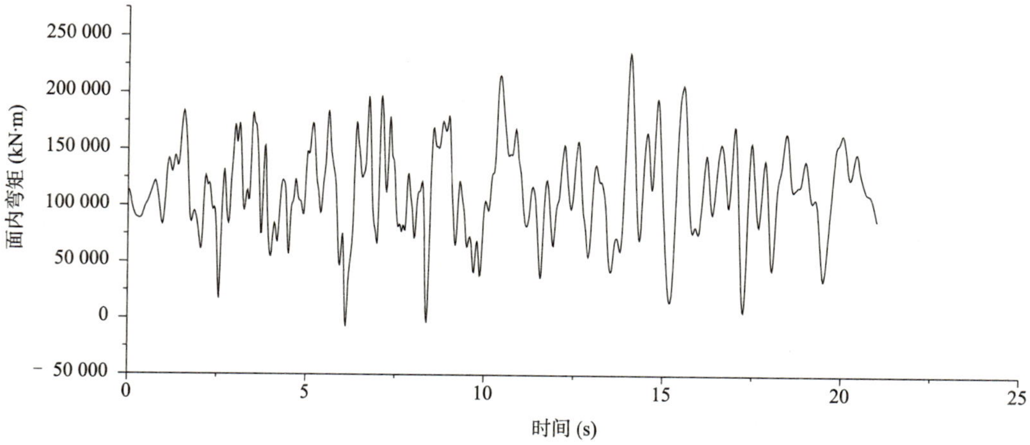

(d) 3号塔下游根部

图 2-30

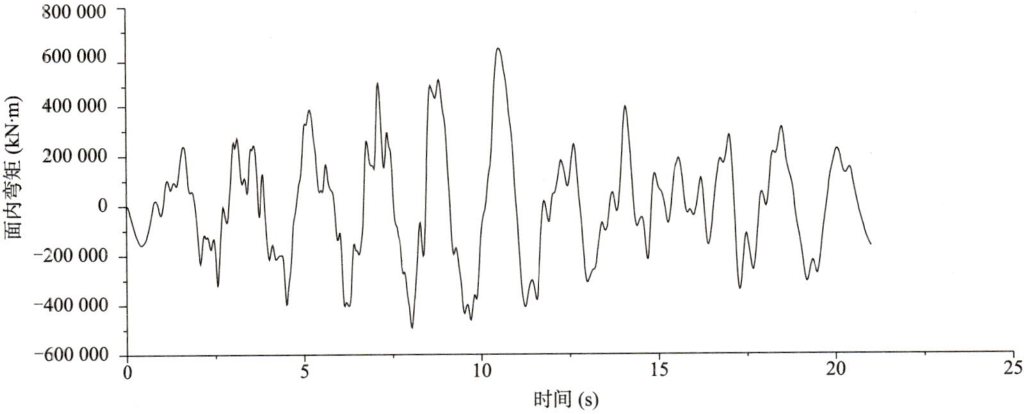

(e) 4号塔上游根部

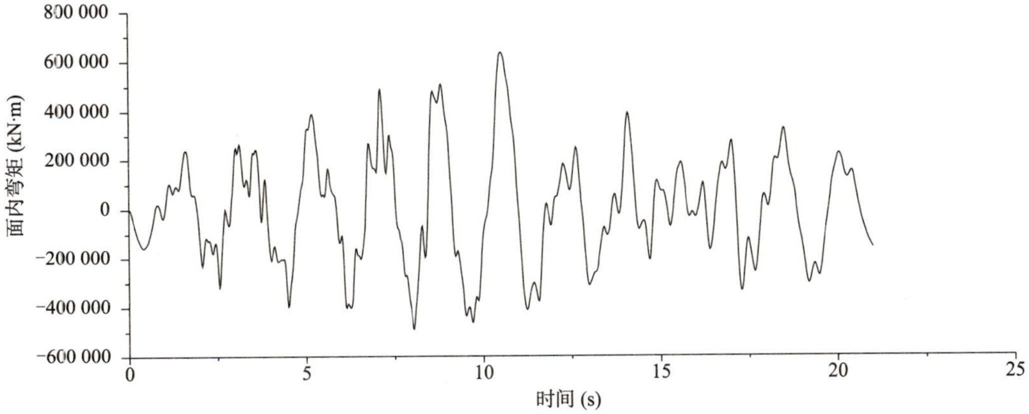

(f) 4号塔下游根部

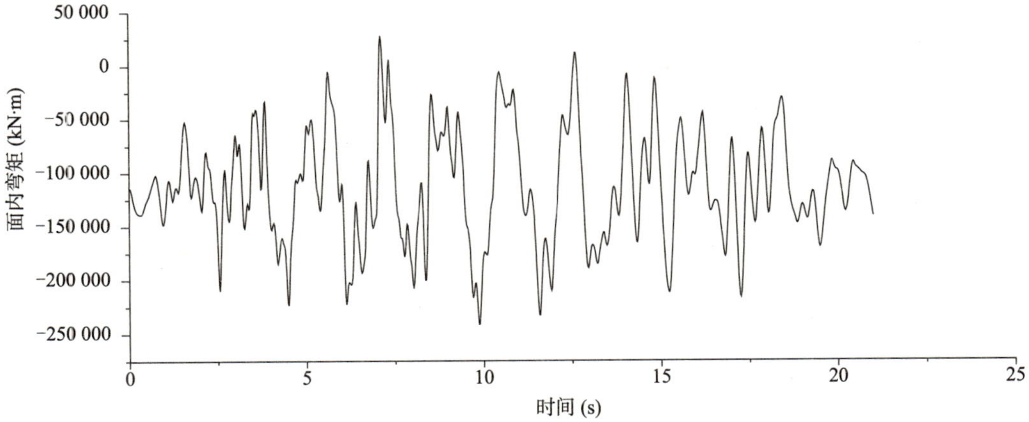

(g) 5号塔上游根部

图　2-30

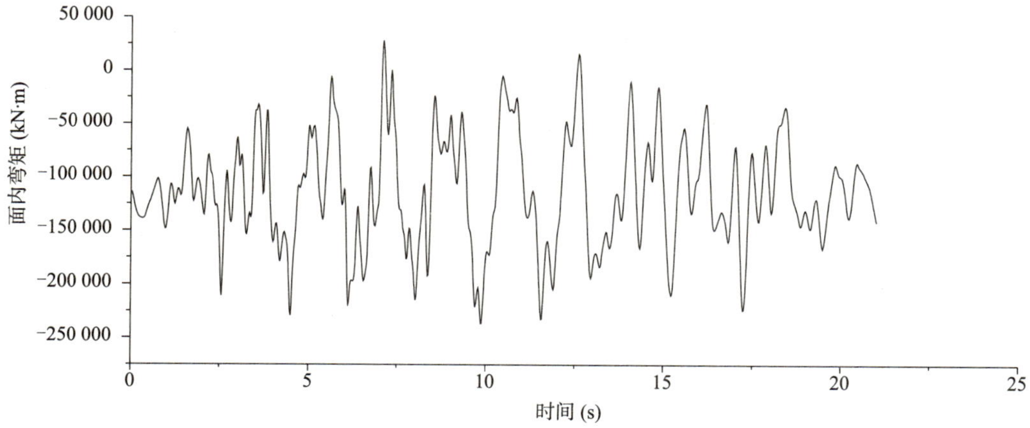

(h) 5号塔下游根部

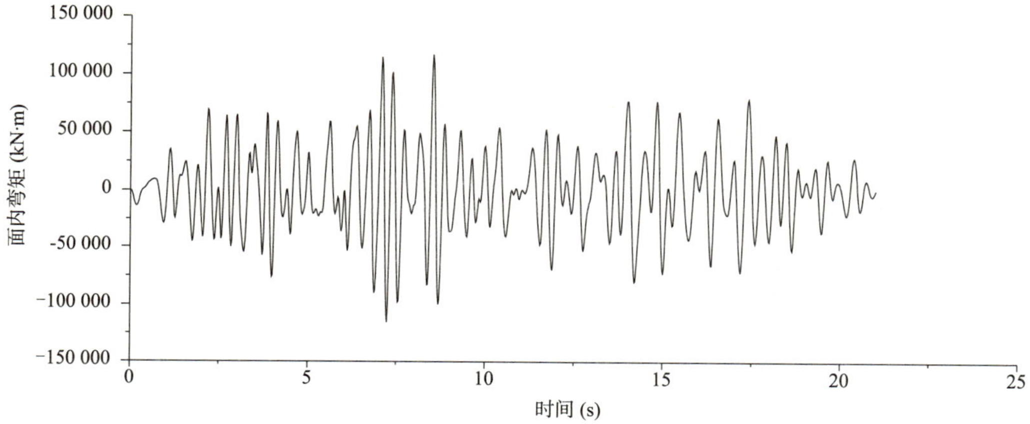

(i) 6号墩根部

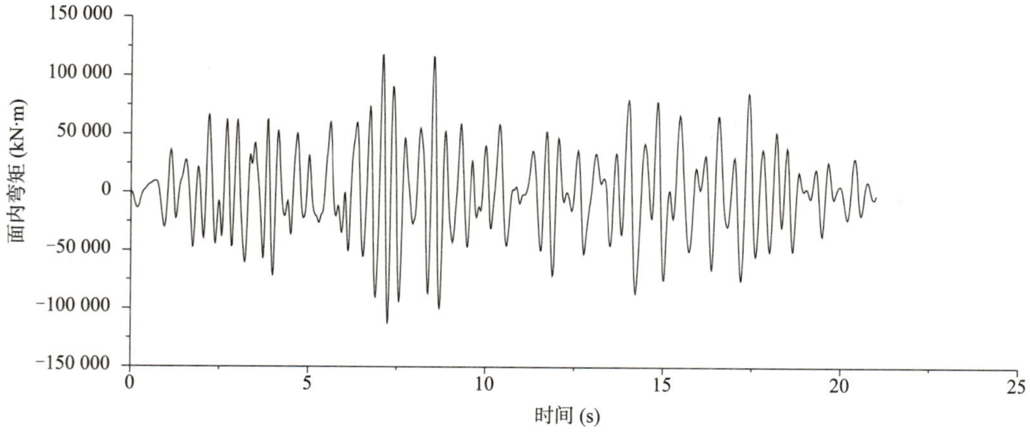

(j) 7号墩根部

图 2-30　人工地震波作用下塔（墩）根部面内弯矩时程曲线

人工地震波作用下塔（墩）根部最大内力见表 2-13 所示。

表 2-13　墩（塔）根部最大内力（弯矩）结果

墩（塔）		面内弯矩（kN·m）	面外弯矩（kN·m）
1 号墩		1.68×10^5	4.15×10^5
2 号墩		1.91×10^5	7.35×10^5
3 号塔	上游塔肢	2.36×10^5	3.87×10^5
	下游塔肢	2.36×10^5	3.89×10^5
4 号塔	上游塔肢	6.32×10^5	8.72×10^5
	下游塔肢	6.36×10^5	9.4×10^5
5 号塔	上游塔肢	2.41×10^5	3.98×10^5
	下游塔肢	2.37×10^5	3.82×10^5
6 号墩		1.17×10^5	3.68×10^5
7 号墩		1.18×10^5	2.96×10^5

（5）主塔和墩下桩基础的抗震验算

结构抗震验算的荷载按《公路工程抗震设计规范》的第 4.1.4 条采用，考虑了地震作用与恒载、土的重力和水的浮力的最不利组合。

即：结构抗震验算的荷载 =（恒载 + 土的重力 + 水的浮力）$_{最不利组合}$ ± 地震作用。

土的重力和水的浮力略去不计，则：

结构抗震验算的荷载 = 恒载 ± 地震作用。

对于钢筋混凝土结构和预应力混凝土结构：

$$S_d(\gamma_g\sum G,\gamma_q\sum Q_d)\leqslant\gamma_b R_d\left(\frac{R_c}{\gamma_c},\ \frac{R_s}{\gamma_s}\right) \tag{2-3}$$

式中　G——非地震荷载效应，即结构恒载效应；

Q_d——地震作用效应；

γ_g——荷载安全系数，$\gamma_g=1.0$（钢筋混凝土结构和预应力混凝土结构）；

γ_q——地震作用安全系数，$\gamma_q=1.0$（钢筋混凝土结构和预应力混凝土结构）；

S_d——荷载效应函数；

R_d——结构抗力效应函数；

R_c——混凝土设计强度；

R_s——预应力钢筋或非预应力钢筋设计强度；

γ_c——混凝土安全系数；

γ_s——预应力钢筋或非预应力钢筋安全系数，$\gamma_s=\gamma_c=1.25$；

γ_b——结构工作条件系数，$\gamma_b=0.95$（矩形截面）；$\gamma_b=0.68$（圆形截面）。

主塔和墩下桩基础在抗震验算的荷载作用下的验算结果见表 2-14。地震与恒载作用下，主塔应力如图 2-31 ~ 图 2-33 所示。

3. 多塔斜拉桥的抗震设防措施

多塔斜拉桥的抗震设防措施包括：结构抗震概念设计、结构控制的方法和结构抗震构造措施三部分。

表 2-14　主塔下的桩基础在地震和恒载组合下的验算结果

工　况	地 震 作 用		轴力（kN）	弯矩（kN · m）	混凝土压应力（MPa）	钢筋拉应力（MPa）
主塔下的桩基础	恒载 + 地震作用（纵向 + 竖向）	最大值	4 838	11 438	11. 7	114
		最小值	4 002	11 438	10. 5	101
	恒载 + 地震作用（横向 + 竖向）	最大值	5 179	9 277	11. 3	111
		最小值	3 661	9 277	8	88

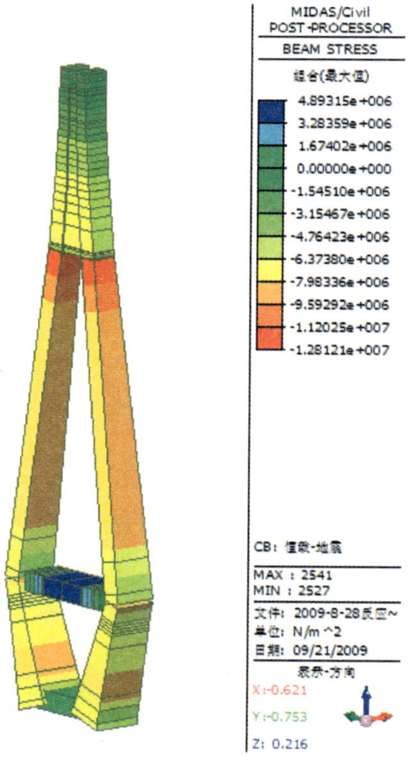

图 2-31　中塔组合应力（单位：Pa）

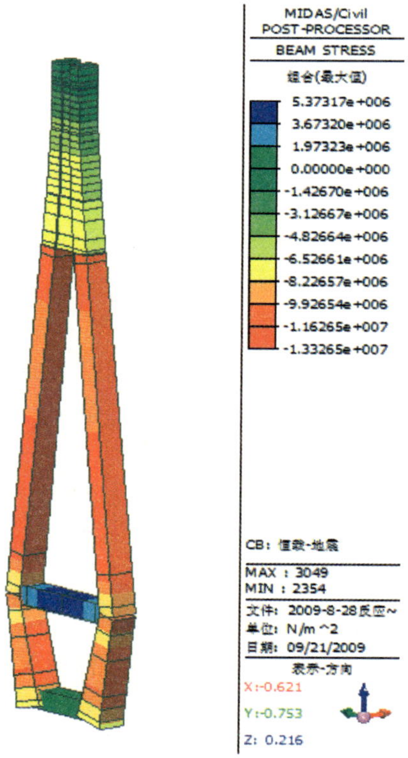

图 2-32　汉口侧边塔组合应力（单位：Pa）

（1）结构抗震概念设计

1）多塔斜拉桥应尽量采用对称的结构形式，上、下部结构之间的连接构造应均匀对称。

2）建在峰值加速度为 0. 2g 及以上地区的多塔斜拉桥宜优先考虑飘浮体系方案，如飘浮体系导致梁端位移过大，则宜采用塔、梁弹性约束或阻尼约束体系。

（2）结构控制的方法

结构控制的方法如图 2-34 所示。

（3）结构抗震构造措施

1）边塔与梁交接处，宜在横桥向梁体两侧设置橡胶缓冲装置。

2）中塔与梁交接处，一般采用塔梁固结。

3）选用梁端伸缩缝时，应考虑地震作用下的梁端位移。

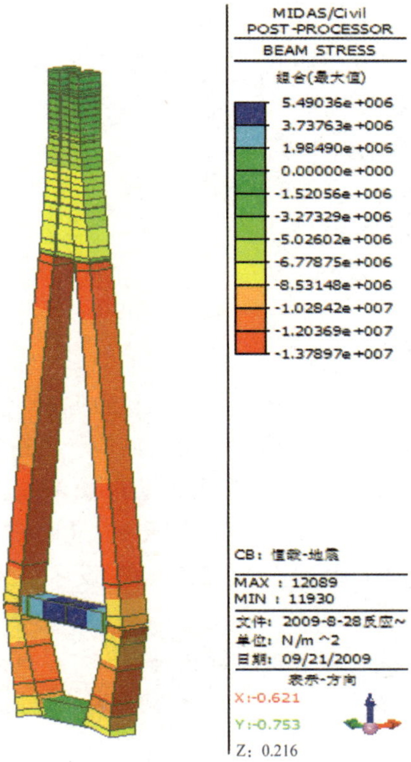

图 2-33　武昌侧边塔组合应力（单位：Pa）

桥梁结构控制
- 主动控制⇒主动调质阻尼器（AMD）
- 被动控制⇒减隔振设计
  - 减振耗能（阻尼器 TMD、TLD）
  - 隔振（铅芯、高阻尼橡胶支座和摩擦摆支座）
- 混合控制⇒主动控制 + 被动控制

图 2-34　结构控制的方法

2.3.3　多塔斜拉桥的风致振动响应

1. 多塔斜拉桥与双塔斜拉桥结构风致振动响应控制的区别

斜拉桥主要由主梁、桥塔、斜拉索三大构件组成。传统的双塔斜拉桥结构风致振动响应控制，主要针对主梁、桥塔、斜拉索三大部分进行，一般的控制措施如图 2-35 所示。

斜拉桥抗风措施
- 静力抗风措施
  - 增大强度和刚度（增大主塔和主梁的强度和刚度）
  - 增加主梁的重量
  - 减小结构的风荷载
    - 减小迎风面积
    - 减小气动力参数
- 动力抗风措施
  - 气动力方法
    - 优化塔、梁、索的断面形状
    - 在塔、梁、索上附设气动阻尼装置
    - 改变桥面的透风效果
      - 桥面上下开孔
      - 桥面分离
  - 结构构造上的方法——附加阻尼（TMD）

图 2-35　双塔斜拉桥抗风措施

多塔斜拉桥区别于双塔斜拉桥，主要在其于除了有两个边塔外，还存在中间桥塔，且中间桥塔的刚度往往较边塔的刚度要大一些。多塔斜拉桥的梁体和边塔的风致振动响应控制措施与双塔斜拉桥相同，主要差别在于中间塔和斜拉索的风致振动响应控制。

（1）中间塔的风致振动响应控制

1）增大主塔的纵向刚度和侧向刚度。

2）优化主塔的断面形状。

3）在主塔上附设气动阻尼装置。

（2）斜拉索的风致振动响应控制

1）优化斜拉索的断面形状。

2）在斜拉索上附设气动阻尼装置。

2. 以武汉二七长江大桥为例分析三塔斜拉桥的风致振动响应

（1）桥址处基本风速、设计基准风速和主梁颤振检验风速的确定

1）基本风速。设计基本风速应取离空旷地面以上 10 m 高，100 年一遇的 10 min 平均最大风速。桥址地区地面以上 10 m 高，频率为 1/100 的 10 min 平均最大风速 $v_{10}=25.6$ m/s，地形地理条件系数 $K_4=1$，因此，武汉二七长江大桥的设计基本风速 $v_{10}=25.6$ m/s。

2）设计基准风速。

①桥址处的地表类别为 B 类，在成桥运营状态下设计基准风速如下：

主梁设计基准风速 $v_{D(梁)}=K_1\cdot v_{10}=30.7$ m/s（K_1 为风速随高度变化修正系数，此处取 1.2）。

主塔设计基准风速 $v_{D(塔)}=v_{10}\left(\dfrac{z}{10}\right)^{0.16}=38.1$ m/s（z 为构件基准高度，此处取 120 m）。

②对于施工阶段，梁塔的设计基准风速可考虑取 10 年重现期的风速：

主梁设计基准风速 $v_{D(梁施工)}=0.84v_{D(梁)}=25.8$ m/s。

主塔设计基准风速 $v_{D(塔施工)}=0.84v_{D(塔)}=32.0$ m/s。

3）主梁颤振检验风速的确定。

主梁颤振检验风速由式（2-4）确定：

$$[v_{cr}]=K\cdot\mu_f\cdot v_{D(梁)} \tag{2-4}$$

式中 K——考虑风洞试验误差及设计、施工中不确定因素的综合安全系数，$K=1.2$；

μ_f——考虑风速的脉动影响及水平相关特性的无量纲修正系数，$\mu_f=1.31$。

故，成桥运营状态下主梁颤振检验风速 $[v_{cr}]=48.3$ m/s，对于施工阶段，主梁颤振检验风速 $[v_{cr}^{s}]=0.84[v_{cr}]=40.5$ m/s。

（2）颤振临界风速估算

1）桥梁颤振稳定性指数及分级。对于桥梁的抗风稳定性，一般用颤振稳定性指数表示，桥梁颤振稳定性指数按式（2-5）表示。

$$I_f=\frac{[v_{cr}]}{f_tB} \tag{2-5}$$

颤振稳定性指数及分级见表 2-15。

2）颤振临界风速的估算。

①弯扭耦合颤振。对弯扭耦合颤振，其临界风速根据工程界普遍应用的 Van der put 公式进行估算。

表 2-15　颤振稳定性指数及分级

工　况	I_f	分　级	抗风稳定性
成桥状态	3.01	Ⅱ	宜通过节段模型风洞试验进行检验
施工最大单伸臂阶段	2.62	Ⅱ	
施工最大双伸臂阶段	2.52	Ⅱ	

$$v_{cr1}=\eta_s\eta_\alpha\left[1+(\varepsilon-0.5)\sqrt{0.72\mu r/b}\right]\omega_h b \tag{2-6}$$

式中　η_s——主梁断面形状影响系数；

η_α——攻角效应系数；

b——半桥宽；

r——惯性半径；

ε——扭弯频率比；

μ——梁体质量与空气的密度比；

ω_h——基阶竖弯自振圆频率。

各工况的计算结果见表 2-16。

②分离流扭转颤振。分离流扭转颤振的临界风速由 Herzog 公式估算：

$$v_{cr2}=T_h^{-1}\cdot B\cdot f_t \tag{2-7}$$

式中　T_h^{-1}——斯特罗哈数的倒数；

B——全桥宽；

f_t——主梁扭转频率。

各工况的计算结果见表 2-16。

表 2-16　各工况颤振临界风速估算

工　况	μ	r (m)	b (m)	ε	ω_h (rad/s)	f_t (Hz)	$\eta=\eta_\alpha\cdot\eta_s$	T_h^{-1}	v_{cr1} (m/s)	v_{cr2} (m/s)	$[v_{cr}]$ (m/s)
成桥状态	42.4	11.4	15.7	1.99	1.8822	0.5959	0.425	6.0	100.5	112.3	48.3
施工最大单伸臂	30.5	11.4	15.7	2.01	1.7488	0.5604	0.425	6.0	82.0	105.6	40.5
施工最大双伸臂	30.5	11.4	15.7	1.32	2.7511	0.5795	0.425	6.0	78.5	109.2	40.5

本桥主梁断面的宽高比$\frac{B}{H}=8.2$，因此，若发生颤振则可能会是弯扭耦合颤振，也可能是分离流扭转颤振。从表 2-16 中可以看出，$v_{cr2}>v_{cr1}$，主梁若发生颤振则将会是弯扭耦合颤振，所以，本桥主梁表现为扁平的流线形断面的特性。

从以上分析可以看出，主梁颤振临界风速大于主梁颤振检验风速，满足规范规定要求。上述分析结论与风洞试验研究结论一致。

（3）有关抗风的其他问题

1）主梁的抖振。由于本桥的施工最大单、双伸臂长度 308 m，特别是中塔两侧主梁在施工过程中最大双伸臂长度均达到 308 m，桥址处存在脉动风生成的条件，因此，施工最大单伸臂阶段和施工最大双伸臂阶段的风致限幅振动（主要表现为主梁的抖振）必须给予重视。一般来说，主梁的抖振主要来自竖向弯曲振型的贡献，同时亦要注意侧向弯曲抖振。这种情况下，通常需对主梁采取必要的抗风措施，以确保结构在施工全过程的抗风安全。常用的抗风措施有：钢管桩方案；沉船方案；沉箱方案；抗风索方案；减振器方案。

本桥预留了临时墩的辅助措施。

2）主梁的涡激振。风流经主梁时产生分离，由此在主梁顶面和底面诱导出不对称脱落的旋涡，使主梁顶面和底面出现交替变化的正负压力，由此诱发主梁横向振动，即涡激振动。

竖向涡激共振发生风速：$v_{cvh}=2.0f_b\cdot B=18.8\ \text{m/s}$。

扭转涡激共振发生风速：$v_{cv\theta}=1.33f_t\cdot B=24.9\ \text{m/s}$。

在桥址区，产生18.8 m/s左右的8级大风较少，而产生24.9 m/s左右的台风更少，因而主梁发生竖向涡激共振的概率和扭转涡激共振的概率都不大。

施工最大伸臂阶段，风对主梁的作用及可能的破坏特点见表2-17。

表2-17　施工最大伸臂阶段风对主梁的作用及破坏特点

风对主梁的作用类型		产生的现象	破坏特点
静力作用	静力风荷载	内力变形	强度破坏，变形过大
	静力失稳	扭转发散	扭转变形破坏
		横向屈曲	横向失稳破坏
动力作用	自激振动	弯扭耦合颤振	发散振动，结构毁灭性破坏
		扭转颤振	
		驰振	
	强迫振动	涡激共振	限幅振动，结构疲劳、人感不适
		抖振	

3）主塔的风振及控制风振措施。本桥塔高自承台以上达206.8 m，塔的侧向刚度、纵向刚度均较小，独塔自立状态下可能发生的风振现象有驰振、涡激共振。根据国内外大跨度斜拉桥的实践经验，对于不同的风振现象均有相应的对策。

对于驰振现象，结构能否发生驰振，主要取决于结构横截面的外轮廓。本桥主塔采用圆弧形截面，一般情况下，不具备产生驰振的条件，必要时可采用如下的控制风振措施：

①在塔顶安装调质阻尼器（TMD）来提高结构阻尼比，从而达到提高其临界风速的目的。

②加大结构的刚度，提高弯曲基频f_b。

对于涡激共振现象，可结合风洞试验对独塔的涡激共振现象加以研究，必要时应采取如下的控制风振措施：

①安装TMD以提高阻尼比。

②在塔顶处张拉临时缆索（施工阶段）。

4）斜拉索的风振及控制风振措施。本桥斜拉索长度最长为344 m，斜拉索的风致振动有涡激振、驰振、尾流驰振、抖振、风雨振，各种风振现象及控制风振措施见表2-18。

表2-18　各种风振现象及控制风振措施

风振类型	风振现象	控制风振措施
涡激振	当斜索的涡频与拉索某一阶的横向振动频率相一致时会发生涡激共振	涡激振发振风速不大，难以提供激起大振幅拉索振动所需的能量

续上表

风 振 类 型	风 振 现 象	控制风振措施
驰振	仅当圆截面斜索表面裹冰以后才会发生，不过关于单根斜索发生强烈驰振的报告尚不多见	无
尾流驰振	本桥每侧为单根斜索，不存在发生尾流驰振的可能性	无
抖振	因斜索迎风面不大，斜索的自振频率一般在脉动风能量较小的频率范围，故抖振不大	无
风雨振	在一定来流风速和风向条件下，有可能发生大振幅的风雨振	在拉索与主梁交接处附近安装油压阻尼器或黏性剪切型阻尼器

5）最大双伸臂阶段的风致振动作用。主梁和主塔风荷载计算见表 2-19。

表 2-19　主梁和主塔的风荷载计算

参　　数		计 算 值
10 m 高处基本风速（m/s）		25.6
基准高度 H（m）	主塔（65% 高度处）	130
	主梁	30
脉动风荷载强度值 ω_k（kPa）	主塔	0.92
	主梁	0.64
主塔顺桥向风力计算值 P_L（kN/m）		13.0
主梁横向风力计算值 P_H（kN/m）		3.24
主梁竖向风力计算值 P_V（kN/m）		27.5

大跨度斜拉桥在成桥状态具有较强的抗风能力，但是在施工最大双伸臂阶段由于悬臂端处于自由状态，在风荷载作用下会在主梁悬臂根部和塔底产生较大的内力，在悬臂端产生竖向和横向位移。

风荷载计算图式如图 2-36 所示，图中主塔顺桥向风荷载 P_L、主梁横向风荷载 P_H、主梁竖向风荷载 P_V的取值见表 2-19。需要说明的是，为考虑风荷载的不均匀性可能导致的不对称作用，主梁上作用的横向和竖向风荷载，在主塔的一侧取计算值的 100%，而另一侧取计算值的 50%。

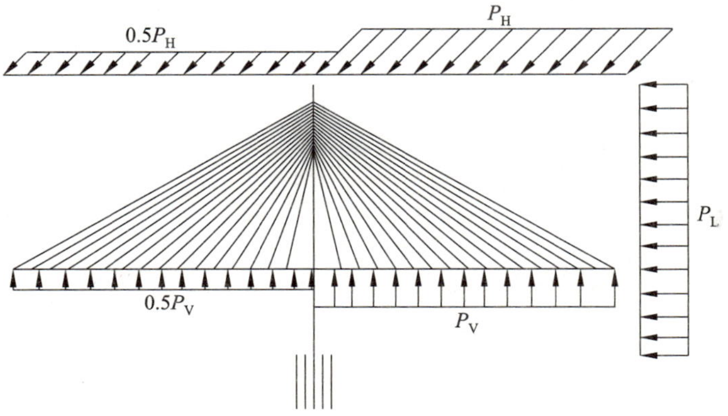

图 2-36　施工最大双伸臂阶段的风荷载计算图式

风荷载组合形式及所要计算的风载内力、位移见表2-20。

表2-20　风荷载组合形式和所要计算的风载内力、位移

组合工况编号		组合形式		所要计算的风载内力和位移
1	1-1	主要作用 P_H	左、右悬臂端加同方向的 P_H，另加桥塔的 P_H	（1）桥塔根部弯矩和轴力； （2）悬臂端处桥面系的位移
	1-2		左悬臂端加 P_H，右悬臂端加 $0.5P_H$，左、右方向相同	
	1-3		左、右悬臂端均加 P_H，但左、右方向相反	
2		左悬臂端作用 P_V，右悬臂端加 $0.5P_V$		
3		两端作用 P_H，左端 P_V，右端 $-P_V$		
4		两端作用 P_L，左端 $0.5P_V$，右端 $-0.5P_V$		

注：P_H为主梁（塔）上单位长度的横桥向风荷载；P_V为主梁上单位长度的竖桥向风荷载；P_L主塔上的顺桥向风荷载。计算图式如图2-36所示，各参数均按表2-19取定。

静阵风风载内力和位移计算见表2-21。

表2-21　10年重现期的风荷载主塔根部内力和位移计算

组合工况编号		主塔塔根				悬臂端桥面系位移（mm）		
		轴力（kN）	扭矩 T（kN·m）	弯矩 M_y（kN·m）	弯矩 M_z（kN·m）	横向	纵向	竖向
1	1-1	−349 680	0	−550 213	0	−39	80	−1 028
	1-2	−349 660	−6 479	−542 334	56 514	−39	−21	−1 028
	1-3	−349 600	−25 918	−518 698	226 055	−39	−324	−1 028
2		−336 073	69 252	−364 420	326 854	−30	0	−1 291
3		−349 680	278 018	−550 213	1 312 187	−13	80	−2 338
4		−342 679	171 069	−370 317	842 817	−19	0	−1 798

注：表中的内力和位移值均考虑了与结构自重的组合，其中 M_y为纵向弯矩值；M_z为侧向弯矩值。

第 3 章　斜拉索疲劳评估

3.1　多塔斜拉桥斜拉索的疲劳特征

双塔斜拉桥在主跨满载时，中跨跨中附近的斜拉索受拉，基本达到最大的活载应力；而边跨的斜拉索在活载作用下，大部分斜拉索受压，但由于恒载作用下，斜拉索中储备了较大的拉力，和活载作用叠加后斜拉索仍然受拉，只不过索力出现卸载的情况。在边跨加活载时，边跨的大部分斜拉索受拉，但是中跨的部分斜拉索受压，斜拉索出现部分卸载，如图 3-1 和图 3-2 所示。双塔斜拉桥由于背索锚固在桥墩上，因此斜拉索索力变化幅值相对较小。

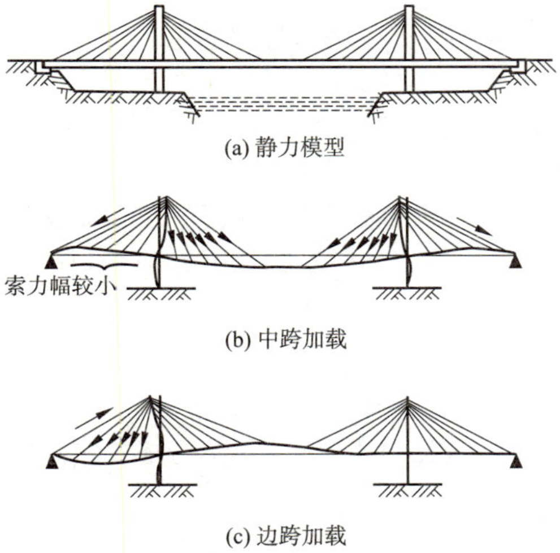

(a) 静力模型

(b) 中跨加载

(c) 边跨加载

图 3-1　双塔三跨斜拉桥索力变化示意

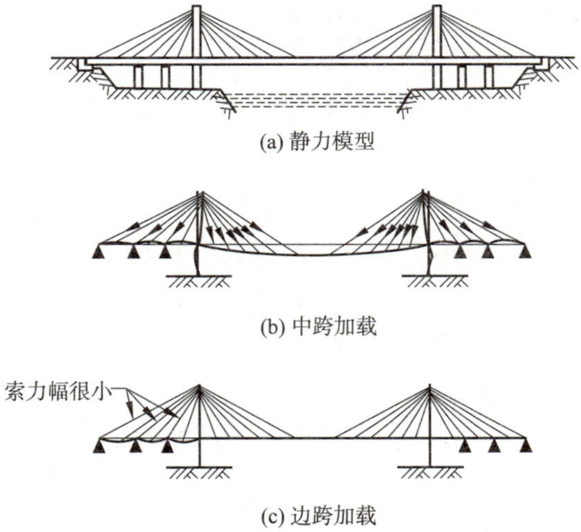

(a) 静力模型

(b) 中跨加载

(c) 边跨加载

图 3-2　双塔多跨斜拉桥索力变化示意

多塔斜拉桥由于有多个主跨，在一个主跨活载满载时，相应主跨的斜拉索索力增加并达到最大，而相邻主跨的斜拉索受压；而相邻主跨加载时，该主跨斜拉索索力增加，但是与该加载主跨相邻的主跨斜拉索受压，如图 3-3 所示。多塔斜拉索中间多个主跨的背索锚固在主梁或采用长斜拉索锚固在桥塔上，因此背索能提供的约束较弱，活载引起的斜拉索索力变化幅值一般要比双塔斜拉桥和独塔斜拉索大得多。因此对多塔斜拉桥在设计时应充分考虑斜拉索的疲劳检算，尤其是大跨度多塔斜拉桥。某些情况下，铁路或公铁两用多塔斜拉桥的斜拉索疲劳会成为其设计的控制因素。

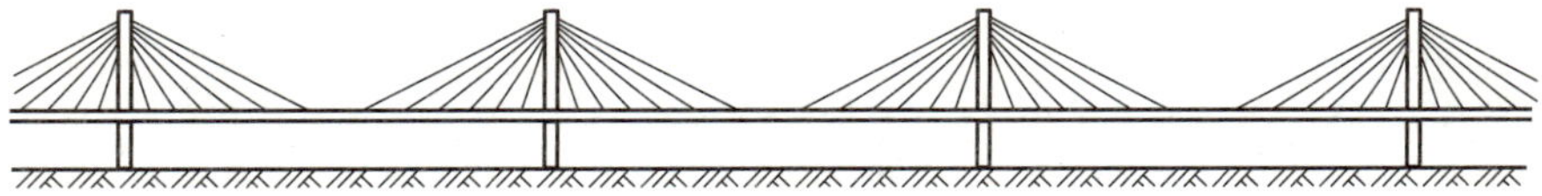
(a) 静力模型

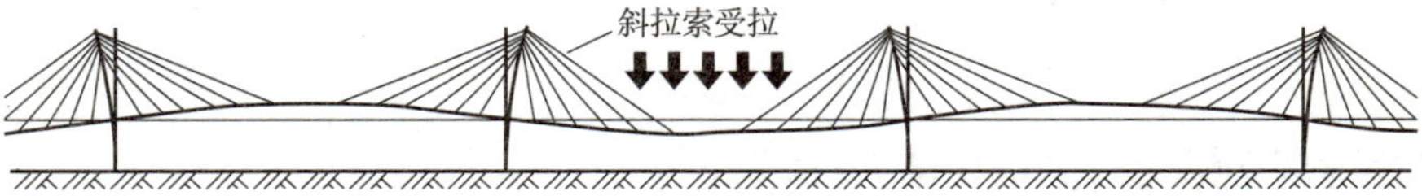

(b) 一个中跨加载

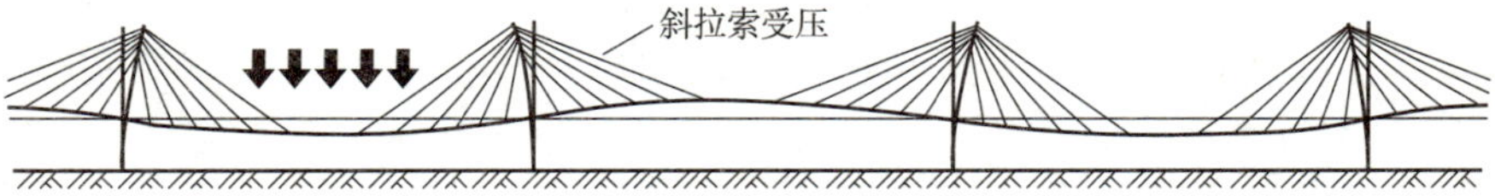

(c) 另一个相邻中跨加载

图 3-3　多塔斜拉桥的斜拉索索力幅示意

3.2　斜拉索疲劳评估方法

长期以来，我国公路桥梁设计规范、城市桥梁设计规范和铁路桥梁设计规范均没有给出斜拉索的疲劳设计方法和评估公式。其中，公路桥梁设计规范和城市桥梁设计规范也没有标准的疲劳荷载，导致我国公路和城市桥梁的斜拉索疲劳设计长期处于空白状态。最近，新出版的《公路桥涵设计通用规范》(JTG D60—2015)和《公路钢结构桥梁设计规范》(JTG D64—2015)给出了公路桥涵设计的疲劳荷载及验算方法。此处作者采用等效疲劳应力幅的方法并借助于欧洲的斜拉索设计规范给出斜拉索的疲劳设计和评估方法。

1. 标准疲劳车

在进行疲劳设计时首先需要确定运营的汽车和火车的类型以及每天通过桥梁的汽车和火车的数量，进而得到标准的公路和铁路标准疲劳车。目前我国铁路规范有标准的疲劳列车，对于铁路多塔斜拉桥采用该规范即可得到两线铁路或者单线铁路桥梁的斜拉索疲劳应力幅。对于公路桥梁的标准疲劳车，我国各个地区的情况比较复杂，目前尚未有标准的疲劳车，因此参照欧洲规范的框架，并结合各桥运营车辆的类型和重车所占的总交通量比例进行斜拉索的疲劳评估。

欧洲规范 EN1991-2 给出了五种疲劳荷载模式用于桥梁的疲劳设计。其中疲劳活载模式 1 和活载的频遇值的大小基本相当，因此用于大桥的疲劳设计时显得非常的保守。疲劳活载模式 2 采用五组频遇卡车，参见 EN1991-2 中的表 4.6。

疲劳活载模式 1 和模式 2 主要适用于采用常幅疲劳强度进行疲劳设计的情况，对应于常幅疲劳强度的荷载循环次数在 EN1993-1-9 中定义为 500 万次。

欧洲桥梁设计中一般最常采用疲劳荷载模式 3。该模式的标准疲劳车包括四个轴，每个轴重 120 kN。每个轴包括两个车轮，每个车轮的接地面积为$(0.4\times0.4)\ m^2$。疲劳荷载模式 3 如图 3-4 所示，全桥布置一辆标准疲劳车。当桥梁的跨度大于 40 m 时，可以在全桥的同一车道内布置第二辆标准疲劳车，第二辆疲劳车和第一辆疲劳车类似，但其每个轴重采用

36 kN，如图3-5所示。第二辆疲劳车和第一辆标准疲劳车的纵向间距不小于40 m。

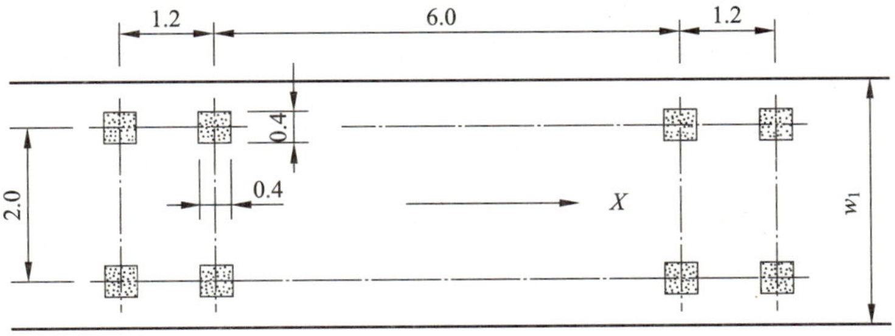

图3-4　欧洲规范中的疲劳荷载模式3（桥梁跨度小于40 m）（单位：m）

注：w_1为车道宽度，X为顺桥向

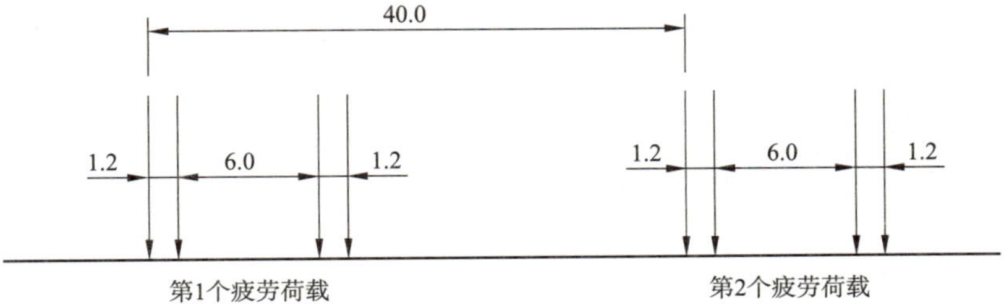

图3-5　欧洲规范中的疲劳荷载模式3（桥梁跨度大于40 m）（单位：m）

欧洲规范中的疲劳荷载模式4和疲劳荷载模式5主要用于基于Miner疲劳累积损伤的精确疲劳计算，疲劳荷载模式4参见EN1991-2中的表4.7。疲劳荷载模式5采用直接在现场测量的公路汽车类型和数量。

2. 疲劳应力幅和等效疲劳应力幅

疲劳应力幅$\Delta\sigma(Q_{fat})$可以通过标准疲劳车直接计算最大应力$\sigma_{max}(Q_{fat})$和最小应力$\sigma_{min}(Q_{fat})$并采用式（3-1）计算得到。

$$\Delta\sigma(Q_{fat}) = |\sigma_{max}(Q_{fat}) - \sigma_{min}(Q_{fat})| \tag{3-1}$$

疲劳设计和评估时一般根据结构构件的影响线长度、疲劳荷载的特点、使用寿命等因素，把结构使用寿命内车辆或者列车产生的疲劳次数等效为标准疲劳车作用200万次时的等效疲劳应力幅$\Delta\sigma_{E2}$。对应于2×10^6次循环的等效应力幅$\Delta\sigma_{E2}$采用式（3-2）确定。

$$\Delta\sigma_{E2} = \lambda\Phi_2\Delta\sigma(Q_{fat}) \tag{3-2}$$

式中　λ——损伤等效系数；

　　Φ_2——损伤等效冲击系数。

公路桥梁一般只对靠近伸缩缝附近的构件考虑等效冲击系数，铁路桥梁则根据线路的维护等级和列车确定。

一个新结构的疲劳检算是很复杂的，需要结构使用寿命内的所有荷载模式。结构设计时首先根据结构承受的荷载和设计寿命等因素，假定一个疲劳荷载模式，工程师根据假定的疲劳荷载模式计算损伤累积。采用疲劳等效系数的概念是为了简化繁重的工作，将结构使用寿命内的多种荷载的损伤采用一种最常用的荷载代替，只进行一次计算，并采用损伤等效系数修正该常用荷载产生的累积损伤，使得总损伤接近于结构使用寿命内所有使用荷载产生的损伤。损伤等效系数的概念可参照图 3-6 理解。在图 3-6 的左侧，疲劳检算是采用实际的列车荷载，图 3-6 的右侧是采用简化的疲劳荷载。损伤等效系数 λ 就是联系实际荷载和假定的计算荷载之间的纽带，以便使假定的计算荷载产生的累积损伤和实际运营荷载产生的累计损伤相等。

图 3-6 左侧的工作一般由规范的编制者完成，这些工作主要包括：

1）实际列车或者车辆在结构上产生的位移和应力的计算。

2）列车或车辆通过桥梁时，相应结构细节的应力时程。

3）根据应力时程，计算应力幅 $\Delta\sigma_i$ 的柱状图。

4）根据 Miner 准则，计算等效应力幅 $\Delta\sigma_e$ 或者 200 万次时的等效应力幅 $\Delta\sigma_{E2}$。

最后可以采用 200 万次时的等效应力幅 $\Delta\sigma_{E2}$ 和相应细节的结构疲劳强度相比，进行疲劳检算。也可以直接采用累积疲劳损伤的方法进行疲劳检算。和静力计算相比，该简化疲劳荷载步骤相对复杂，但可以简化疲劳检算。

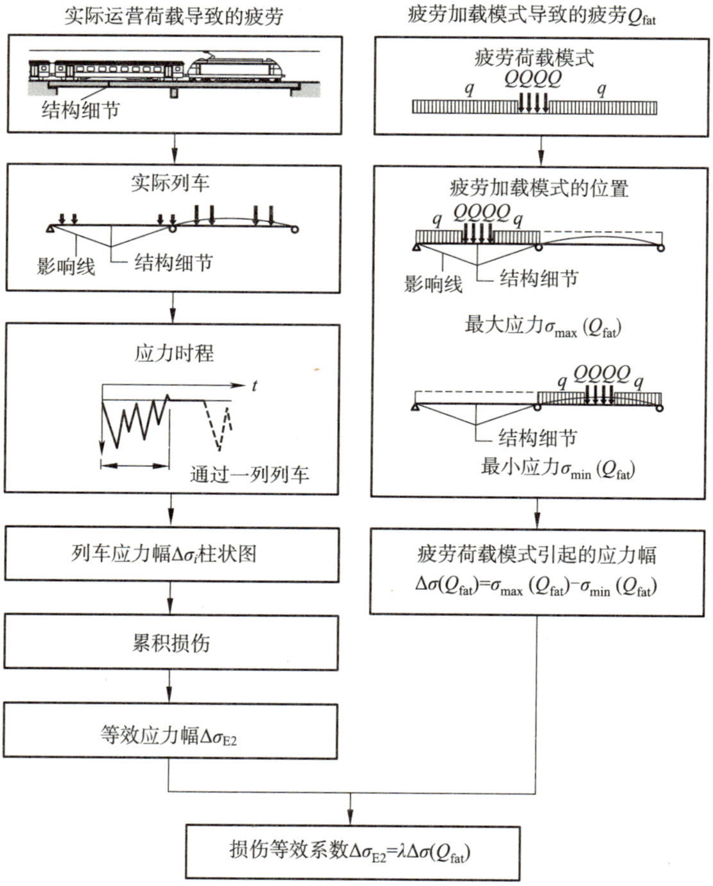

图 3-6　疲劳损伤的等效应力幅法

3. 公路斜拉桥斜拉索的损伤等效系数 λ

公路斜拉桥斜拉索的损伤等效系数 λ 可采用式（3-3）计算：

$$\lambda = \lambda_1 \cdot \lambda_2 \cdot \lambda_3 \cdot \lambda_4 \qquad (\lambda \leqslant \lambda_{\max}) \tag{3-3}$$

式中　λ_1——车辆的损伤影响系数，取决于斜拉索索力的临界影响线的长度或面积；

λ_2——交通量的影响系数；

λ_3——桥梁设计寿命的影响系数；

λ_4——其他车道车辆的影响系数；

λ_{max}——考虑疲劳极限的最大 λ 值。

1）为了确定 λ_1，首先应计算斜拉索的临界影响线的长度，然后再根据图 3-7 计算 λ_1。当影响线的长度大于 80 m 时，也可按照图 3-7 中的公式计算。

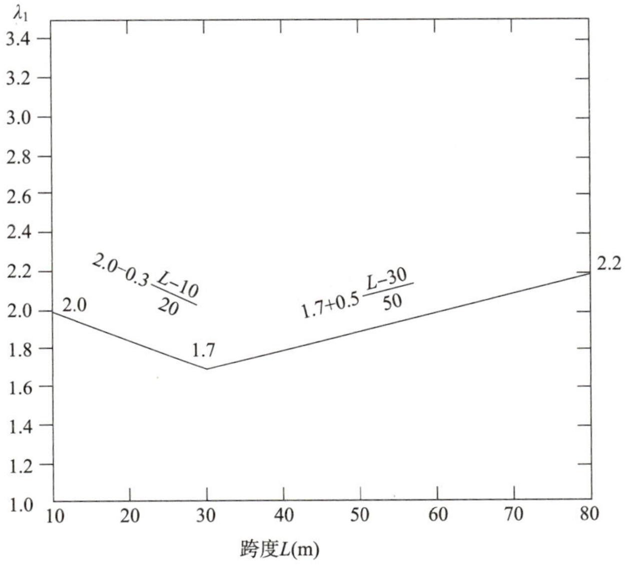

图 3-7　公路斜拉桥斜拉索的 λ_1

2）λ_2应按式（3-4）计算：

$$\lambda_2 = \frac{Q_{m1}}{Q_0}\left(\frac{N_{Obs}}{N_0}\right)^{1/5} \tag{3-4}$$

式中　Q_{m1}——慢车道车辆总重量的平均值，按式（3-5）计算：

$$Q_{m1} = \left(\frac{\sum n_i Q_i^5}{\sum n_i}\right)^{1/5} \tag{3-5}$$

Q_0——疲劳荷载车重量，取 480 kN；

N_0——疲劳荷载车出现的次数，取 0.5×10^6 辆；

N_{Obs}——每年慢车道上重车总量；

Q_i——指定的慢车道上第 i 辆重车的总重量(kN)；

n_i——指定的慢车道上第 i 辆重车的总重量 Q_i 出现的次数。

3）λ_3为桥梁设计寿命的影响系数，可按照表 3-1 取值。

表 3-1　λ_3取值

设计寿命（年）	50	60	70	80	90	100	120
λ_3	0.871	0.903	0.931	0.956	0.979	1.00	1.037

4）λ_4为其他车道车辆的影响系数，按式（3-6）计算：

$$\lambda_4 = \left[1 + \frac{N_2}{N_1}\left(\frac{\eta_2 Q_{m2}}{\eta_1 Q_{m1}}\right)^5 + \frac{N_3}{N_1}\left(\frac{\eta_3 Q_{m3}}{\eta_1 Q_{m1}}\right)^5 + \cdots + \frac{N_j}{N_1}\left(\frac{\eta_j Q_{mj}}{\eta_1 Q_{m1}}\right)^5 + \cdots + \frac{N_k}{N_1}\left(\frac{\eta_k Q_{mk}}{\eta_1 Q_{m1}}\right)^5\right]^{1/5} \tag{3-6}$$

式中 k——重车车道数；

N_1——第 1 个车道上每年的车辆数；

N_j——第 j 车道上每年的车辆数；

Q_{mj}——第 j 个车道重车的平均总重量；

η_j——车道 j 中心处形成应力幅的内力影响线值。

5）λ_{max}可采用图 3-8 得到。

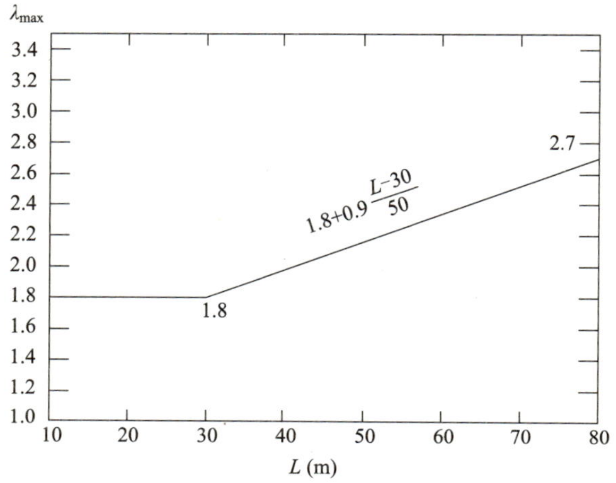

图 3-8 公路斜拉桥斜拉索的最大损伤等效系数 λ_{max}

4. 斜拉索疲劳评估

疲劳评估应采用式（3-7）进行：

$$\gamma_{Ff}\Delta\sigma_{E2} \leqslant \frac{\Delta\sigma_c}{\gamma_{Mf}} \tag{3-7}$$

γ_{Ff}为疲劳荷载分项系数，推荐采用 $\gamma_{Ff}=1.0$。疲劳强度分项系数 γ_{Mf} 可采用 EN1993-1-9 中的推荐值，见表 3-2。对斜拉索建议采用 1. 15。

表 3-2 疲劳强度分项系数 γ_{Mf} 的推荐值

评估方法	破坏后果	
	较轻的后果	很严重的后果
损伤容限法	1. 0	1. 15
安全寿命法	1. 15	1. 35

从理论上讲，斜拉索疲劳强度分项系数 γ_{Mf} 和斜拉索使用期间的检查和修补的次数有关系。如果 γ_{Mf} 取 1. 0、1. 15 和 1. 35，在 100 年的使用寿命内应该检修的次数分别为 3 次、1 次和不检查。每次检查后，要把疲劳损伤发生裂纹的斜拉索更换。

$\Delta\sigma_c$ 为斜拉索在 200 万次循环加载时的疲劳强度。对钢绞线斜拉索和平行钢丝斜拉索其疲劳强度可以参见欧洲规范 EN1993-1-11，200 万次时疲劳强度为 160 MPa，如图 3-9 所示，图中 N_R 为对应于某一常幅应力幅下的应力循环次数，$\Delta\sigma_R$ 为常幅应力幅。

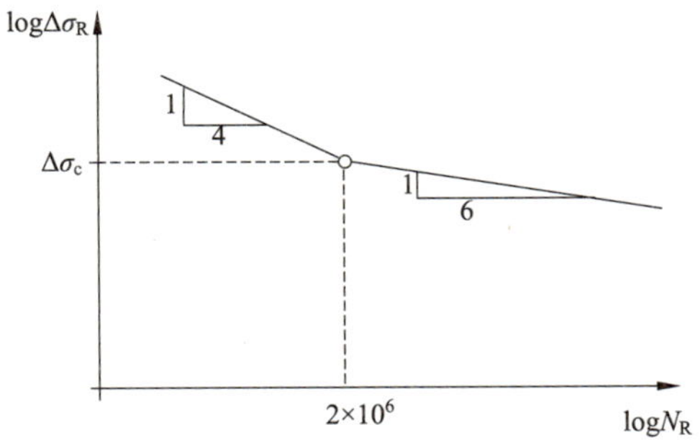

图 3-9　斜拉索的疲劳强度

3.3　某多塔斜拉桥的斜拉索疲劳评估

以某公路三塔斜拉桥为例，先建立整体计算模型，塔和梁采用梁单元模拟，斜拉索采用杆单元模拟。整体模型如图 3-10 所示。

图 3-10　整体有限元模型结构示意

根据整体计算结果，索力变化幅值较大的索有 N21、N22、M21、M22 索。这四根索的位置如图 3-11 所示，它们的索力影响线如图 3-12 所示。

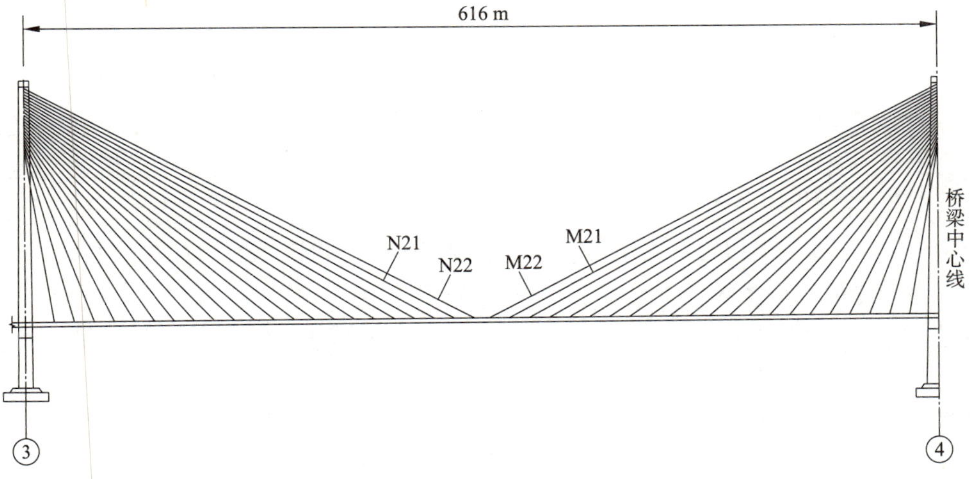

图 3-11　N21、N22、M21、M22 索位置示意

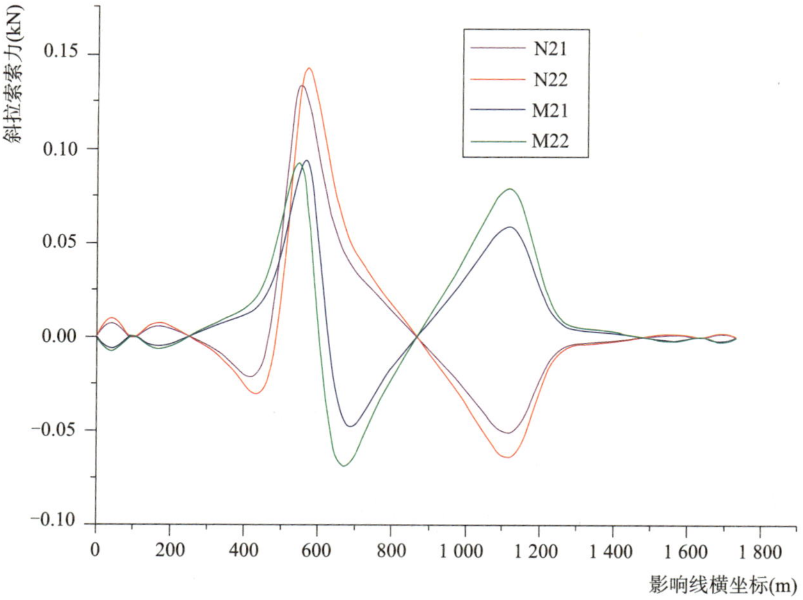

图 3-12　N21、N22、M21、M22 索力影响线

荷载作用在不同车道时产生的索力不同，为了考虑车道对索力的影响并考虑其他车道加载时，对相应斜拉索等效疲劳应力幅的贡献，采用有限元法计算车辆作用在不同车道时对斜拉索索力的影响。该桥为八车道的横向布置方式，各车道横向分布系数的计算结果见表 3-3。

表 3-3　各车道的横向分布系数

荷载作用车道 i	索力 T_i（kN）	车道影响系数 = T_i/0. 168
1	0. 260 4	1. 550
2	0. 231	1. 375
3	0. 205	1. 220
4	0. 180	1. 071
5	0. 146	0. 869
6	0. 12	0. 714
7	0. 093 5	0. 557
8	0. 065	0. 387

注：荷载作用在桥梁中心线处的索力为 0. 168 kN。

当车道 1 上通过 EN1991-2 中的疲劳荷载模式 3 的车辆时，N21、N22、M21、M22 这四根索的索力变化曲线如图 3-13 所示。

通过图 3-13 发现，N21、N22 索在一辆标准疲劳车辆通过时，只产生一次较大的索力循环，而 M21、M22 索在一辆标准疲劳车辆通过时，产生两次较大的索力循环。按英国标准《钢桥、混凝土桥和结合梁桥》(BS 5400) 中的池水法计算各索的索力变化幅值，见表 3-4。

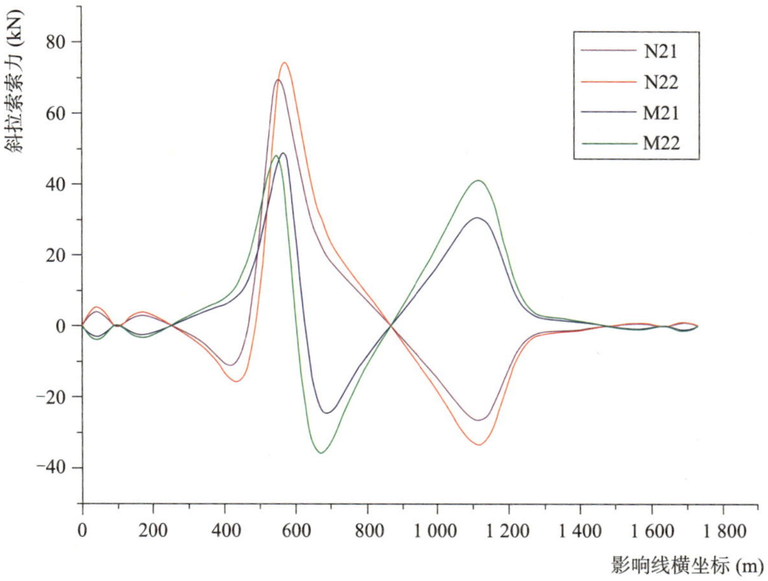

图 3-13　N21、N22、M21、M22 索力变化曲线

表 3-4　N21、N22、M21、M22 索力变化幅值

索　　号	索　　力		索力幅(kN) = $F_{max} - 0.6F_{min}$	应力幅 $\Delta\sigma(Q_{fat})$ (MPa)
	F_{max} (kN)	F_{min} (kN)		
N21	107.52	−41.04	132.150	13.934
N22	114.92	−51.62	145.886	15.383
M21	75.56	−38.32	98.552	10.392
	47.40	−4.85	50.310	5.305
M22	74.43	−55.49	107.725	11.359
	63.63	−6.03	67.245	7.091

由表 3-4 可以看出，N22 斜拉索的应力幅最大。

下面计算该斜拉索的损伤等效系数：

1）根据总结计算模型可知最大索力时的影响线长度为 867.5 m − 472 m = 395.5 m。对影响线长度超过 200 m 的情况，可以对其长度进行折减，只取影响线面积贡献 90% 以上区域对应的影响线长度。此处没有考虑影响线长度的折减，其计算结果是偏于安全的。

$$\lambda_1 = 1.7 + 0.5 \times \frac{L-30}{50} = 1.7 + 0.5 \times \frac{395.5-30}{50} = 5.355。$$

2）假定该桥开通时，出于保守的考量慢车道上每年的交通量为 $N_{Obs} = 2.0 \times 10^6$ 辆，慢车道车辆总重量的平均值为 42 t。

$$\lambda_2 = \frac{Q_{m1}}{Q_0}\left(\frac{N_{Obs}}{N_0}\right)^{1/5} = \frac{42}{48} \times \left(\frac{2.0 \times 10^6}{0.5 \times 10^6}\right)^{1/5} = 1.15。$$

3）本桥的设计寿命为 100 年，所以 $\lambda_3 = 1.0$。

4）λ_4 按式（3-6）进行计算。第 2 到第 8 车道的重车平均重量和车辆数见表 3-5。

表 3-5 各车道重车平均重量和重车数量

车道号 j	1	2	3	4	5	6	7	8
车道重车的平均重量 Q_{mj}	42	42	42	42	42	42	42	42
车道年平均的重车数量（$\times 10^6$）	2.5	2.0	1.5	0	0	1.5	2.0	2.5
η_j/η_1	—	0.89	0.79	0.69	0.56	0.46	0.36	0.25

$$\lambda_4 = \left[1 + \frac{N_2}{N_1}\left(\frac{\eta_2 Q_{m2}}{\eta_1 Q_{m1}}\right)^5 + \frac{N_3}{N_1}\left(\frac{\eta_3 Q_{m3}}{\eta_1 Q_{m1}}\right)^5 + \cdots + \frac{N_j}{N_1}\left(\frac{\eta_j Q_{mj}}{\eta_1 Q_{m1}}\right)^5 + \cdots + \frac{N_k}{N_1}\left(\frac{\eta_k Q_{mk}}{\eta_1 Q_{m1}}\right)^5\right]^{1/5}$$

$$= \left[1 + \frac{2.0\times10^6}{2.5\times10^6}\times0.89^5 + \frac{1.5\times10^6}{2.5\times10^6}\times0.79^5 + \frac{1.5\times10^6}{2.5\times10^6}\times0.46^5 + \frac{2.0\times10^6}{2.5\times10^6}\times0.36^5 + \frac{2.5\times10^6}{2.5\times10^6}\times0.25^5\right]^{1/5}$$

$$= (1 + 0.446 + 0.185 + 0.012 + 0.005 + 0.001)^{1/5} = 1.105。$$

最大损伤等效系数 $\lambda_{max} = 1.8 + 0.9 \times \frac{L-30}{50} = 1.8 + 0.9 \times \frac{395.5-30}{50} = 8.379$。

$$\lambda = \lambda_1 \cdot \lambda_2 \cdot \lambda_3 \cdot \lambda_4 = 5.355 \times 1.15 \times 1.0 \times 1.105 = 6.805 < \lambda_{max}。$$

$$\gamma_{Ff}\Delta\sigma_{E2} = \gamma_{Ff}\lambda\Delta\sigma(Q_{fat}) = 1.0 \times 6.805 \times 15.383 = 104.68\ \text{MPa} < \frac{160}{1.15} = 139.0\ \text{MPa}。$$

以上也可以直接采用累积损伤法对斜拉索进行疲劳评估。采用直接累积损伤法对结构进行评估往往能得到更为精确的计算结果。

3.4 多塔斜拉桥敏感性分析

3.4.1 双塔斜拉桥与多塔斜拉桥力学特性对比

1. 双塔斜拉桥力学特征

当中跨加载时，中跨主梁将产生下挠，中跨斜拉索索力增大，桥塔将产生偏向中跨方向的变位。边跨主梁将上挠，斜拉索索力亦有所增大，只有锚固于边墩附近的斜拉索，由于边墩附近主梁不能产生竖向变形，从而对此区域斜拉索产生约束作用，这些索的索力增量会比边跨中的其他拉索的索力增量大很多，这部分索通常称为背索。背索平衡了中跨拉索的索力增量，约束了桥塔向中跨方向偏移。

当边跨加载时，边跨主梁将下挠，除背索外，拉索索力将增大，这使桥塔产生偏向边跨方向的变位，背索中的索力因此也减小，同时，中跨将产生上挠。

由此可知，在双塔斜拉桥中，边墩附近的背索对控制结构变形起着特殊而重要的作用。

2. 多塔斜拉桥力学特性

对于多塔斜拉桥来说，结构行为则有所不同。当荷载作用于某一中间跨时，该跨主梁将产生下挠，拉索索力将增大，桥塔将产生偏向该跨方向的变位，这使相邻跨主梁上挠。在相邻跨中，另一桥塔则产生与受载跨桥塔反向的位移。由于没有背索控制中间塔的变位，拉索系统的约束作用没能充分发挥，多塔斜拉桥的整体变形只有靠主梁和桥塔的刚度来限制。

当荷载作用于相邻跨时，加载跨将下挠，桥塔则产生与前一情形反向的变形，仍会导致整个结构变形过大。这就意味着结构构件都要承受相反方向的内力，构件中存在较高的应力幅。

3.4.2　多塔斜拉桥提高体系刚度的措施

对于多塔大跨度斜拉桥，由于中塔刚度较弱，中间桥塔两侧斜拉索约束作用较弱，容易发生主梁挠度过大，结构刚度不足的问题。针对多塔斜拉桥的这一特殊问题，工程界目前已经有很多解决方案，主要如下：

1. 采用刚性塔

这是早期修建多塔斜拉桥的特征，以委内瑞拉马拉开波桥（Maracaibo Brdige）和意大利波尔西伐拉高架桥（Polcevera Viaduct）为代表。后来修建的希腊里翁—安蒂里翁桥（Rion-Antirion Bridge），跨径 286 m + 3 × 560 m + 286 m，宽 27.2 m，桥塔纵横向均为 A 字形的四肢柱钻石形，加劲梁采用的是钢-混凝土结合梁，全桥主梁连续，结构体系采用半飘浮体系，纵向设置阻尼器。

2. 采用刚性主梁

梁的刚度大，塔梁固结，墩上设支座，该方案一般适用于较小或中等跨径。桥墩上的支座可采用单排或多排，例如米约高架桥（Millau Viaduct）和郑州黄河公铁两用桥。

3. 塔顶增设辅助拉索

香港汀九大桥是著名的采用这种措施的大跨径多塔斜拉桥。跨径 127 m + 448 m + 475 m + 127 m，三塔四跨四索面，采用结合梁。该桥一改过去多塔斜拉桥把塔设计成较刚性的做法，而把塔设计成很柔的独柱形。中塔比边塔高 37 m，以加强审美效果。为了增强塔的刚度，纵向在中塔顶部向两边塔的桥面各拉一根长斜索，以控制中塔塔顶的变位，提高结构的体系刚度。应该说，这是一个很大胆的设计，其超长纵向斜拉索破坏了斜拉桥简洁明快的视觉特征。

目前，正在建设中的蒙华铁路洞庭湖大桥也采用中塔设辅助拉索的方法，以提高结构的整体刚度。

4. 中跨设置交叉索

英国福斯三桥为主跨 2 × 650 m 的三塔斜拉桥，在两个主跨的跨中各设置了 7 对交叉锚固的斜拉索，即跨中主梁的 7 个锚固点，每个点上有两根拉索，一根拉向中塔，另一根拉向边塔。

5. 采取多种措施提高桥梁整体刚度

我国应用此方法设计的三塔斜拉桥有岳阳洞庭湖大桥、夷陵长江大桥、武汉二七长江大桥等。其中最早建设的夷陵长江大桥主跨 348 m，主桥全长 936.43 m，总体布置为：120.08 m + 348 m + 348 m + 120.35 m。该桥在提高整体刚度方面主要采取了如下措施：

1）斜拉桥主梁采用混凝土梁，自重较大，相应斜拉索面积也较大，对提高体系刚度作用较大。

2）根据受力平衡的要求，在位于两岸的边跨内，大体上以 40 m 的间距各布置有两个辅助桥墩，获得了较大的体系刚度。

3.4.3　敏感性分析

以武汉二七长江大桥为例，从拉索体系、主塔刚度及高度、主梁支承体系、主梁结构设计四个方面进行分析，研究各种因素的参数变化对结构刚度和内力变化等方面的影响敏感性。

1. 拉索体系

三塔斜拉桥的突出问题是结构体系刚度小。为改善体系刚度，索的特殊布置形式有三种方案：①水平加劲索方案；②倾斜加劲索方案；③交叉索方案。如图 3-14 所示。

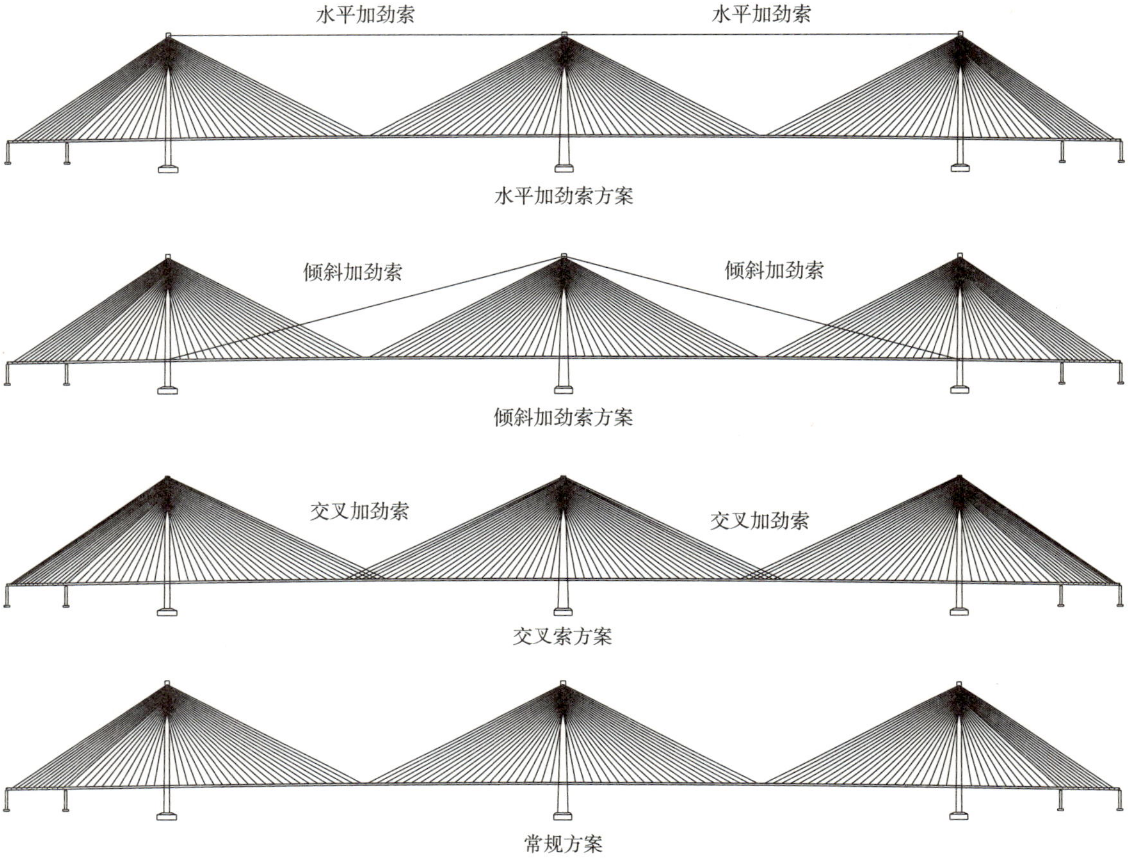

图 3-14 斜拉索体系

以上三种拉索的特殊布置方案均能有效改善整个桥梁的结构行为。

2. 主塔

（1）主塔刚度的影响

计算模型如图 3-15 所示。

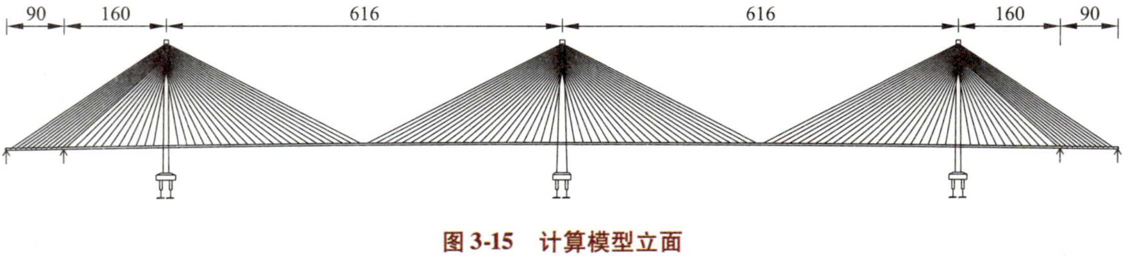

图 3-15 计算模型立面

1）中塔刚度的影响。保持边塔、梁、索、荷载不变，调整中塔截面，惯性矩由 2 183 m^4 到 5 677 m^4 变化时，主跨跨中挠度及塔底弯矩见表 3-6，主梁挠跨比及塔底弯矩随中塔刚度的变化如图 3-16、图 3-17 所示。

表 3-6　中塔刚度变化产生的影响

项　　目			中塔塔底惯性矩（m^4）			
			2 183	3 073	4 247	5 677
主梁跨中挠度		最大位移（mm）	660.7	572.7	500.5	442.9
		最小位移（mm）	−1 214.4	−1 127	−1 055.7	−997.9
		绝对值和	1 875.1	1 699.7	1 556.2	1 440.8
		挠跨比	1/328.5	1/362.4	1/395.8	1/427.5
塔底弯距（$\times10^5$ kN·m）	边塔	活载	6.6	6.6	6.67	6.62
		体系升温	−4.76	−4.76	−4.76	−4.76
		体系降温	4.1	4.1	4.1	4.15
		索梁温差升	−1.1	−1.1	−1.03	−1.03
		索梁温差降	1.1	1.1	1.03	1.03
		合计（正值）	11.8	11.8	11.8	11.8
	中塔	活载	18.0	19.7	20.32	22.14
		制动力	1.7	1.7	1.75	1.76
		塔运营风	2.5	2.59	2.66	2.7
		合计	22.2	23.99	24.73	26.6

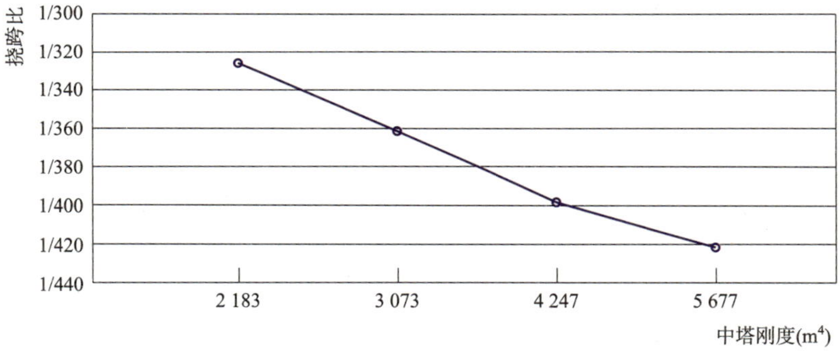

图 3-16　主梁挠跨比（f/L）随中塔刚度的变化

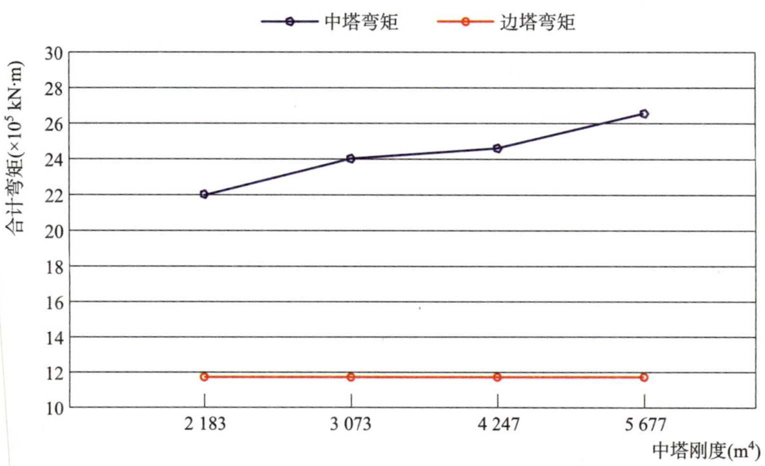

图 3-17　塔底弯矩随中塔刚度的变化

由表3-6及图3-16、图3-17可知，随着中塔刚度的增大，主梁的挠跨比减小，中塔弯矩则相应增大，而边塔的弯矩变化很小。因此，中塔的刚度直接关系到多塔斜拉桥的整体刚度。

2）边塔刚度的影响。保持中塔、梁、索的参数不变，调整边塔截面，惯性矩由459 m^4到3073 m^4变化时，主跨跨中挠度及主塔弯矩见表3-7，主梁挠跨比及塔底弯矩随边塔刚度的变化如图3-18、图3-19所示。

表3-7 边塔刚度变化主梁刚度及主塔弯矩对比

项目			边塔塔底惯性矩（m^4）				
			459	848	1 398	2 183	3 073
主跨跨中挠度（mm）		最大值	500.9	501.1	501.3	501.7	502.1
		最小值	1 059.5	1 055.7	1 051.8	1 048.1	1 044.6
		绝对值和	1 560.4	1 556.8	1 553.1	1 549.8	1 546.7
		挠跨比	1/394.8	1/395.7	1/396.6	1/397.5	1/398.3
塔底弯距（$\times10^5$ kN·m）	边塔	活载	4.93	6.67	8.22	9.66	9.93
		体系升温	−3.34	−4.76	−6.17	−7.51	−8.78
		体系降温	2.92	4.1	5.38	6.55	7.65
		索梁温差升	−0.72	−1.03	−1.35	−1.64	−1.92
		索梁温差降	0.72	1.03	1.35	1.64	1.92
		合计（正值）	8.57	11.8	14.95	17.85	19.5
	中塔	活载	19.90	20.32	21.17	21.33	21.59
		制动力	1.77	1.75	1.72	1.7	1.68
		塔运营风	2.71	2.66	2.61	2.57	2.53
		合计	24.38	24.73	25.5	25.6	25.8

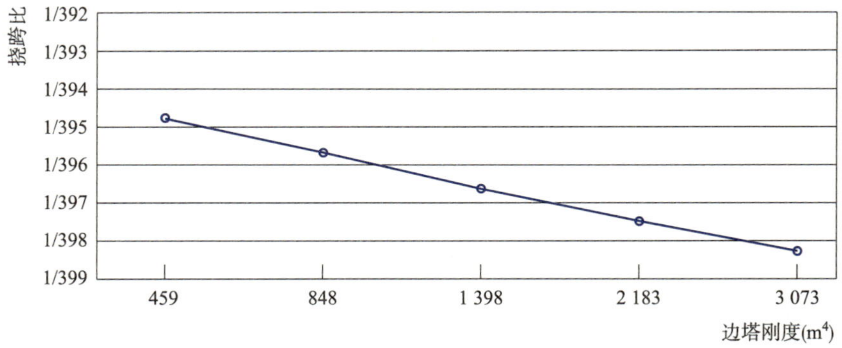

图3-18 主梁挠跨比（f/L）随边塔的刚度变化

由表3-7及图3-18、图3-19可知，随着边塔刚度的增大，边塔自身的弯矩也相应增大，而主梁的挠跨比及中塔弯矩则变化很小。

3）结论。上面的图表分别列出了通过调整塔的刚度对主梁挠跨比、塔底弯矩的影响。随着中塔惯性矩的增加，中塔的弯矩将增大，而边塔的弯矩变化甚微，同时对主梁的挠跨比

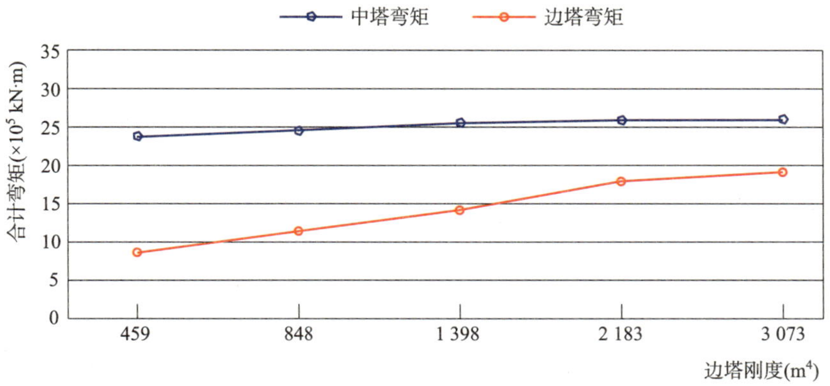

图 3-19　塔底弯矩随边塔刚度的变化

影响较大。而随着边塔惯性矩的增加，受温度、混凝土收缩徐变影响，边塔的弯矩将增大，而中塔的弯矩变化甚微，同时对主梁的挠跨比影响也很小。由此得出如下结论：

①加大中塔刚度是改善结构整体刚度的理想方式。

②边塔刚度对结构整体刚度影响较小，结构布置时中塔要具有必要的刚度，受温度力、混凝土收缩徐变影响，边塔刚度不宜太大。

（2）塔高的影响

主塔高度为斜拉桥关键结构尺寸，塔高与斜拉索最小角度紧密关联，为此对不同的塔高（以中塔最上面一根斜拉索的倾角表示）进行比较分析。

针对不同的塔高，进行主塔基础弯矩、钢梁应力、挠跨比、最大索力等方面的对比，见表 3-8。

表 3-8　主塔高度变化对结构效应的影响

最上层斜拉索的水平倾角（°）		24	26	27
塔高（m）		188	200	206. 8
塔底最大弯矩（kN · m）	中塔	2 172 000	2 109 000	2 094 000
	边塔	1 538 000	1 344 000	1 255 000
钢梁最大应力（MPa）	上缘	163	151	145
	下缘	170	156	150
主梁挠跨比 f/L		1/531	1/546. 5	1/553
运营阶段最大索力（kN）		8 660	8 130	7 890

从表 3-8 可以看出，增加主塔高度（表现为最上层斜拉索的倾角加大），塔底弯矩、钢梁最大应力、主梁挠跨比、最大索力均有不同程度的减小。但上述指标均为静力学参数，具体工程中尚需结合动力性能和经济指标进行综合比较后确定。

3. 主梁支承体系

（1）支承体系的选择

研究三种常用的塔梁之间的支承关系：①三个塔均塔梁固接；②主梁在中塔处与主塔固接，边塔处仅竖向支承；③主梁在三个塔处均竖向支承，半飘浮体系。如图 3-20 所示。

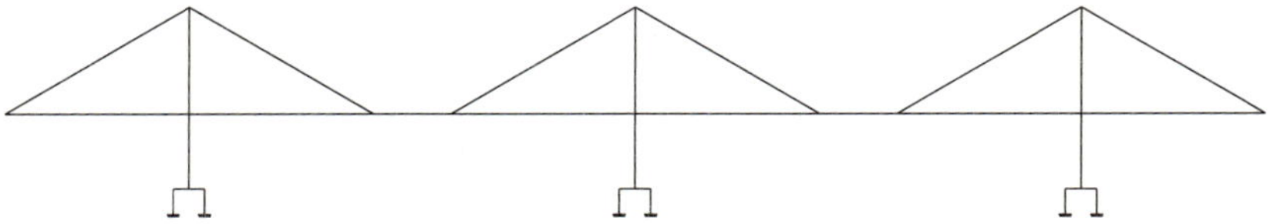

支承体系一：三个塔均塔梁固结

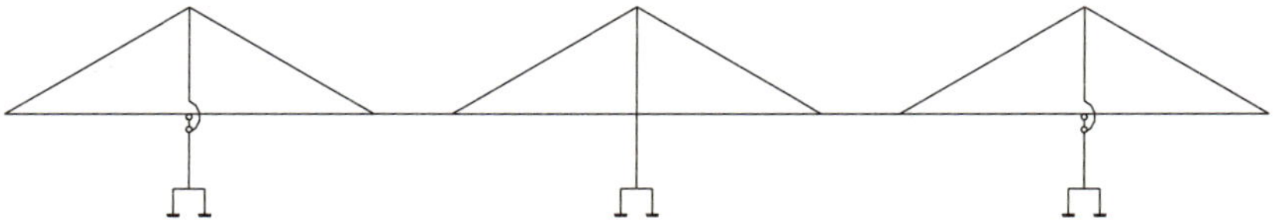

支承体系二：主梁在中塔处与主塔固接，边塔处仅竖向支承

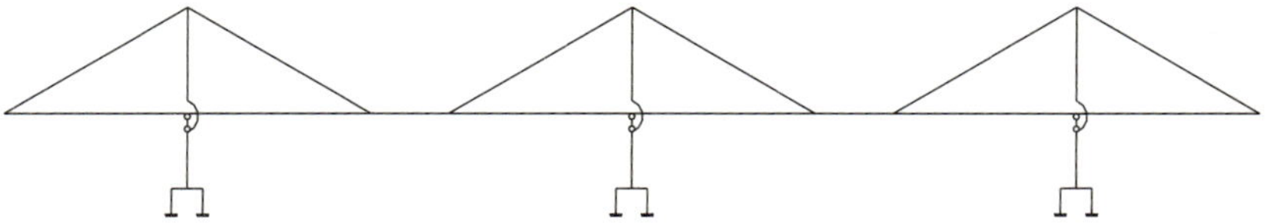

支承体系三：主梁在三个塔处均竖向支承，半飘浮体系

图 3-20　支承体系

塔梁之间各种支承条件下，结构在活载及均匀温度荷载作用下的力学行为对比见表 3-9 ~ 表 3-12，如图 3-21 ~ 图 3-24 所示。

表 3-9　不同支承体系结构的活载位移对比　　（单位：mm）

支承体系	中跨跨中挠度		边塔塔顶位移		中塔塔顶位移	
	上　挠	下　挠	左　移	右　移	左　移	右　移
体系一	367	-857	-28	176	-259	259
体系二	419	-907	-23	169	-323	323
体系三	708	-1 192	-393	258	-271	271

表 3-10　不同支承体系结构的温度作用位移对比　　（单位：mm）

支承体系	中跨跨中挠度		梁端水平位移		边塔塔顶位移	
	升　温	降　温	升　温	降　温	升　温	降　温
体系一	-45	45	-249	249	-206	206
体系二	-17	17	-323	323	-223	223
体系三	-17	17	-323	323	-223	223

表 3-11　不同支承体系活载弯矩对比　　（单位：kN · m）

支承体系	中跨跨中（最大值/最小值）	边塔处主梁（最大值/最小值）	边塔塔根（最大值/最小值）	中塔处主梁（最大值/最小值）	中塔塔根（最大值/最小值）
体系一	79 189/ -46 381	6 206/ -80 583	507 169/ -100 000	26 145/ -87 337	1 250 783/ -1 250 783
体系二	80 812/ -50 682	4 032/ -58 091	552 757/ -100 000	25 119/ -86 290	1 792 542/ -1 792 542

续上表

支承体系	中跨跨中（最大值/最小值）	边塔处主梁（最大值/最小值）	边塔塔根（最大值/最小值）	中塔处主梁（最大值/最小值）	中塔塔根（最大值/最小值）
体系三	107 186/ −74 513	3 973/ −58 031	1 213 702/ −800 000	4 748/ −57 844	1 648 889/ −1 648 889

表 3-12　不同支承体系温度作用弯矩对比　（单位：kN · m）

支承体系	中跨跨中	边塔处主梁	桥面处边塔	边塔塔根
体系一	8 139	32 231	707 357	1 680 630
体系二	2 691	6 910	490 012	692 761
体系三	2 700	6 910	490 192	693 013

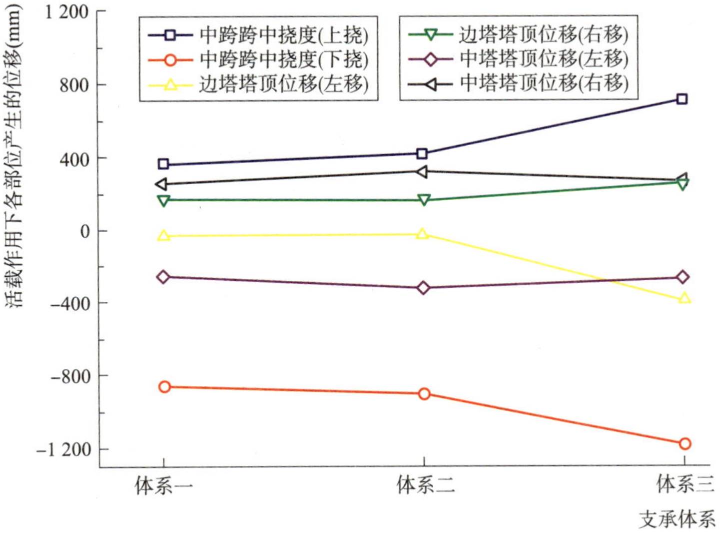

图 3-21　不同支承体系结构的活载位移

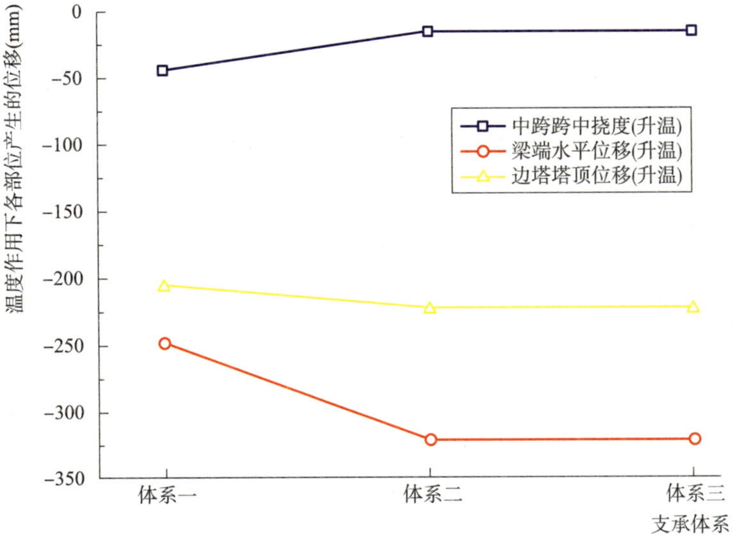

图 3-22　不同支承体系结构的温度作用位移

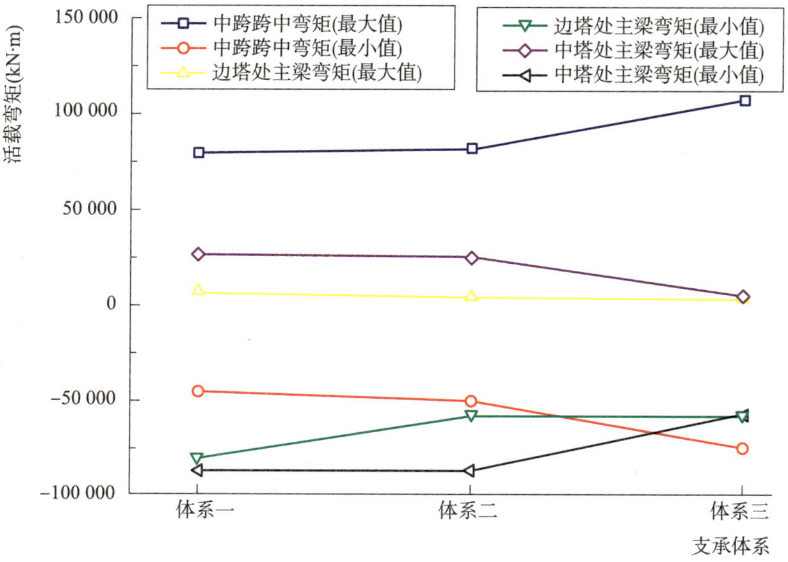

图 3-23　不同支承体系主梁活载弯矩

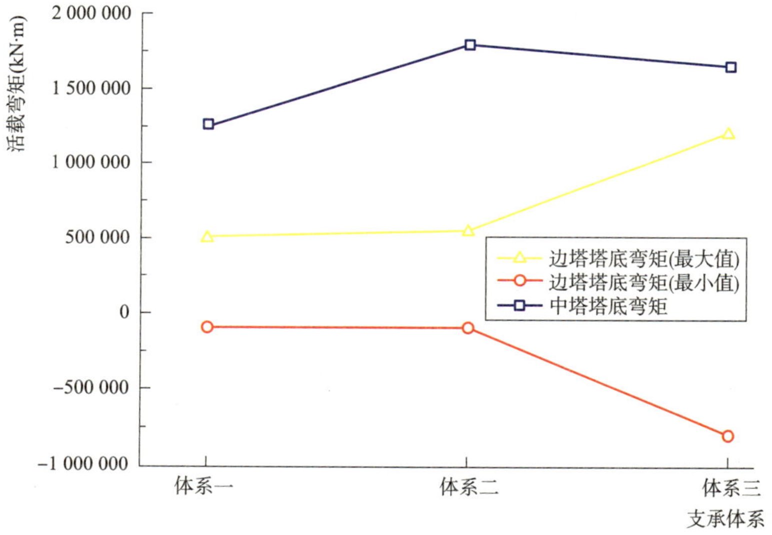

图 3-24　不同支承体系主塔活载弯矩

通过表 3-9 ~ 表 3-12 及图 3-21 ~ 图 3-24 可知，采用体系一（塔梁全固接）对控制三塔斜拉桥在活载作用下的位移最有效，但边塔在温度荷载作用下的塔根弯矩较大；采用体系三（半飘浮）时，结构的活载位移最大，除了梁在与桥塔相交处的弯矩较小外，跨中弯矩和塔根弯矩均比体系一大很多；体系二（中塔固接、边塔支承）对降低三塔斜拉桥的活载位移也有一定效果，且结构的温度效应并不大，但中塔在活载作用下的塔根弯矩比较大。

根据前面分析可知，从控制结构刚度的角度来说，边塔不需要过大的刚度，体系一边塔塔根弯矩较大，塔柱会有较大的拉应力；而支承体系三时结构活载位移大。

（2）主梁在中塔处的约束方式

主梁在中塔处的约束方式主要有两种形式：固结或铰接。对这两种方式进行分析比较，结果见表 3-13。

从表 3-13 可以看出，这两种约束方式对结构整体受力行为影响的差异较小，但梁塔固结方式会导致约束点局部区域梁体应力偏高。

表 3-13　主梁在中塔处的约束方式比较

项　　目		固　　接	铰　　接	差 值 比	评　　述
塔底弯矩（kN·m）		2 270 000	2 256 000	0.62%	总体影响一致
主梁跨中挠度（mm）		979.4	995.3	1.60%	
挠跨比		1/628	1/618.9	1.47%	
塔顶变位（mm）		270.2	274	1.39%	
最大水平剪力（kN）		27 040	27 530	1.78%	
约束弯矩（kN·m）		136 000	0	—	固结方式引起较大局部弯矩
约束点处主梁应力（MPa）	钢梁上缘	161	165	2.42%	固结方式导致主梁较大应力
	钢梁下缘	254	216	17.59%	
	混凝土板上缘	12.9/0.86	12.55/3.08	2.71%	
	混凝土板下缘	10.8/1.75	10.9/3.28	0.93%	

4. 主梁结构设计

（1）主梁结构形式

适用于大跨度桥梁的主梁结构形式主要有钢箱梁与结合梁两种，两种梁型的主要区别见表 3-14 和表 3-15。

表 3-14　两种主梁基本参数比较

项　　目		单　　位	主梁形式	
			钢箱梁方案	结合梁方案
主梁单位长度自重	钢结构	kN/m	153	142
	混凝土板	kN/m	0	242
	二期恒载	kN/m	55	76.5
	合　　计	kN/m	208	460.5
标准节段重量		kN	3 120	6 216
斜拉索最大规格 PES7		丝数	223	409

表 3-15　两种主梁结构行为比较

项　　目		单　　位	主梁形式	
			钢箱梁方案	结合梁方案
体系刚度	主梁挠度	mm	1 495.4	986.7
	主梁挠跨比		1/412	1/624
	中塔塔顶位移	mm	366	270.3
斜拉索	恒载最大索力	kN	4 000	8 540
	索应力幅	MPa	198	120

续上表

项目			单位	主梁形式	
				钢箱梁方案	结合梁方案
主梁应力	钢梁上缘		MPa	140/－120	196/－50
	钢梁下缘		MPa	160/－60	255/－66
	混凝土板上缘		MPa		12.8/－5.3
	混凝土板下缘		MPa		9.9/－4.9
主塔应力	中塔	最大	MPa	11	11.9
		最小	MPa	－1.9	0.3
	边塔	最大	MPa	12.7	12.5
		最小	MPa	－1.1	1.8
反力	中塔	塔底弯矩	kN·m	2 600 000	2 270 000
		竖向力	kN	530 000	747 000
	边塔	塔底弯矩	kN·m	1 700 000	1 480 000
		竖向力	kN	480 000	720 000
	边墩（不设压重时）		kN	－14 000	－17 800
	辅助墩（不设压重时）		kN	－17 850	－40 000

从表3-14、表3-15可以看出，主梁形式的不同对结构的力学行为影响较大。整体上来说，结合梁方案在刚度、斜拉索的应力幅、主塔应力等指标均优于钢箱梁方案。但需要解决辅助墩处负反力较大，同时在跨中区域的混凝土桥面板内存在拉应力的问题。

（2）混合梁方案的优势

鉴于结合梁边跨负反力较大，总计达到40 000 kN左右，如果采用压重方式则耗费巨大。若边跨采用混凝土梁结构形式，则既可较好地解决负反力问题，又可将其作为桥梁结构的一部分，还可以利用其自重大、结构刚度大的特点，提高全桥整体刚度。因此，武汉二七长江大桥的主梁采用混合梁结构，即主梁在两端94.5 m范围内采用混凝土边主梁，其余均为结合梁，接头设在辅助墩往主塔侧4.5 m处。

第 4 章　多塔悬索桥的结构力学行为

4.1　多塔悬索桥的静力结构行为

4.1.1　多塔悬索桥的力学行为特征

多塔悬索桥的结构布局，是以多塔支承的连续主缆，在首尾两端固定于锚碇，和不一定完全连续的加劲梁构成的悬吊体系。在恒载均匀分布于全桥的条件下，各塔的塔顶不出现顺桥向水平位移。在活载作用下，各塔的塔顶根据其所在位置的不同，都会发生大小不同的顺桥向水平位移，以协调主缆中所承受的水平拉力的平衡。同时各塔的塔身因位移而受剪和挠曲受弯。如果塔身是难于挠曲的刚性结构，为使主缆保持全连续的传递作用，需采取特别措施，以提高主缆在塔顶鞍座的摩擦系数至足够大。否则，塔顶鞍座对主缆的嵌固安全性成为问题。因此，与两塔悬索桥相比，虽然都是以悬索为承重结构的桥梁，但多塔悬索桥因为存在多个中间主塔和主跨，结构受力特征显然不同，所以中间主塔及其上主鞍座才是多塔悬索桥设计的重点与难点。合理选取中间主塔的结构形式，基于可信赖的技术措施实现主缆与中间主鞍座间的抗滑移稳定，同时确保结构具有满足行车要求的刚度，是设计的关键。

多塔悬索桥最不利活载的加载条件，无疑是一跨满载，而其余各跨均为空载的极端加载工况。虽然对于大跨度桥梁，在日常运营中出现这种情况的概率甚微，但从整个体系的长远安全性考虑，则仍是应予审慎对待的问题。对于多塔悬索桥，在极端加载工况竖向加载控制工况下，如果加载处中间主塔的刚度很大，则该桥塔承担加载引起的水平力的主要份额，桥塔所受的纵向剪力大，非加载侧主缆拉力增加不多，因桥塔的挠曲形成的加载跨竖向位移不大，全桥的竖向刚度大，该桥塔两侧主缆缆力差值大；如果加载处中间主塔刚度小，则该桥塔产生一定的塔顶纵向位移，非加载跨主缆缆力增加，之后非加载跨向上位移后的主缆对该桥塔形成纵向约束，桥塔的挠曲形成加载跨的竖向位移，因而加载跨竖向位移大。该竖向加载控制工况下，加载处中间主塔除塔顶附近外，可能均为大偏心压弯构件。

上部构件均作用横桥向设计风荷载的加载工况，为多塔悬索桥加劲梁和桥塔侧向设计的可能控制工况之一。由于多塔悬索桥存在多个中间主塔，横桥向作用设计风荷载工况下，加劲梁横桥向的变形受到中间主塔的约束，平面内挠曲成多个独立半波（加劲梁为纵向多个铰接体系）或连续半波（加劲梁为纵向连续体系）。由于多了中间主塔的横向约束，横桥向设计风荷载作用下多塔悬索桥相比于两塔悬索桥加劲梁横桥向的位移要小得多。该工况下，中间主塔除了承受作用于构件本身的横桥向设计风荷载外，塔顶和下横梁处还分别承受主缆和横向抗风支座传来的横向力，此工况亦为中间主塔的侧向设计控制工况。

与两塔悬索桥的主跨内偏心加载工况不同，多塔悬索桥的扭转加载典型工况是在一个主跨上游满布 1/2 设计车道汽车荷载，相邻主跨下游满布 1/2 设计车道汽车荷载。对于多塔悬索桥，扭转加载工况下，不仅相邻加载两个主跨的加劲梁相对于加载跨中间主塔产生反对称扭转，而且加载跨中间主塔两侧立柱分别向加载侧主跨挠曲，从而带动该桥塔的上下横梁产生扭转。同时，由于加载跨中间桥塔两侧立柱顶部所受的纵桥向剪力等值反向，因而该桥塔上下横梁在扭转的同时也伴随着水平面内的弯曲，进而引起桥塔立柱的扭转。扭转加载工况下，三塔两跨悬索桥的中塔受力极为复杂。扭转工况为中塔抗扭设计的控制工况。

下面以泰州长江大桥为例分析多塔悬索桥在竖向、横向、偏心荷载作用下的力学行为特征。

泰州长江大桥为三塔两跨悬索桥，主缆分跨为 390 m + 1 080 m + 1 080 m + 390 m，是世界首座千米级三塔两跨悬索桥，加劲梁为钢箱梁，中塔为倒 Y 形钢塔（桥纵向），边塔采用钢筋混凝土结构。两岸锚碇均为重力式结构。

1）在竖向加载控制工况下，结构的变形及中塔塔柱的纵向位移、纵向剪力、纵向弯矩如图 4-1 ~ 图 4-4 所示。

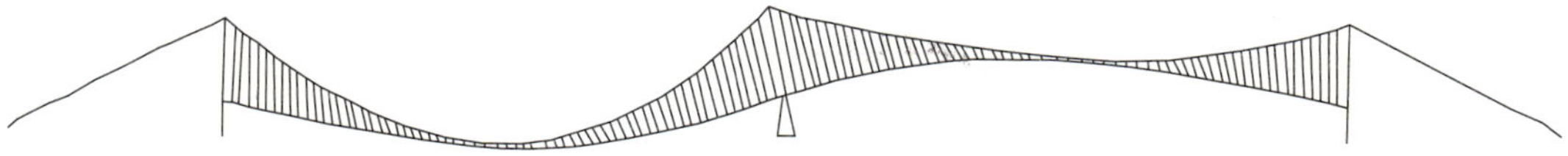

图 4-1　竖向加载控制工况下结构的变形

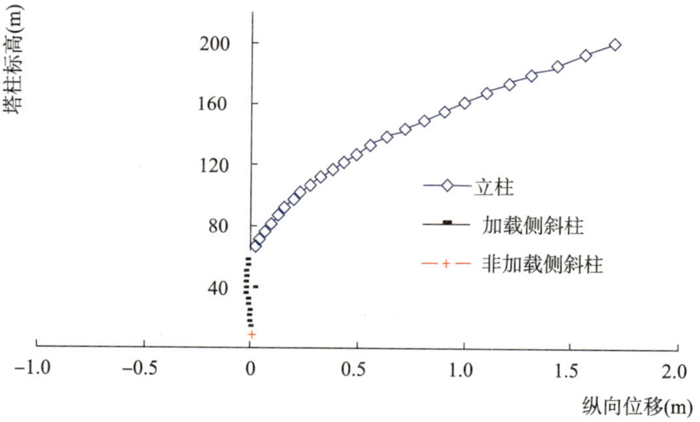

图 4-2　中塔塔柱纵向位移

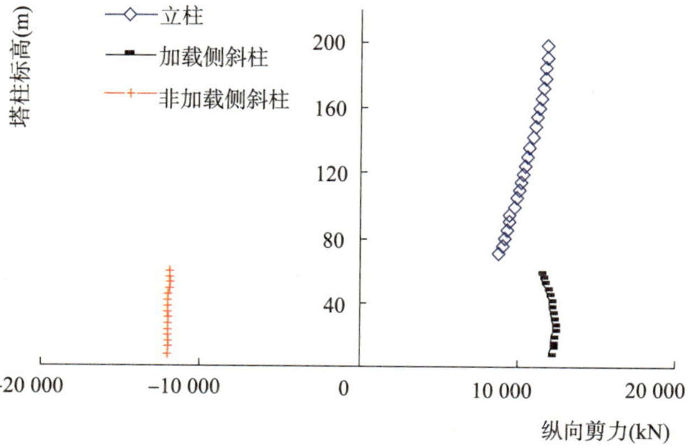

图 4-3　中塔塔柱纵向剪力

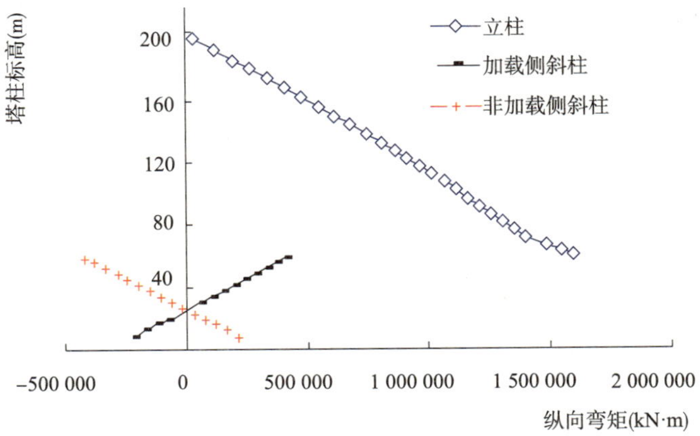

图 4-4　中塔塔柱纵向弯矩

由图 4-1 ~ 图 4-4 可知，在竖向加载控制工况下，加载跨与非加载跨主梁的竖向位移均较大。为了平衡中塔顶鞍座两侧较大的主缆水平力差值，中塔顶承受较大的纵向剪力，中塔产生纵向挠曲，从而引起加载跨和非加载跨主梁产生较大的向下和向上位移。倒 Y 形钢中塔分叉点以上的直塔柱主要以受弯为主，塔顶纵向位移、纵向剪力及分叉点处纵向弯矩均较大，分叉点以下的斜腿柱主要以受轴力为主，纵向弯矩较小。

2）在横桥向设计风荷载的加载工况下，全桥结构的变形如图 4-5 所示。

图 4-5　横向加载控制工况下结构的变形

由图 4-5 可知，在横桥向设计风荷载加载工况下，两跨加劲梁形成关于中塔对称的横桥向挠曲。由于加劲梁在中塔处连续，加劲梁跨中的横向挠度不大。同时，中塔在侧向风荷载及塔顶主缆、塔中部加劲梁横向抗风支座传递的横向集中力的共同作用下，形成横桥向的多个半波挠曲。

3）在偏心荷载（一个主跨上游满布四车道汽车荷载，另一个主跨下游满布四车道汽车荷载）作用下，全桥结构的变形如图 4-6 所示。

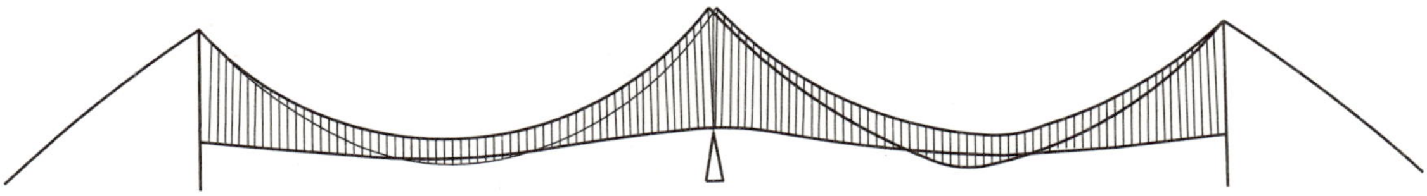

图 4-6　偏心加载典型工况下结构的变形

由图 4-6 可知，在偏心加载工况下，两个主跨的加劲梁产生关于中塔反对称的扭转，中塔横桥向的两根塔柱发生相向的挠曲，中塔的上、下横梁产生扭转，加劲梁两侧主缆及吊索发生相向的变位。

4.1.2 主缆抗滑移安全

主缆是悬索桥中最重要的承重构件，主缆安全直接关系到全桥的安全。主缆与中间主鞍座间的抗滑移稳定是构思多塔悬索桥桥式首先要考虑的技术问题。在多塔悬索桥的中塔处，鞍座两侧的主缆在某些工况会产生较大的索力差，从而使得主缆的抗滑移安全系数成为人们关心的问题，而其中的关键就是主缆与鞍座间的摩擦系数取值问题。由于主缆与鞍座之间的受力比较复杂，很难给出鞍座内圆弧段主缆与鞍座间的摩擦机理，因此，主缆与鞍座之间的摩擦系数是通过测试试验取得的，或采取结构措施使多塔悬索桥所需的主缆与鞍座间的摩擦系数为可信赖的数值，或结合结构措施与摩擦试验共同实施。

目前，公路悬索桥设计要求鞍槽内主缆抗滑安全系数 K 应满足式（4-1）的要求：

$$K=\frac{\mu\alpha_{s}}{\ln(F_{ct}/F_{cl})}\geqslant 2 \tag{4-1}$$

式中 μ——主缆与槽底或隔板间的摩擦系数，一般取 $\mu=0.15$；

α_s——主缆在鞍槽上的包角（rad）；

F_{ct}——主缆紧边拉力（N）；

F_{cl}——主缆松边拉力（N）。

主缆由众多镀锌高强度钢丝经挤压组成接近圆形的截面，钢丝依靠挤紧机挤紧、钢丝缠绕、索夹保持成为整体。主缆作为一个整体，与鞍座鞍槽间摩擦系数到底取用多少比较合适，《公路悬索桥设计规范》(报批稿)中关于主缆抗滑安全验算的条文说明中指出，在有条件进行抗滑试验的工程中，应进行抗滑试验研究，优化 K 和 μ 的取值。在国外，日本进行的类似试验较多，多因试验与实桥的相似性并不很好，比如钢丝直径选用的过小或者用一根束股试验，并不能真实反映实桥主缆与鞍座鞍槽间的实际接触情况，试验测试出的摩擦系数离散性大。华盛顿大桥主梁架设过程采用 $\mu=0.2$，依据的是之前 Delaware 桥所进行的专门试验。我国泰州长江公路大桥也开展了主缆与中主鞍座间抗滑移试验研究，试验采用与实桥直径相同的镀锌钢丝，全面模拟各束股与束股之间、钢丝之间、束股与鞍槽间真实的接触特征，采用与实桥基本相同的接触挤压应力，以期试验结果能真实反映实桥。依据试验结果，经论证采用 $\mu=0.2$ 作为泰州长江公路大桥设计的重要依据。

主缆束股在鞍槽内不仅对鞍槽底产生巨大的挤压应力，还对鞍槽侧壁形成挤压力，所说的主缆与鞍座间的摩擦系数事实上是反映主缆对鞍槽底和侧壁摩擦力以一个表达式表示的综合值。通常，主缆对鞍槽底的压应力（竖向压力）变化范围不大，对鞍槽侧壁的挤压应力则与竖向压力成正比关系。对常规的鞍座，侧压力的摩阻力只有中间一列束股通过其他束股的传递对鞍座侧壁发生作用。

一般来说，增大主缆抗滑移安全的措施有以下几种：①采用竖向摩擦板；②部分束股直接锚固于鞍座；③对鞍槽内主缆加压；④使用黏结剂黏结；⑤采用水平摩擦板。对于这些技术措施的具体效果，目前业界尚存在不同的认识。

4.1.3 中间桥塔的结构选型

多塔悬索桥中间主塔的选型，是多塔悬索桥设计的关键。不论选用何种形式的中间主塔，均必须满足结构强度、结构稳定、大桥使用功能的要求。在此基础上，各构造设计应能够实施且工程规模较小。基于上述分析，对多塔悬索桥，与中间主塔选型相关的最主要的制约因素如下：

1）桥跨竖向刚度：加载跨的竖向挠度在一定范围之内。最不利工况作用下，由活载引起的桥面纵坡控制在合理范围。

2）主缆与鞍座间抗滑移安全：基于主缆钢丝与鞍座鞍槽间可以信赖的摩擦力保障抗滑移稳定。

3）中间主塔本身的强度安全有充分保障，中间主塔在大桥服务期内不因疲劳而损坏。

4）中间主塔的稳定性满足要求，包括纵向与横向稳定。

5）中间主鞍座与其下主塔间的连接能够实现。连接的难易程度与该中间主塔两侧不平衡力，以及该中间主塔采用的材料有关。

6）中间主塔及中间主塔基础工程规模：基础规模与中间主塔底部尺寸、塔底反力相关。

以上是多塔悬索桥中间主塔选型的基本原则。而由上面的分析，中间主塔总体刚度乃是中间主塔选型的核心指标，通过选择中间主塔的结构形式予以实现。

大跨径悬索桥塔顶需要为每根主缆各设置一个鞍座，塔柱由基础顶面贯通到塔顶支承鞍座，故悬索桥主塔横桥向外形比较单一，多为包括两根塔柱及其间联结系构成的框架结构，不像斜拉桥那样形式多样。

常规两塔悬索桥主塔纵向构造多为I形，少数悬索桥采用纵向门形主塔。由前述分析可知，多塔悬索桥中间主塔的总体刚度过大，塔顶主鞍座内主缆丝股与鞍槽间的抗滑移安全难以保证；中间主塔的总体刚度过小，桥跨竖向刚度小，大桥使用功能差，桥塔自身的强度安全亦难以保证。因此，为平衡主缆抗滑移安全度、大桥竖向刚度、桥塔自身强度安全三者之间的矛盾，多塔悬索桥中间主塔的总体刚度要适中。

结合中间主塔所用材料、建设条件等边界因素，可作为多塔悬索桥中间主塔的纵向塔形为倒Y形（如泰州长江大桥的全钢中塔）、I形（如马鞍山长江大桥的钢-混凝土叠合中塔）、倒Y形+I形组合形（如鹦鹉洲长江大桥的倒Y形上钢塔柱+I形混凝土下塔柱的组合形中塔）。另外，在多塔悬索桥重力刚度非常大的前提下（如铁路多塔悬索桥），纵向A形塔也是可考虑的中间主塔形式。

泰州长江大桥对纵向A形钢结构中塔、纵向A形钢筋混凝土结构中塔、纵向I形钢筋混凝土结构中塔、纵向倒Y形钢结构中塔、纵向倒Y形钢筋混凝土结构中塔对于三塔悬索桥中主塔的适应性进行了详细的研究。研究结果表明：由于公路桥活载与恒载的比值较大，要使纵向A形钢塔（钢筋混凝土塔）同时满足基于现有材料的强度要求，现行对抗滑移稳定的相关规定，主塔设计的可实施要求，必须综合采取多项措施增加主缆与中主鞍座间的摩擦力，相当于使摩擦系数达到0.33以上；若采用纵向I形钢筋混凝土中塔，主缆丝股抗滑和中塔截面强度则无法同时满足要求，并且结构不具有合理性；采用纵向倒Y形钢筋混凝土中塔，主缆抗滑移安全度和中主塔截面强度也无法同时满足规范要求；而采用纵向倒Y形钢结构中塔，则可较好地兼顾抗滑移安全度、塔柱截面应力、主梁挠度、塔柱根部轴力，是比较合理的中塔方案，各项参数达到最优。

纵向倒Y形钢结构中塔通过调节塔柱分叉点的高度，拓宽了中塔纵向刚度的调节范围，更容易满足三塔悬索桥对中塔刚度的要求。同时，由于主缆约束程度的原因，中塔塔顶的纵向不平衡力较两塔悬索桥主塔大得多，纵向倒Y形钢结构中塔通过上塔柱良好的变形能力，塔顶产生一定的纵向位移，促使非加载跨的主缆通过几何形状的变化，产生对中塔塔顶的约束；纵向倒Y形钢塔下塔柱纵向张开，实现塔顶纵向不平衡力对中塔的力矩主要由两塔柱轴向力与张开距离予以平衡，减小塔柱截面弯矩。可见，纵向倒Y形钢结构中塔的总体刚度适中，可较好地平衡主缆抗滑移安全度、大桥竖向刚度、桥塔自身强度安全三者之间的矛盾，故泰州长江大桥选择其为实施方案。

纵向A形结构中间塔理论上塔顶纵向不平衡力对中塔不同高度处的力矩主要由两塔柱轴向力与张开距离予以平衡，各尺寸合适时，塔柱截面弯矩得以减小。多塔悬索桥中间塔塔顶不平衡力较边塔大得多，期望通过纵向A形主塔减小塔柱截面弯矩，方便中主塔设计；另一方面，采用合理尺寸时，A形塔纵向总体刚度大，为减小加载跨主梁竖向挠度提供了方便。据此，在设计多塔悬索桥时，A形中塔成为了最直接的构思。

4.1.4 加劲梁的支承体系

1. 加劲梁的竖向支承体系

对于多塔悬索桥而言，加劲梁竖向支承体系的问题，主要是加劲梁在中间塔处是否连续。与两端均设有简支铰支承的两塔悬索桥类似，多塔悬索桥加劲梁采用非连续的多铰体系时，加劲梁结构受力简单明确，但梁端的角变量和伸缩量以及跨中的最大挠度（包括竖向的和横向的）均较大。

与一般的三跨悬吊两塔悬索桥类似，多塔悬索桥加劲梁采用连续体系时，无论在竖向及横向的挠度、角变以及纵向的伸缩量方面都是非常有利的，但连续加劲梁在中间支点（主塔处）附近产生较大的弯矩。

因此，对于多塔悬索桥，加劲梁的竖向支承体系要根据各桥的具体情况进行详细的比较之后来决定取舍，如泰州长江大桥为控制加劲梁的挠度、角变，选择加劲梁连续通过中间主塔处理方式；而鹦鹉洲长江大桥为降低钢-混凝土结合加劲梁混凝土桥面板的拉应力，加劲梁采用非连续的多铰形式通过中间主塔。

多铰体系的多塔悬索桥竖向支承的构造形式比较简单，多数以竖向支座的形式来实现其约束作用；连续体系在中间桥塔处竖向支承的构造形式可选择设竖向支座的刚性约束，也可选择设0号吊索的弹性约束，甚至根据需要不设竖向支承。下面以泰州长江大桥主跨2×1 080 m三塔悬索桥方案为例，分析两主跨连续加劲梁与中主塔间采用不同的竖向支承方式，对中主塔、主缆、加劲梁、支承处结构行为的影响。比较的中间主塔处加劲梁竖向支承方式有：不设竖向约束，在中塔中心线处设0号吊索连接中塔与加劲梁，以刚性支座连接。其中，0号吊索研究三种不同的长度。

1）表4-1为加劲梁与中主塔间竖向采用不同支承条件下，中塔主要内力与变形结果对比。

从表4-1可知，加劲梁与中主塔间采用不同竖向支承方式下，中塔塔顶位移、塔柱内力及应力变化不大。

2）表4-2为加劲梁与中主塔间竖向采用不同支承条件下，主缆抗滑安全系数和主缆最大活载轴力增量的计算结果对比。

表 4-1　加劲梁与中主塔间不同竖向支承对桥塔影响对比

比较项目		中塔处加劲梁竖向约束情况				
		无约束	0 号吊索长度			刚性约束
			84.8 m	54.8 m	29.8 m	
中主塔塔顶最大纵向位移（m）		1.7395	1.7394	1.7393	1.7393	1.7392
中塔塔柱底轴力（kN）	最大压力	186766	186780	186783	186785	186782
	最小压力	11288	11285	11282	11281	11286
中塔截面应力（MPa）	最大压应力	244.56	244.58	244.59	244.59	246.11
	最大拉应力	134.24	134.26	134.26	134.27	135.74

表 4-2　加劲梁与中主塔间不同竖向支承对主缆影响对比

比较项目		中塔处加劲梁竖向约束情况				
		无约束	0 号吊索长度			刚性约束
			84.8 m	54.8 m	29.8 m	
主缆抗滑移安全系数 K	$\mu=0.20$	2.0197	2.0200	2.0197	2.0196	2.0191
	$\mu=0.15$	1.5148	1.5150	1.5148	1.5147	1.5143
主缆最大活载轴力增量（kN）		25468	25118	25095	25078	25060

从表 4-2 可知，加劲梁与中主塔间采用不同竖向支承方式下，主缆与中主鞍座间抗滑移安全系数 K、主缆活载轴力增量变化不大。

3）表 4-3 为加劲梁与中主塔间竖向采用不同支承条件下，加劲梁最大竖向活载挠度及挠跨比、活载弯矩及活载应力计算结果对比。

表 4-3　加劲梁与中主塔间不同竖向支承对加劲梁影响对比

比较项目		中塔处加劲梁竖向约束情况				
		无约束	0 号吊索长度			刚性约束
			84.8 m	54.8 m	29.8 m	
加劲梁竖向变形	最大活载挠度（m）	4.505	4.511	4.511	4.512	4.513
	最大活载挠跨比	1/240	1/239	1/239	1/239	1/239
加劲梁活载竖向弯矩（kN·m）	最大弯矩	143928	216228	226362	236578	251043
	最小弯矩	−108643	−118291	−117172	−116002	−164441
加劲梁活载应力增量（MPa）	最大压应力	114.29	169.46	177.12	184.87	195.84
	最大拉应力	86.54	98.78	103.69	108.62	128.98

注：表中弯矩以加劲梁上缘受拉为正。

从表 4-3 可知，加劲梁与中主塔间采用不同竖向支承方式下，加劲梁最大竖向活载挠度变化不大；与设竖向刚性约束相比，不设竖向约束可以显著减小加劲梁竖向活载弯矩和加劲梁截面应力；0 号吊索的长度对主梁活载应力有一定影响。

4）表 4-4 为加劲梁与中主塔间竖向采用不同支承条件下，中塔竖向支承反力（或 0 号吊索轴力）、0 号吊索活载应力幅、中塔处加劲梁活载竖向位移结果对比。

从表 4-4 可知，加劲梁与中主塔间竖向设 0 号吊索可以减小中塔处加劲梁向下位移，但向上位移改善不明显，活载作用下 0 号吊索的应力幅值很高。

表 4-4　加劲梁与中主塔间不同竖向支承对支座处结构行为影响对比

比 较 项 目		中塔处加劲梁竖向约束情况				
		无约束	0 号吊索长度			刚性约束
			84.8 m	54.8 m	29.8 m	
中塔处加劲梁竖向活载反力（kN）		0	8792	9656	10516	10376
0 号吊索活载应力幅（MPa）		—	416.97	448.16	479.18	—
中塔处加劲梁活载竖向位移（m）	向上	0.280	0.229	0.231	0.234	0
	向下	0.452	0.146	0.104	0.062	0

由上述分析可知，对于加劲梁连续的多塔悬索桥，加劲梁与中间主塔竖向设刚性支承，加劲梁活载弯矩大，加劲梁第一体系应力偏高；加劲梁与中间主塔竖向设 0 号吊索，对加劲梁的受力改善有限，且 0 号吊索的活载应力幅值很大；加劲梁与中间主塔竖向无约束，可以较多地改善加劲梁的受力状况，对中间主塔受力、主缆抗滑移基本没有影响。

2. 加劲梁的纵向支承体系

多塔悬索桥与传统两塔悬索桥类似，加劲梁端部纵向支承方式可选用全飘浮或半飘浮体系。加劲梁采用连续体系的多塔悬索桥，可通过在中间主塔处对加劲梁施加纵向弹性或刚性约束的方式，改善结构总体受力状况。

下面仍以泰州长江大桥为例，分析两主跨连续加劲梁与中主塔间采用不同的纵向支承方式，对中塔受力、主缆抗滑移安全、加劲梁受力、支承处结构行为的影响。比较的中间主塔处加劲梁纵向支承方式有以下三种形式：纵向无约束、弹性索约束、刚性挡块约束。

1）表 4-5 为加劲梁与中主塔间纵向采用不同支承条件下，中塔塔顶位移、内力和应力结果对比。其中，加劲梁与中主塔间竖向无约束。

表 4-5　加劲梁与中主塔间不同纵向支承对桥塔影响对比

比 较 项 目		中塔处加劲梁纵向约束情况		
		无约束	弹性约束	刚性约束
中主塔塔顶最大纵向位移（m）		2.1182	1.7395	1.6919
中塔塔柱底轴力（kN）	最大压力	190082	186766	183882
	最小压力	8013	11288	14143
中塔截面应力（MPa）	最大压应力	284.28	244.56	239.06
	最大拉应力	173.93	134.24	127.60

从表 4-5 可知，加劲梁与中主塔间纵向设约束，可有效减小中主塔顶的活载纵向位移，显著减小中主塔截面的应力。同时，加劲梁与中主塔间纵向设弹性约束和刚性约束相比，中主塔的受力和变形基本上没有差别。

2）表 4-6 为加劲梁与中主塔间纵向采用不同支承条件下，主缆抗滑移安全系数和主缆最大活载轴力增量计算结果对比。

表 4-6　加劲梁与中主塔间不同纵向支承对主缆影响对比

比 较 项 目		中塔处加劲梁纵向约束情况		
		无约束	弹性约束	刚性约束
主缆抗滑移安全系数 K	$\mu=0.20$	1.6995	2.0197	2.0410
	$\mu=0.15$	1.2746	1.5148	1.5308
主缆最大活载轴力增量（kN）		25499	25468	25467

从表 4-6 可知，加劲梁与中主塔间纵向设约束，可以显著提高主缆与中主鞍座间抗滑移安全系数，对主缆活载轴力没有影响；加劲梁与中主塔间纵向设弹性约束和刚性约束相比，主缆与中主鞍座间抗滑移安全系数几乎没有差别。

3）表 4-7 为加劲梁与中主塔间纵向采用不同支承条件下，加劲梁的竖向活载挠度及挠跨比、竖向弯矩及活载应力计算结果对比。

表 4-7　加劲梁与中主塔间不同纵向支承对加劲梁影响对比

比 较 项 目		中塔处加劲梁纵向约束情况		
		无约束	弹性约束	刚性约束
加劲梁竖向变形	活载最大挠度（m）	4.822	4.505	4.471
	活载最大挠跨比	1/224	1/240	1/242
加劲梁活载竖向弯矩（kN·m）	最大弯矩	143829	143928	143767
	最小弯矩	−108616	−108643	−108616
加劲梁活载应力增量（MPa）	最大压应力	114.35	114.29	114.16
	最大拉应力	86.69	86.54	86.69

注：表中弯矩以加劲梁上缘受拉为正。

从表 4-7 可知，加劲梁与中主塔间纵向设约束，有利于减小加劲梁竖向挠度。纵向三种约束情况，对加劲梁活载下的最大截面弯矩和最大应力均没有影响（表 4-7 中最大弯矩位置接近中塔处）。

4）表 4-8 为加劲梁与中主塔间纵向采用不同支承条件下，中塔处纵向连接支承反力（或弹性索轴力）、中塔处加劲梁活载纵向位移计算结果对比。

表 4-8　加劲梁与中主塔间不同纵向支承对支座处结构行为影响对比

比 较 项 目	中塔处加劲梁纵向约束情况		
	无约束	弹性约束	刚性约束
中塔处纵向连接支承反力（kN）	0	16859	16855
中塔处加劲梁纵向位移（m）	1.105	0.095	0
加劲梁端最大纵向位移（m）	1.177	0.180	0.091

从表 4-8 可知，加劲梁与中主塔间纵向设约束，可以极大的减小加劲梁活载纵向位移；与刚性约束相比，弹性约束下中塔处加劲梁的纵向活载反力、位移变化不大。

由上述分析可知，加劲梁与中间主塔纵向设约束，可以显著提高主缆与中间主鞍座间抗滑移安全度，减小加劲梁竖向挠度，改善中间主塔受力，极大地减小加劲梁纵向活载位移；与纵向刚性约束相比，弹性索约束对结构的有利效应与纵向刚性约束相当，但在构造上相对简单。

3. 加劲梁与中间主塔间的固结体系

对于连续体系的多塔悬索桥，加劲梁与中间主塔间可通过采用固结体系来改善结构总体受力状况。

下面以主跨 2×850 m 的某三塔钢箱梁悬索桥为例，分析四主跨连续加劲梁与中主塔间采用不同的支承体系，对中塔受力、主缆抗滑移安全、加劲梁受力的影响。比较的加劲梁与中主塔间的支承体系有以下三种形式：竖向约束、纵向不约束；纵向弹性索约束、竖向不约束；固结约束。其中，加劲梁采用整幅桥面布置，双向 8 车道，主缆矢跨比为 1/9，加劲梁断面为流线形扁平钢箱梁，梁高 3.5 m。中主塔为钢-混凝土叠合塔，叠合面在桥面、下横梁以下，边塔为混凝土结构，锚碇为重力式结构。

1）表 4-9 为加劲梁与中主塔间采用不同支承体系下，中塔塔顶位移、内力和应力结果对比。

表 4-9　加劲梁与中主塔间不同支承体系对桥塔影响对比

比较项目		加劲梁与中主塔间支承体系		
		竖向约束 纵向不约束	竖向不约束 纵向弹性约束	固结约束
中主塔塔顶最大纵向位移（m）		1.041	1.071	1.020
中塔单柱叠合面处最大纵向弯矩（kN·m）		1 247 533	1 313 889	1 268 153
中塔单柱叠合面处最大轴力（kN）		151 856	151 715	151 858
中塔塔柱底轴力（kN）		470 535	470 097	470 540
中塔钢塔柱截面应力（MPa）	最大压应力	220.92	225.98	216.55
	最大拉应力	112.63	119.34	115.11
中塔混凝土塔柱截面应力（MPa）	最大压应力	9.23	9.56	9.30
	最大拉应力	3.03	3.26	3.09

从表 4-9 可知，加劲梁与中主塔间采用不同的约束体系，对中主塔的受力和变形影响并不显著。

2）表 4-10 为加劲梁与中主塔间采用不同支承体系下，主缆抗滑移安全系数和主缆最大活载轴力计算结果对比。

从表 4-10 可知，加劲梁与中主塔间固结约束与其他两种约束相比，可以在一定程度上提高主缆与中间主鞍座间抗滑移安全系数，对主缆活载轴力的影响较小。

表 4-10　加劲梁与中主塔间不同支承体系对主缆影响对比

比较项目		加劲梁与中主塔间支承体系		
		竖向约束 纵向不约束	竖向不约束 纵向弹性约束	固结约束
主缆抗滑移安全系数 K	$\mu=0.20$	2.0738	2.0761	2.1821
	$\mu=0.15$	1.5554	1.5571	1.6366
主缆最大活载轴力增量（kN）		15 195	16 078	14 903

3）表 4-11 为加劲梁与中主塔间采用不同支承体系下，加劲梁的竖向活载挠度及挠跨比、竖向弯矩及活载应力计算结果对比。

表 4-11　加劲梁与中主塔间不同支承体系对加劲梁影响对比

比较项目		加劲梁与中主塔间支承体系		
		竖向约束 纵向不约束	竖向不约束 纵向弹性约束	固结约束
加劲梁竖向变形	活载最大挠度（m）	2.890	2.917	2.854
	活载最大挠跨比	1/294	1/291	1/298
加劲梁活载竖向弯矩（kN·m）	最大弯矩	218 845	127 044	229 973
	最小弯矩	−143 666	−126 057	−147 925
加劲梁活载应力增量（MPa）	最大压应力	153.25	89.86	160.57
	最大拉应力	−101.77	−89.40	−104.52

注：表中弯矩以加劲梁上缘受拉为正。

从表 4-11 可知，加劲梁与中主塔间固结约束，可减小加劲梁竖向挠度，但幅度有限。与其他两种约束体系相比，采用竖向不约束、纵向弹性约束体系，可大幅降低加劲梁的活载弯矩和应力，降低中塔附近区段加劲梁设计的难度。

由上述分析可知，加劲梁与中间主塔间固结约束，可以在一定程度上提高主缆与中间主鞍座间抗滑移安全系数，并小幅减小加劲梁竖向挠度；但与竖向不约束、纵向弹性约束体系相比，加劲梁的活载弯矩和应力增加较多，中间主塔附近区段加劲梁设计的难度加大。

4.1.5　主缆与加劲梁的特殊连接

悬索桥的传统做法是主缆只通过吊索与加劲梁连接。1959 年建成的法国坦卡维尔桥（$L=608$ m）首创在主跨中点将主缆与加劲梁直接固结，以约束主缆在纵桥向的变位。这样设置中央扣，一方面可以减小非对称荷载（如半跨有活载时）作用下的跨中短吊索的倾斜度，提高吊索的疲劳寿命，进而改善整体结构的耐久性；另一方面可以提高结构低阶扭转频率，以改善结构的动力性能。

下面以泰州长江大桥为例，分析主缆与加劲梁跨中采用不同的连接方式下，对中主塔受力、主缆抗滑移安全、加劲梁受力、约束处结构行为的影响。比较的主缆与加劲梁跨中的约束方式有以下三种形式：不设中央扣、设刚性中央扣、设柔性中央扣。其中，柔性中央扣研究设一对和设三对两种情形。

1）表 4-12 为主缆与加劲梁跨中采用不同连接情况下，塔顶最大纵向位移、塔柱底最大及最小轴向压力、塔柱截面最大应力计算对比。

表 4-12　主缆与加劲梁跨中采用不同连接对桥塔的影响对比

比较项目	主跨跨中连接情况			
	不设中央扣	设刚性中央扣	设柔性中央扣	
			一对	三对
中主塔塔顶最大纵向位移（m）	1.7395	1.1685	1.6382	1.5240

续上表

比较项目		主跨跨中连接情况			
		不设中央扣	设刚性中央扣	设柔性中央扣	
				一对	三对
中塔塔柱底轴力（kN）	最大压力	186 766	180 997	185 968	184 751
	最小压力	11 288	17 112	12 397	13 827
中塔截面应力（MPa）	最大压应力	244.56	184.65	234.02	215.02
	最大拉应力	134.24	74.28	123.51	104.37

从表4-12可知，与主跨跨中不设中央扣相比，设置刚性或多对柔性中央扣，可以减小中主塔塔顶纵向位移，改善中主塔截面的应力状况。

2）从表4-13为主缆与加劲梁跨中采用不同连接情况下，主缆抗滑安全系数和主缆活载轴力计算结果对比。

表4-13　主缆与加劲梁跨中采用不同连接对主缆的影响对比表

比较项目		主跨跨中连接情况			
		不设中央扣	设刚性中央扣	设柔性中央扣	
				一对	三对
主缆抗滑移安全系数 K	$\mu=0.2$	2.0197	2.8681	2.1382	2.3452
	$\mu=0.15$	1.5148	2.1511	1.6036	1.7589
主缆活载轴力（kN）		25 468	26 995	25 612	26 223

从表4-13可知，与主跨跨中不设中央扣相比，设置刚性中央扣，可显著提高主缆抗滑安全度；与设置一对柔性中央扣相比，主跨跨中设三对柔性中央扣，对提高主缆与中间主鞍座间抗滑安全度的效果更为显著。

3）表4-14为主缆与加劲梁跨中采用不同连接情况下，加劲梁的活载竖向挠度及挠跨比、最不利活载弯矩及最不利活载应力计算结果对比。

表4-14　主缆与加劲梁跨中采用不同连接对加劲梁的影响对比

比较项目		主跨跨中连接情况			
		不设中央扣	设刚性中央扣	设柔性中央扣	
				一对	三对
加劲梁竖向变形	最大活载挠度（m）	4.505	3.872	4.406	4.360
	最大活载挠跨比	1/240	1/279	1/245	1/248
加劲梁活载竖向弯矩（kN·m）	最大弯矩	143 928	96 909	138 471	129 342
	最小弯矩	−108 643	−107 819	−102 870	−92 027
加劲梁活载应力（MPa）	最大压应力	114.29	87.10	111.64	106.59
	最大拉应力	86.54	76.91	83.46	76.86

从表4-14可知，与主跨跨中不设中央扣相比，设置刚性中央扣，可减小加劲梁活载挠度和改善加劲梁应力状况；主跨跨中设置柔性中央扣，对加劲梁挠度、截面弯矩影响甚微。

4）表 4-15 为主缆与加劲梁跨中采用不同连接情况下，中塔处纵向弹性索轴力、中塔处加劲梁竖向位移、梁端纵向位移计算结果对比。

表 4-15　主缆与加劲梁跨中采用不同连接对支承处结构行为的影响对比

比 较 项 目		主跨跨中连接情况			
		不设中央扣	设刚性中央扣	设柔性中央扣	
				一对	三对
中塔处弹性索轴力（kN）（上下游共计）		16 859	40 270	20 917	25 081
中塔处加劲梁活载竖向位移（m）	向上	0.280	0.203	0.265	0.232
	向下	0.452	0.349	0.438	0.411
加劲梁端最大活载纵向位移（m）		0.180	0.276	0.196	0.218

从表 4-15 可知，与主跨跨中不设中央扣相比，主跨跨中设置刚性或多对柔性中央扣，中塔处弹性索活载轴力增加较多，支承位置处加劲梁位移变化不大。

5）表 4-16 为主缆与加劲梁跨中采用不同连接情况下，中央扣扣索轴力、短吊索最大纵向倾角计算结果对比。

表 4-16　主缆与加劲梁跨中采用不同连接对扣索及短吊索的影响对比

比 较 项 目	主跨跨中不同连接情况			
	不设中央扣	设刚性中央扣	设柔性中央扣	
			一对	三对
中央扣柔性索轴力幅值（kN）（单侧）	—	22 795	5 899	3 933
短吊索最大纵向倾角（°）	8.354	0.179	7.079	6.071

从表 4-16 可知，与主跨跨中不设中央扣相比，主跨跨中设置刚性或多对柔性中央扣，可减小短吊索的最大纵向倾角；与设置一对柔性中央扣相比，主跨跨中设三对柔性中央扣的效果显著一些；汽车荷载作用下，刚性中央扣扣索较柔性中央扣的活载轴力幅值要大得多。

从上述分析可知，主缆与加劲梁跨中设置中央扣可以减小中间主塔的塔顶纵向位移和截面应力，提高主缆与中间主鞍座间抗滑安全度，改善短吊索的纵向倾角，对主梁挠度的影响较小。但弹性索的受力增加较多，中央扣扣索本身受力亦较大，与温度荷载叠加后，扣索的受力将更大。与设置单对柔性中央扣相比，主跨跨中设置多对柔性中央扣，对结构的影响要显著一些。与设置多对柔性中央扣相比，主跨跨中设置刚性中央扣，对结构的影响更为显著。

对于多塔悬索桥而言，主缆与加劲梁在主跨跨中采用中央扣特殊连接，对结构总体力学行为有着诸多有利影响，使多塔悬索桥设计的难度有所降低。同时，也应注意到设置中央扣构造，将增加结构构造细节的复杂性，中央扣索附近的短吊索活载应力幅值偏高，刚性中央扣的施工安装亦是较困难的事情。因此，对于多塔悬索桥，主缆与加劲梁在主跨跨中是否采用中央扣特殊连接，要根据各桥的具体情况进行详细的比较之后再决定取舍。

4.2 多塔悬索桥的动力结构行为

4.2.1 多塔悬索桥的自振特性

悬索桥是以主缆作为主要承重部件的柔性悬吊结构体系，其结构的自振特性主要是指结构总体的动力特性，其次是吊索自身的局部振动问题。

悬索桥的自振特性较斜拉桥要简单一些，这主要是由于悬索桥的横向弯曲振型和扭转振型是一种弱的非线性耦合；悬索桥的竖弯振型和某个扭转振型有较高的相似性，使得悬索桥的颤振形态变得简单而易于判断。

悬索桥的结构形式通常按主塔的个数或孔跨数的多少来划分，常见的结构形式有：两塔三跨悬索桥、两塔单跨悬索桥、多塔多跨悬索桥。

与两塔悬索桥相比，多塔悬索桥的自振特性有其自身特点，下面对其进行详细分析。

1. 多塔悬索桥结构特征参数和结构动力影响参数

针对多塔悬索桥的结构特点，选定中塔的刚度、主缆的垂度、塔顶处主缆的间距、加劲梁的梁高以及主塔与加劲梁处的约束条件五个结构参数和加劲梁最低阶竖弯频率、最低阶扭转频率和扭弯频率比三个动力参数（表4-17）进行结构动力特性的分析对比。

表4-17 多塔悬索桥各特征参数的名称和定义

影响因素	特征参数名称	特征参数的定义
结构参数	中塔的刚度	中塔的纵向弯曲刚度 $E_{中}I_{中(纵)}$
	主缆的垂度	主缆的垂度 f
	塔顶处主缆的间距	塔顶处主缆的间距 a
	梁高	加劲梁的高度 b
	约束条件	中塔与加劲梁处的约束条件
动力参数	扭弯频率比 ε	$\varepsilon=\frac{f_t}{f_b}$，$f_b$、$f_t$ 分别为主梁（加劲梁）的竖弯和扭转自振频率
	最低阶竖弯自振频率 f_b（Hz）	f_b 为主梁（加劲梁）的最低阶竖弯自振频率
	最低阶扭转自振频率 f_t（Hz）	f_t 为主梁（加劲梁）的最低阶扭转自振频率

结构的各阶竖弯自振频率和扭转自振频率均可采用空间有限元方法计算得出，其计算精度较高。传统的扭弯频率比定义为最低阶扭转自振频率与最低阶竖弯自振频率之比，由于多塔悬索桥的复杂性和多样性，从振型的相似指数来看，第二阶振型也有可能产生弯扭耦合颤振；从振型的对称性来看，既有对称振型，也有非对称振型。因此，需要对扭弯频率比的定义进行扩展，见表4-18。

表4-18 扭弯频率比的定义和计算方法

扭弯频率比 ε	定义	计算公式
ε_{s1}	第一阶对称扭转振型 $f_{t(s1)}$ 与第一阶对称竖弯振型 $f_{b(s1)}$ 之比	$\varepsilon_{s1}=\frac{f_{t(s1)}}{f_{b(s1)}}$

续上表

扭弯频率比 ε	定　　义	计 算 公 式
ε_{d1}	第一阶反对称扭转振型 $f_{t(d1)}$ 与第一阶反对称竖弯振型 $f_{b(d1)}$ 之比	$\varepsilon_{d1}=\dfrac{f_{t(d1)}}{f_{b(d1)}}$
ε_{s2}	第二阶对称扭转振型 $f_{t(s2)}$ 与第二阶对称竖弯振型 $f_{b(s2)}$ 之比	$\varepsilon_{s2}=\dfrac{f_{t(s2)}}{f_{b(s2)}}$
ε_{d2}	第二阶反对称扭转振型 $f_{t(d2)}$ 与第二阶反对称竖弯振型 $f_{b(d2)}$ 之比	$\varepsilon_{d2}=\dfrac{f_{t(d2)}}{f_{b(d2)}}$

2. 多塔悬索桥结构动力特性分析

按结构特征参数对结构动力特性的影响程度，以泰州长江大桥的三塔悬索桥结构动力特性分析为例，研究各种结构参数变化对动力特性影响的 27 种工况，详见表 4-19。

表 4-19　三塔悬索桥结构动力特性计算分析工况一览表

结构特征参数		工况名称	工况所对应的内容
主塔	中塔的刚度	工况 0	基本工况（无中央扣）
主缆	主缆的垂度；塔顶处主缆的间距		
加劲梁	梁高		
约束条件	中塔与梁处；中跨处		
中塔刚度	柔性（钢塔）	工况 1-1	在工况 0 的基础上，中塔高度增加 30 m
	刚性（钢塔）	工况 1-2	中塔(钢)的纵向弯曲刚度为边塔的 1.5 倍，$E_{中}I_{中(纵)}=1.5E_{边}I_{边(纵)}$
		工况 1-3	中塔(钢)的纵向弯曲刚度为边塔的 3 倍，$E_{中}I_{中(纵)}=3E_{边}I_{边(纵)}$
	刚性（混凝土塔）	工况 1-4	中塔(混凝土)的纵向弯曲刚度为边塔的 1.5 倍，$E_{中}I_{中(纵)}=1.5E_{边}I_{边(纵)}$
		工况 1-5	中塔(混凝土)的纵向弯曲刚度为边塔的 3 倍，$E_{中}I_{中(纵)}=3E_{边}I_{边(纵)}$
主缆垂度	135 m	工况 2-1	矢跨比为 1/8
	120 m	工况 2-2	矢跨比为 1/9
	108 m	工况 2-3	矢跨比为 1/10
	98.2 m	工况 2-4	矢跨比为 1/11
塔顶处主缆的间距	35.8 m	工况 3-1	塔顶处主缆的间距为 35.8 m(平行面垂缆系统)
	26 m	工况 3-2	塔顶处主缆的间距为 26 m
	16 m	工况 3-3	塔顶处主缆的间距为 16 m
	10 m	工况 3-4	塔顶处主缆的间距为 10 m
	6 m	工况 3-5	塔顶处主缆的间距为 6 m
	3 m	工况 3-6	塔顶处主缆的间距为 3 m
	0.2 m	工况 3-7	塔顶处主缆的间距为 0.2 m(两主缆靠在一起)

续上表

结构特征参数		工况名称	工况所对应的内容
梁高	3 m	工况 4-1	加劲梁高度为 3 m
	3.5 m	工况 4-2	加劲梁高度为 3.5 m
	4 m	工况 4-3	加劲梁高度为 4 m
	4.5 m	工况 4-4	加劲梁高度为 4.5 m
约束条件	中塔与梁处	工况 5-1	飘浮
	中塔与梁处	工况 5-2	纵向弹性约束为现有刚度
	中塔与梁处	工况 5-3	纵向弹性约束为现有刚度的 2 倍
	中塔与梁处	工况 5-4	纵向弹性约束为现有刚度的 4 倍
	中塔与梁处和主跨跨中	工况 5-5	飘浮（中塔与梁处）；中央扣（主跨跨中处）
		工况 5-6	纵向弹性约束为现有刚度（中塔与梁处）；中央扣（主跨跨中处）

对表 4-19 中各种工况所对应的结构动力特性（弯曲振型频率 f_b、扭转振型频率 f_t、扭弯频率比 ε）随结构特征参数变化的趋势分析见下面表 4-20 ~ 表 4-24 和图 4-7 ~ 图 4-9。

（1）中塔刚度对结构动力特性的影响分析

中塔刚度对结构动力特性的影响见表 4-20。

表 4-20　中塔刚度对结构动力特性的影响

工　况	中 塔 刚 度	竖弯频率（Hz）	扭转频率（Hz）	ε
工况 0	钢塔（柔性）$E_{中}I_{中(纵)} \approx E_{边}I_{边(纵)}$	0.0824	0.3204	3.89
工况 1-1	在工况 0 的基础上，中塔高度增加 30 m	0.0771	0.2976	3.86
工况 1-2	中塔（钢）$E_{中}I_{中(纵)} = 1.5E_{边}I_{边(纵)}$	0.0885	0.3231	3.65
工况 1-3	中塔（钢）$E_{中}I_{中(纵)} = 3E_{边}I_{边(纵)}$	0.1007	0.3295	3.27
工况 1-4	中塔（混凝土）$E_{中}I_{中(纵)} = 1.5E_{边}I_{边(纵)}$	0.0893	0.3677	4.12
工况 1-5	中塔（混凝土）$E_{中}I_{中(纵)} = 3E_{边}I_{边(纵)}$	0.1034	0.3745	3.62

从表 4-20 可以看出，当中塔高度不变，随着中塔刚度的提高，竖弯频率、扭转频率逐渐变大，钢塔最大增幅分别达 22.2%、2.8%，混凝土塔最大增幅分别达 25.5%、16.9%；但扭弯频率比逐渐变小，则塔最大减幅为 15.9%；混凝土塔最大减幅为 6.9%。当中塔增高 30 m 时，竖弯、扭转频率及扭弯频率比均有所减小。

（2）主缆垂度对结构动力特性的影响分析

主缆垂度对结构动力特性的影响见表 4-21 且如图 4-7 所示。

表 4-21　主缆垂度对结构动力特性的影响

工　况	矢跨比（主缆垂度）	竖弯频率（Hz）	扭转频率（Hz）	ε
工况 2-1	1/8（f=135 m）	0.0806	0.3228	4.00
工况 2-2	1/9（f=120 m）	0.0824	0.3204	3.89
工况 2-3	1/10（f=108 m）	0.0837	0.3200	3.82
工况 2-4	1/11（f=98.2 m）	0.0848	0.3181	3.75

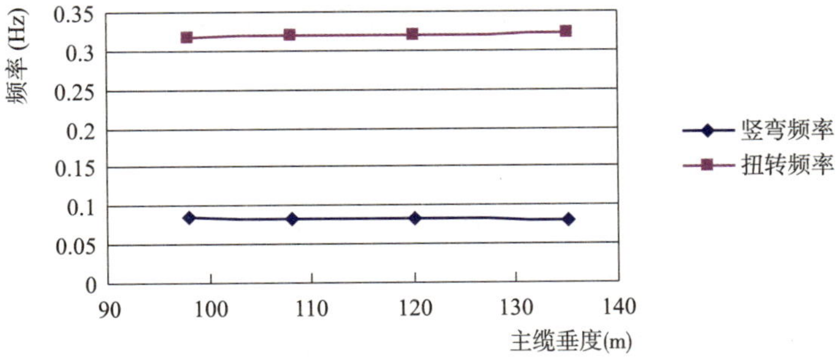

图 4-7　主缆垂度对结构竖弯和扭转频率的影响

从表 4-21 和图 4-7 可以看出，随着主缆垂度的加大，扭转频率、扭弯频率比逐渐变大，竖弯频率则逐渐变小，但幅度均不大。因此，主缆垂度变化对自振频率的影响较小。

(3) 塔顶处主缆的间距对结构动力特性的影响分析

塔顶处主缆的间距对结构动力特性的影响见表 4-22 且如图 4-8 所示。

表 4-22　塔顶处主缆的间距对结构动力特性的影响

工　况	塔顶处主缆的间距（m）	竖弯频率（Hz）	扭转频率（Hz）	ε
工况 3-1	35.8	0.0824	0.3204	3.89
工况 3-2	26.0	0.0820	0.3465	4.23
工况 3-3	16.0	0.0817	0.3838	4.70
工况 3-4	10.0	0.0817	0.4071	4.98
工况 3-5	6.0	0.0816	0.4084	5.00
工况 3-6	3.0	0.0814	0.4089	5.02
工况 3-7	0.2	0.0813	0.4078	5.02

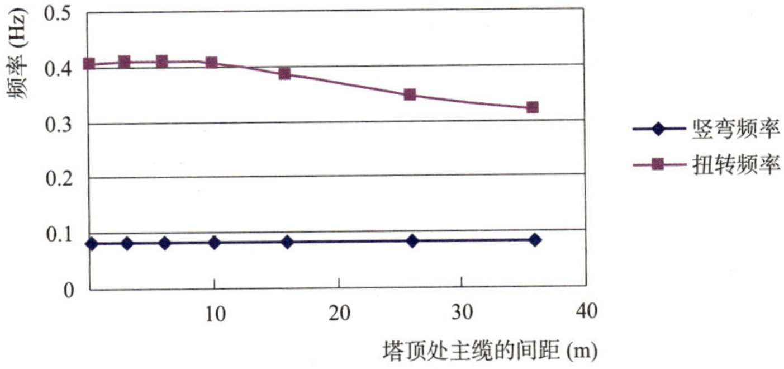

图 4-8　塔顶处主缆的间距对结构竖弯和扭转频率的影响

从表 4-22 和图 4-8 可以看出，随着主缆间距的减小，扭转频率、扭弯频率比逐渐变大，最大增幅分别达 27.3%、29.0%，但竖弯频率变化不大。从改善结构动力特性的角度来看，减小主缆在塔顶的间距形成空间缆，对提高扭转频率和扭弯频率比效果显著。

(4) 不同梁高对结构动力特性的影响分析

不同梁高对结构动力特性的影响见表 4-23 且如图 4-9 所示。

表 4-23　不同梁高对颤振临界风速的影响

工　况	主梁梁高（m）	竖弯频率（Hz）	扭转频率（Hz）	ε
工况 4-1	3.0	0.0823	0.2967	3.61
工况 4-2	3.5	0.0824	0.3204	3.89
工况 4-3	4.0	0.0825	0.3446	4.18
工况 4-4	4.5	0.0825	0.3700	4.48

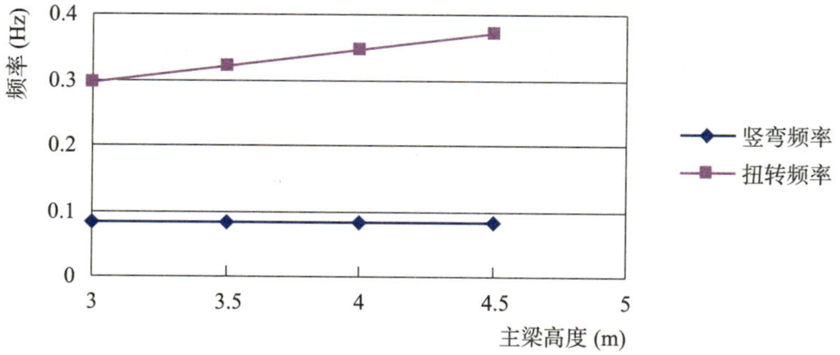

图 4-9　主梁高度对结构竖弯和扭转频率的影响

从表 4-23 和图 4-7 可以看出，随着主梁高度的增大，扭转频率、扭弯频率比均显著变大，但竖弯频率则基本不变。这是因为随着梁高的增加，加劲梁自身的抗扭刚度增大，因此，从改善结构的动力特性的角度来看，提高加劲梁的高度亦是十分有利的。

（5）纵向约束刚度对结构动力特性的影响分析

纵向约束刚度对结构动力特性的影响见表 4-24。

表 4-24　纵向约束刚度对结构动力特性的影响

工　况	Δx（纵向约束刚度）	竖弯频率（Hz）	扭转频率（Hz）	ε
工况 5-1	0（飘浮）	0.0701	0.3187	4.55
工况 5-2	*K*	0.0824	0.3204	3.89
工况 5-3	2*K*	0.0824	0.3218	3.91
工况 5-4	4*K*	0.0825	0.3234	3.92
工况 5-5	0（跨中设中央扣）	0.0731	0.3440	4.71
工况 5-6	塔梁设弹性索，跨中设中央扣	0.0900	0.3441	3.82

从表 4-24 可以看出，随着纵向约束刚度的增大，竖弯频率、扭转频率均是逐渐变大的，最大增幅分别为 17.7%、1.5%，但扭弯频率比却是有增有减，最大幅度为 17.0%。因此，从改善结构的动力特性的角度来看，增大纵向约束刚度作用不大。

在飘浮体系的基础上设置中央扣，竖弯频率、扭转频率、扭弯频率比均是增大的，增幅分别为 4.2%、7.9%、3.5%。可见，从改善结构的动力特性的角度来看，在两主跨中间增设中央扣也是有益的。

在飘浮体系的基础上设置中央扣和纵向弹性约束与仅设置中央扣，从改善结构的动力特性的角度来看，二者几乎无差异。

（6）小结

在常规的两塔单跨悬索桥的主跨增设一个桥塔，变为三塔两跨悬索桥，在跨越很深很宽的水道时，是一个最好、最经济的解决办法，泰州长江大桥桥位最适合建三塔两跨悬索桥。

三塔悬索桥的最大难题是中间塔的设计，由于中间塔的出现，导致泰州长江大桥的结构特点发生变化，其变化可归纳为：复杂在三塔、关键在中塔、核心在塔梁处。为此，上述内容围绕中塔刚度的大小、中塔水平力的不同带来的主缆垂度的大小、中塔塔顶处的主缆间距的大小、中塔与主梁处的纵向约束刚度的大小以及与主塔刚度相匹配的加劲梁的高度进行了详细地分析计算，所得结论如下：

1）中塔刚度对竖弯频率影响较大。从提高结构的抗风能力的角度来看，增大中塔的刚度是十分有限的，但若改变中塔的材料，将钢塔变为混凝土塔，增大中塔的刚度则较为有利。

2）增大主缆垂度对提高结构的抗风能力是有利的。

3）减小主缆间距对提高结构的抗风能力是十分有利的。在主缆间距相当于加劲梁宽度的 1/10 ~ 1/5（即 3.7 ~ 7.4 m）时，其作用与两主缆靠拢的情形是一致的。

4）提高加劲梁的高度对提高结构的抗风能力也是十分有利的。

5）增大纵向约束刚度对提高结构的抗风能力的作用不大。

6）各个结构特征参数对加劲梁的颤振临界风速的影响程度是不相同的，从提高结构抗风能力的角度来看，各个参数的影响程度依次为：

①减小中塔塔顶处主缆间距的效果最佳，颤振临界风速最大增幅达 28.5%。

②增大主梁高度的效果次之，颤振临界风速最大增幅达 25.6%。

③增大中塔的刚度，并将钢塔换成混凝土塔，抗风效果再次之，颤振临界风速最大增幅为 16.5%；但仅增大中塔的刚度，钢塔材料不变，抗风效果改善不明显，颤振临界风速最大增幅不到 2.1%。

④变矢跨比的大小和在塔梁处采取不同的纵向约束的抗风效果差不多，颤振临界风速最大增幅分别只有 1.8% 和 1.3%。

⑤在飘浮体系的基础上设置中央扣，对加劲梁抗风也是有益的，颤振临界风速增幅可达 8.4%。

3. 江苏泰州长江大桥（三塔悬索桥）的自振特性分析

（1）概述

泰州长江大桥位于江苏省泰州市和常熟市，主桥桥跨布置为 390 m + 1 080 m + 1 080 m + 390 m = 2 940 m。两边塔均采用 H 形混凝土塔，中塔采用钢塔，纵桥向呈人字形，分叉点在主梁以下，主梁宽 37.28 m（含风嘴），梁高 3.5 m（主梁对称中心处），加劲梁为闭口钢箱梁截面。两根主缆平行，单根主缆直径为 603 mm，单根吊索由 109 根直径为 5 mm 的钢丝组成，每个吊点共两根吊索。全桥总体布置如图 4-10 所示。

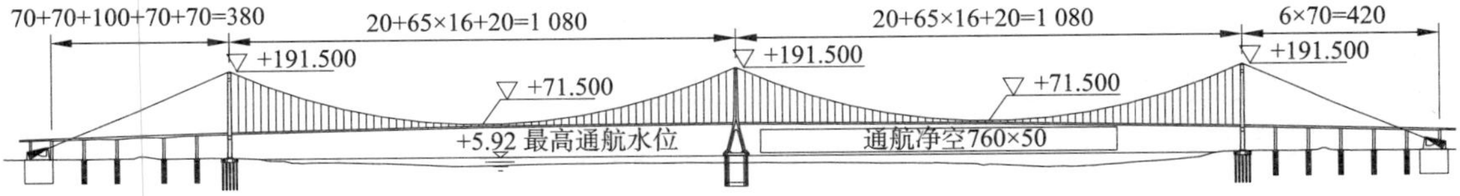

图 4-10　泰州长江大桥总体布置（单位：m）

（2）大桥动力特性

该桥的动力特性分析采用空间结构计算图式，主梁和塔用梁单元模拟，主缆和吊索用桁架单元模拟，缆索的初始刚度按照静力计算得到的成桥缆索内力输入，成桥状态和独塔自立状态的计算图式分别如图4-11～图4-13所示。结构计算的有关参数见表4-25。

图4-11　成桥状态计算图式

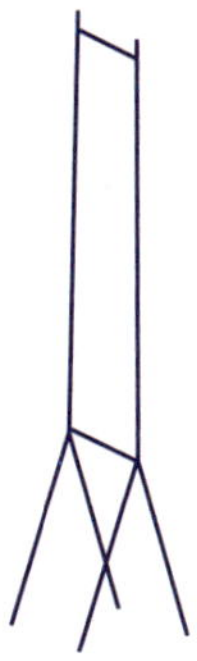

图4-12　中塔的独塔自立状态计算图式

图4-13　边塔的独塔自立状态计算图式

表4-25　结构计算的有关参数

构　　件	弹性模量 E（t/m^2）	截面积 A（m^2）	换算容重 γ（t/m^3）	抗扭惯性矩 J（m^4）	横向抗弯惯性矩 I_2（m^4）	竖向抗弯惯性矩 I_3（m^4）
主梁	2.1×10^{7}	1.48	13.5	11.0	178.3	2.9
主缆	2.1×10^{7}	0.298	8.3	—	—	—
吊索	2.1×10^{7}	0.0043	8.3	—	—	—
中塔柱（塔根）	2.1×10^{7}	1.29	9.03	5.9	4.63	5.9
边塔柱（塔根）	3.5×10^{6}	36.8	2.5	439.9	440.3	227.4

该桥的成桥状态结构各部位边界条件见表4-26。

表4-26　成桥状态结构各部位边界条件

结构部位	Δx	Δy	Δz	θ_x	θ_y	θ_z
中塔在沉井顶处	1	1	1	1	1	1
边塔在承台顶处	1	1	1	1	1	1
中塔与梁交接处	K	1	0	1	0	0
边塔与梁交接处	0	1	1	1	0	0
主缆在锚碇处	1	1	1	1	1	1

注：表中Δx、Δy、Δz分别表示沿纵桥向、横桥向、竖桥向的线位移，θ_x、θ_y、θ_z分别表示绕纵桥向、横桥向、竖桥向的转角位移。1表示约束，0表示无约束，K表示弹性索。

成桥状态的振型主要特点见表 4-27，其相应的振型图如图 4-14 所示。从振型图来看：

1）由于该桥主跨很大，单跨跨度达 1 080 m，又为三塔悬吊结构，因此，以加劲梁振动为主的频率均较低，结构的整体横向刚度小于整体竖向刚度，因而加劲梁的横弯对称振型比竖弯对称振型先出现，且出现在第一阶。

2）由于中塔设置了纵向弹性索限制了主梁纵向位移，因此体系的纵向振动未出现。

3）与斜拉桥相比，悬索桥的扭转振型出现的阶数比较靠后，但频率较低，该桥反对称扭转振型出现在 25 阶，f_{25} = 0.342 5 Hz；对称扭转振型出现在 29 阶，f_{29} = 0.424 2 Hz。由于主梁采用闭口钢箱梁断面，具有较大的抗扭刚度，因而主梁仍有较高的扭弯频率比，正对称扭转和正对称竖弯耦合的扭弯频率比 ε_s = 2.76，反对称扭转和反对称竖弯耦合的扭弯频率比 ε_a = 3.75，为主梁的抗风稳定性提供了良好的基础。

4）由于横弯、竖弯、扭转频率均很小，故其相应的周期都很长，再加上主梁采用轻质的钢箱加劲梁，这对结构抗震来说是较为有利的。

由上述可见，尽管泰州长江大桥跨度很大，主梁自重较轻，但由于在结构体系中采取了合理的布置，且主梁的扭转刚度较大，使主梁仍具有较高的扭转自振频率和扭弯频率比。同时，对结构控制截面地震响应贡献最大的振型的周期都比较长，为大桥的抗风抗震安全性提供了良好的结构动力学基础。

中塔和边塔的独塔自立状态的振型主要特点见表 4-28 和表 4-29，相应的振型图如图 4-15 和图 4-16 所示。由于塔很高，塔自承台顶以上高达 182 m，对于边塔而言，塔的纵向刚度小于塔的侧向刚度，因此塔的纵弯振型先于塔的横弯振型。对于中塔而言，由于塔在纵向为人字形，横向无横撑，因此，塔的纵向刚度大于横向刚度，表现在振型上为塔的横弯振型比塔的纵弯振型先出现。

表 4-27　成桥状态动力特性

振型阶数	振型主要特性	自振频率 f（Hz）	圆频率 Ω（rad/s）	自振周期 T（s）
1	主梁一阶反对称横弯	0.080 3	0.504 4	12.457 1
2	主梁一阶反对称竖弯	0.091 3	0.573 6	10.954 7
3	主梁一阶对称横弯	0.093 7	0.588 6	10.675 5
4	主梁二阶反对称竖弯	0.151 1	0.949 1	6.620 3
5	主梁一阶对称竖弯	0.153 9	0.966 9	6.498 2
6	主梁对称竖弯	0.165 6	1.040 5	6.038 4
25	主梁一阶反对称扭转	0.342 5	2.151 8	2.920 0
29	主梁一阶对称扭转	0.424 2	2.665 5	2.357 2
41	主梁二阶反对称扭转	0.534 7	3.359 7	1.870 2
42	主梁二阶对称扭转	0.545 6	3.428 3	1.832 7

注：扭弯频率比 $\varepsilon_a = f_{25}/f_2 = 3.75$，$\varepsilon_s = f_{29}/f_5 = 2.76$。$\varepsilon_a$为反对称扭弯频率比，$\varepsilon_s$为对称扭弯频率比。

表 4-28　中塔的独塔自立状态动力特性

振型阶数	振型主要特性	自振频率 f（Hz）	圆频率 Ω（rad/s）	自振周期 T（s）
1	塔横弯	0.370 7	2.329 0	2.697 8
2	塔纵弯	0.470 4	2.955 4	2.126 0

续上表

振型阶数	振型主要特性	自振频率 f（Hz）	圆频率 Ω（rad/s）	自振周期 T（s）
3	塔扭转	1.0472	6.5800	0.9549
4	塔横弯	1.1937	7.5002	0.8377

表 4-29　边塔的独塔自立状态动力特性

振型阶数	振型主要特性	自振频率 f（Hz）	圆频率 Ω（rad/s）	自振周期 T（s）
1	塔纵弯	0.1876	1.1787	5.3305
2	塔横弯	0.3268	2.0536	3.0596
3	塔扭转	0.6690	4.2037	1.4947
4	塔纵弯	1.0758	6.7595	0.9295

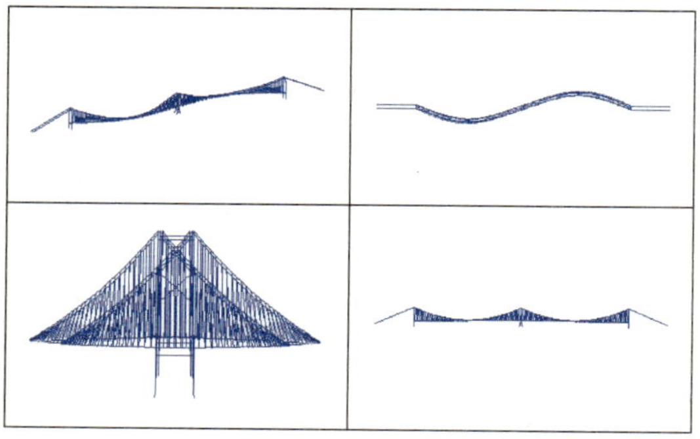
第1阶振型

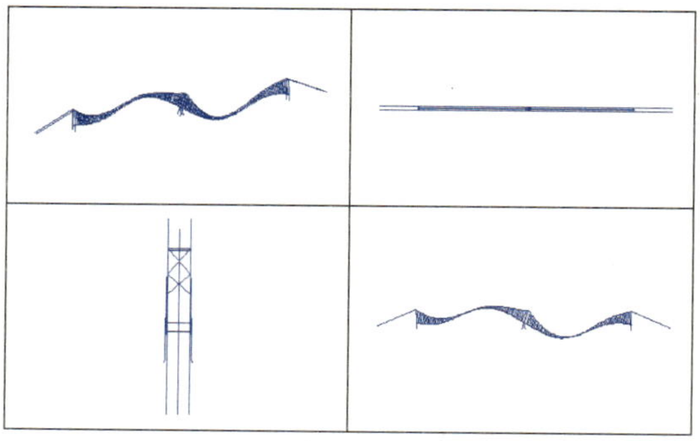
第2阶振型

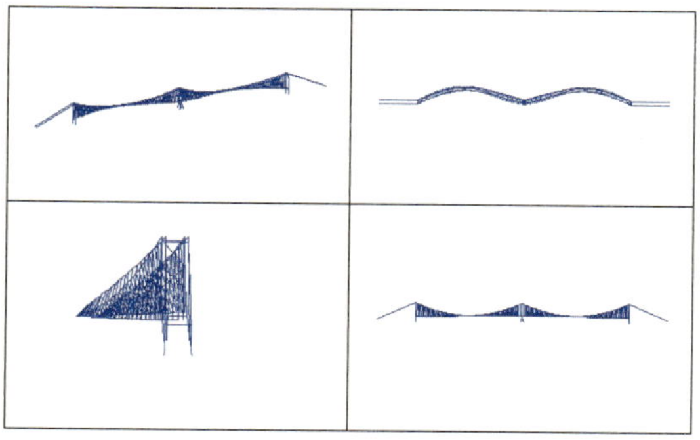
第3阶振型

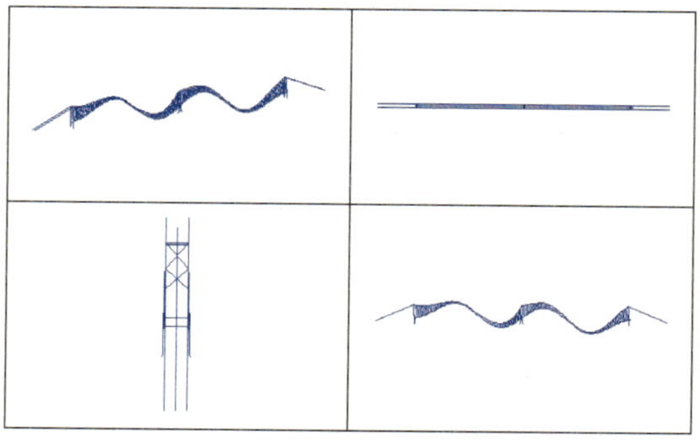
第4阶振型

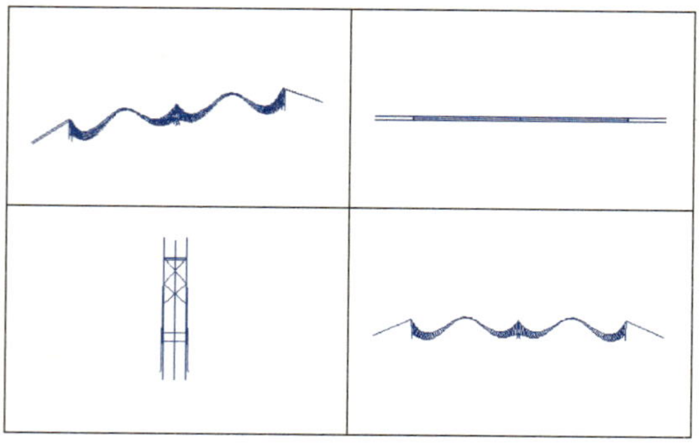
第5阶振型

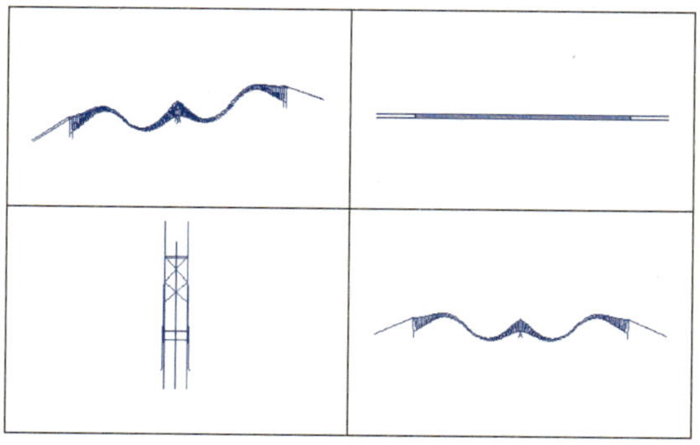
第6阶振型

图　4-14

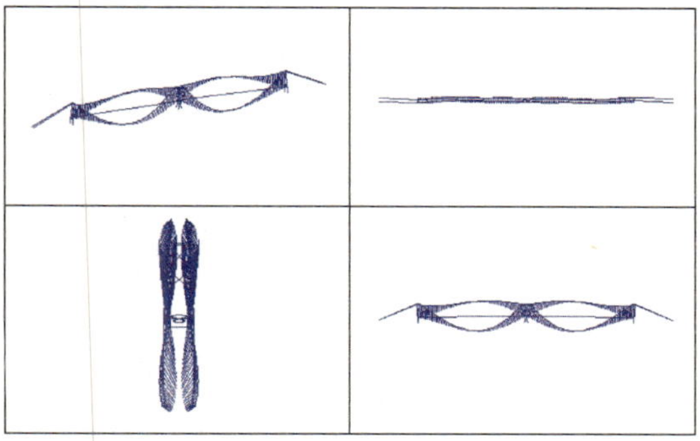

第25阶振型

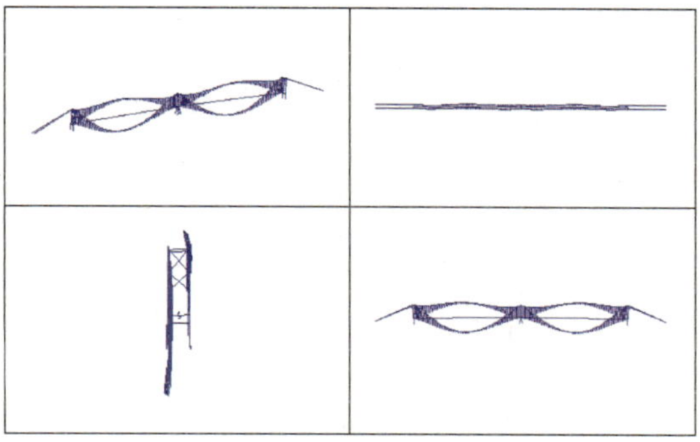

第29阶振型

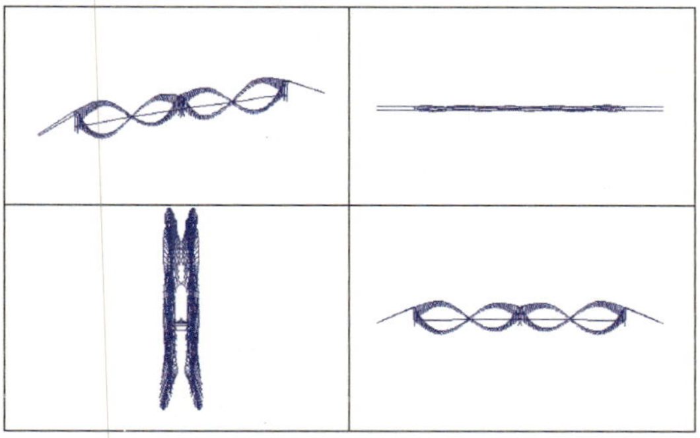

第41阶振型

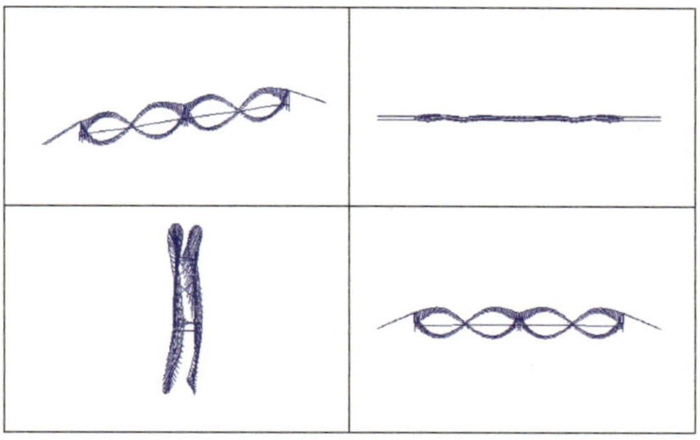

第42阶振型

图 4-14　成桥状态振型图

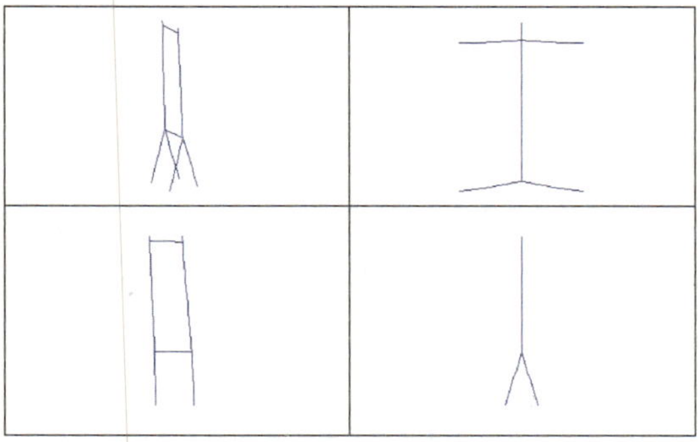

第1阶振型

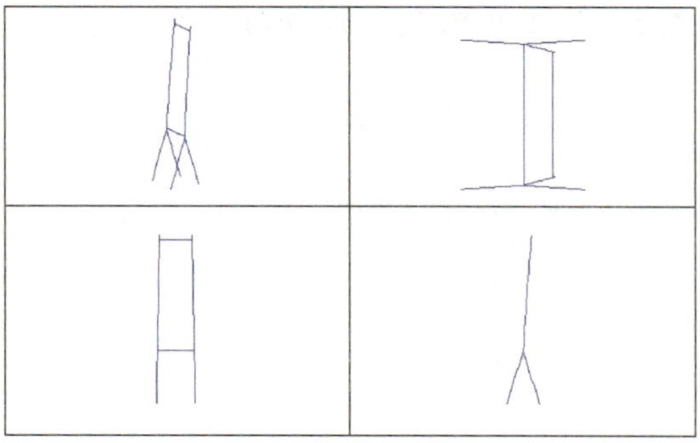

第2阶振型

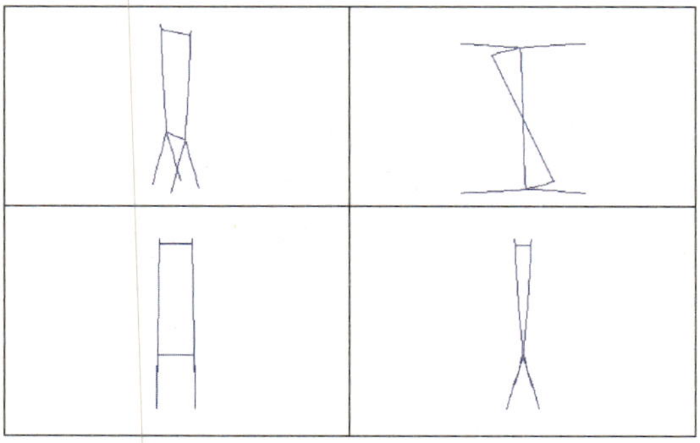

第3阶振型

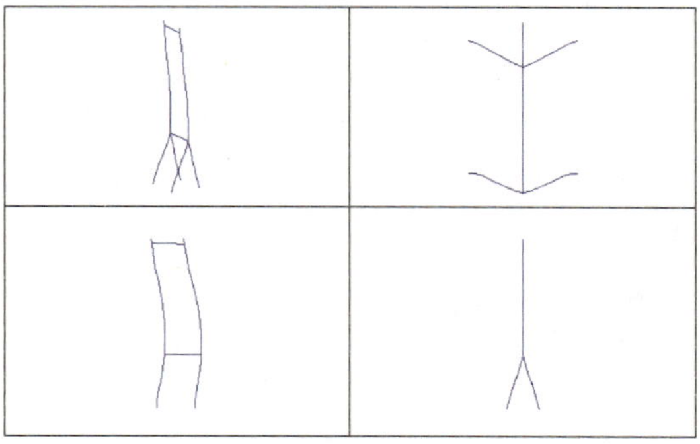

第4阶振型

图 4-15　中塔的独塔自立状态振型图

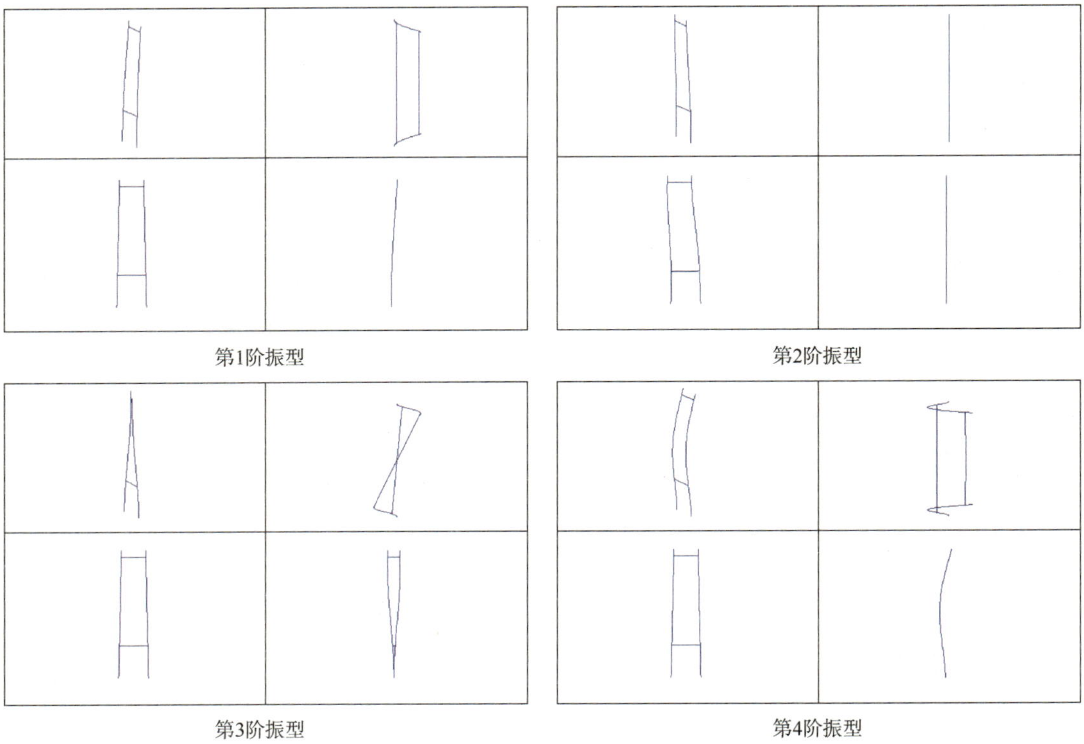

图 4-16　边塔的独塔自立状态振型图

4.2.2　多塔悬索桥的地震动力响应和设防措施

1. 多塔悬索桥的地震动力响应特点

（1）高阶振型的影响

1）高阶振型对多塔悬索桥地震响应有很大影响，用反应谱法对多塔悬索桥进行地震响应分析时，必须计算出足够的阶数，否则会漏掉主控振型，尤其是主塔的主控振型。

2）无论在纵向还是横向地震作用下，不同截面的主要贡献振型不尽相同，甚至同一截面不同内力分量主要贡献振型也不相同。

3）高阶振型对主梁位移的影响很小；弯矩和剪力相比而言，高阶振型对剪力的影响更大，也就是说对剪力贡献最大的振型阶数更高。

（2）多塔悬索桥的易损部位

1）在不同地震作用下，大跨多塔悬索桥地震易损部位不尽相同。在纵向 + 竖向地震输入下，大跨多塔悬索桥的地震易损部位主要位于中塔与主梁间弹性索、边塔桩基础、边塔塔底及离塔顶约 1/4 塔柱高度附近、中塔塔底及离塔顶约 1/4 塔柱高度附近、边塔塔顶鞍槽间主缆抗滑移。而在横向 + 竖向地震输入下，大跨多塔悬索桥的地震易损部位位于边塔基础、边塔塔底及塔柱与下横梁节点下缘、边塔下横梁根部、中塔塔底及塔柱与上横梁节点下缘。

2）在纵向 + 竖向地震输入下，可能的破坏顺序为中塔与主梁间弹性索、边塔桩基础、边塔塔底、边塔塔柱高程 135 m 处，其次为边塔顶鞍槽内主缆抗滑，而中塔则相对不容易破坏。

3）在横向 + 竖向地震输入下，可能的破坏顺序为边塔塔底、边塔桩基础、边塔塔柱与下横梁节点下缘处，其次为边塔下横梁根部，而中塔则相对不容易破坏。

2. 江苏泰州长江大桥（三塔悬索桥）的抗震设防标准和地震响应

（1）抗震设防标准的确定

由《泰州公路过江通道工程场地地震安全性评价报告》可知，该工程位于长江中下游—南黄海地震带内，属中强地震活动区，近场区断裂构造发育，区内主要断裂有 8 条，但至今尚未发现这些主要断裂自晚更新世以来仍有活动的直接地质证据，且离通道位置较远。因此这些断裂不会对工程场地产生直接的影响，即桥位区属于构造稳定区。

对于多塔大跨度悬索桥的抗震设防，首先是要确定一个安全经济合理的抗震设防标准，根据该桥桥址区的地震环境，近场区的断裂情况，以及桥址区的地震地质条件，结合该桥是公路主要干线上的特大桥，为生命线工程，按《中华人民共和国防震减灾法》第十七条的规定，该工程必须进行地震安全性评价。由《泰州公路过江通道工程场地地震安全性评价报告》可知，该工程场地 6 个场点不同超越概率的基岩地震动水平向峰值加速度见表 4-30，从北向南各场点 50 年超越概率 10% 的基岩地震动水平向峰值加速度变化为 85. 4g ~ 97. 9g，各场点地震基本烈度皆为Ⅶ度。

表 4-30　基岩地震动水平向峰值加速度

场点		地震烈度（50 年超越概率 10%）	各概率水准基岩地震动水平向峰值加速度（g）					
通道	位置		50 年超越概率 63%	50 年超越概率 10%	50 年超越概率 2%	100 年超越概率 10%	100 年超越概率 5%	100 年超越概率 3%
北通道	长江东岸	6. 8（Ⅶ）	36. 4	96. 2	159. 3	123. 0	150. 8	171. 0
	长江西岸	6. 8（Ⅶ）	37. 1	97. 9	160. 8	124. 8	152. 3	172. 5
中通道	夹江东岸	6. 7（Ⅶ）	34. 9	89. 2	144. 7	112. 6	136. 6	155. 0
	夹江西岸	6. 8（Ⅶ）	35. 8	91. 9	148. 7	115. 8	140. 2	158. 5
南通道	长江东岸	6. 7（Ⅶ）	34. 0	85. 4	135. 1	106. 8	128. 3	144. 4
	长江西岸	6. 7（Ⅶ）	35. 0	88. 5	139. 9	110. 6	132. 7	149. 8

国家标准《中国地震动参数区划图》(GB 18306—2001)已于 2001 年 2 月 2 日由国家质量技术监督局发布，并于 2001 年 8 月 1 日正式实施。由《中国地震动峰值加速度区划图》查得泰州市和常州市的地震动峰值加速度为 0. 1g；由《中国地震动反应谱特征周期区划图》查得泰州市和常州市的地震动反应谱特征周期为 0. 35 s。

泰州长江大桥桥位位置区大地构造单元隶属于扬子板块下扬子褶皱冲断带与苏北坳陷接触部位，在漫长的地史演变中，该区经历了地槽—地台—大陆边缘活动阶段。桥位区全为松散沉积物覆盖，由第四系和第三系构成，钻孔资料揭示基岩地层为白垩系凝灰岩，其间为不整合接触。地震反应谱特征周期介于Ⅱ类场地与Ⅲ类场地之间。

综上所述，该桥抗震设防标准取为：

1）100Y10% 的地震动参数（PGA = 123. 9 gal，K_h = 0. 126）检算结构物的强度。

2）100Y3% 的地震动参数（PGA = 171. 8 gal，K_h = 0. 175）检算结构物的变形。

3）场地类别为Ⅲ类，反应谱特征周期为 0. 45 s。

（2）结构的地震响应

江苏省地震工程研究院对泰州长江大桥进行了地震危险性分析，确定了桥址场地的地震动特性，提供了不同冲刷层位，不同重现期水平下对应不同阻尼情况的地震动参数和设计反应谱。根据江苏省地震工程研究院地震危险性分析研究报告的研究成果，确定的地震动输入如下。

1）桥址场地地震危险性分析报告给出的一般冲刷深度 100Y10% 概率水平（简称地震水平Ⅰ）和 100Y3% 概率水平（简称地震水平Ⅱ），阻尼比为 3% 的场地反应谱，如图 4-17 和图 4-18 所示。

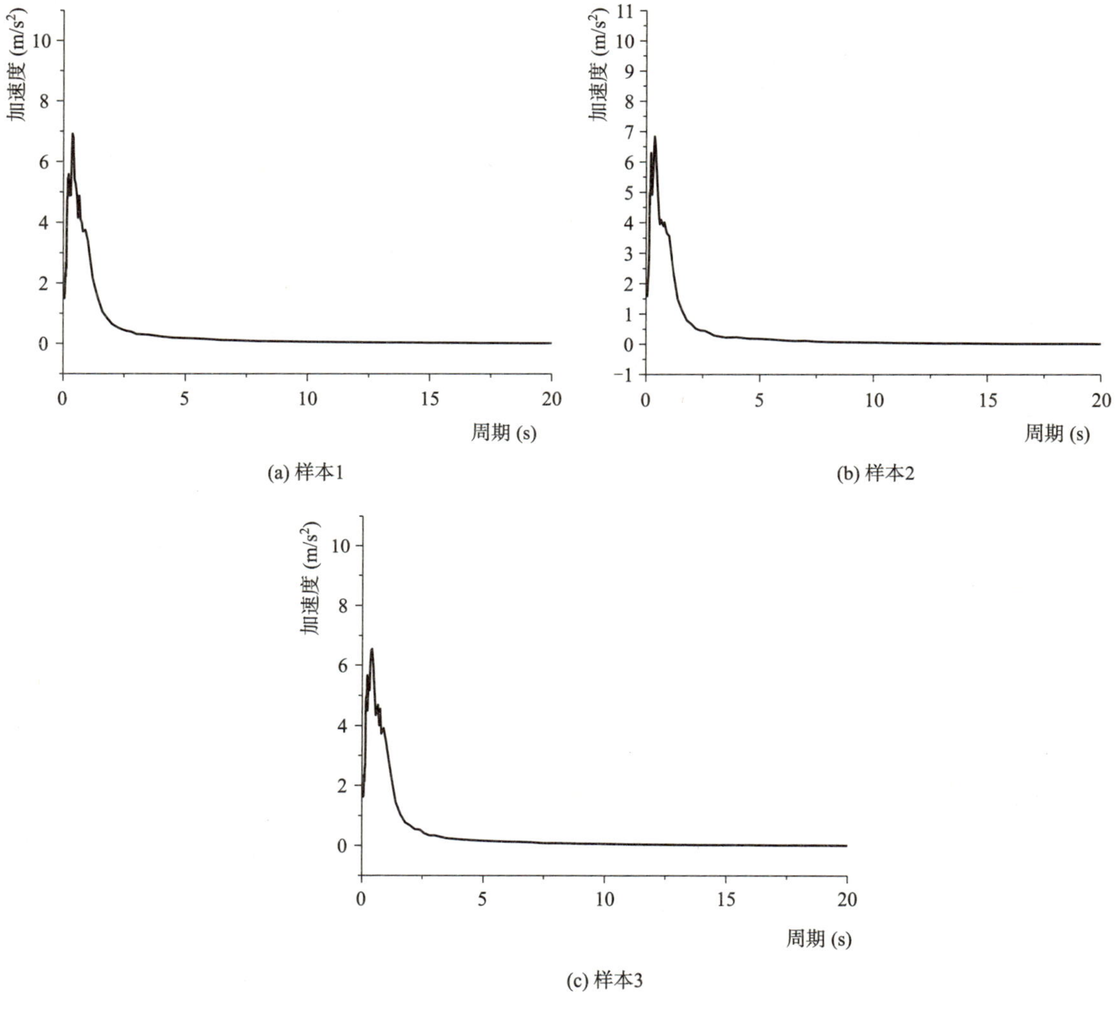

图 4-17　一般冲刷深度 100Y10% 概率水平，阻尼比 3% 的场地反应谱

2）在地震响应分析中，取前 200 阶反应组合，组合方法采用 SRSS 法，结构各主要部位的地震反应见表 4-31。

从表 4-31 中可以得出以下结论：

①本桥为超大跨度悬索桥，主梁为轻质钢加劲梁，对结构控制截面地震响应贡献最大的振型周期都很长，而动力放大系数中长周期的值很小。因而，结构各主要部位的地震响应内

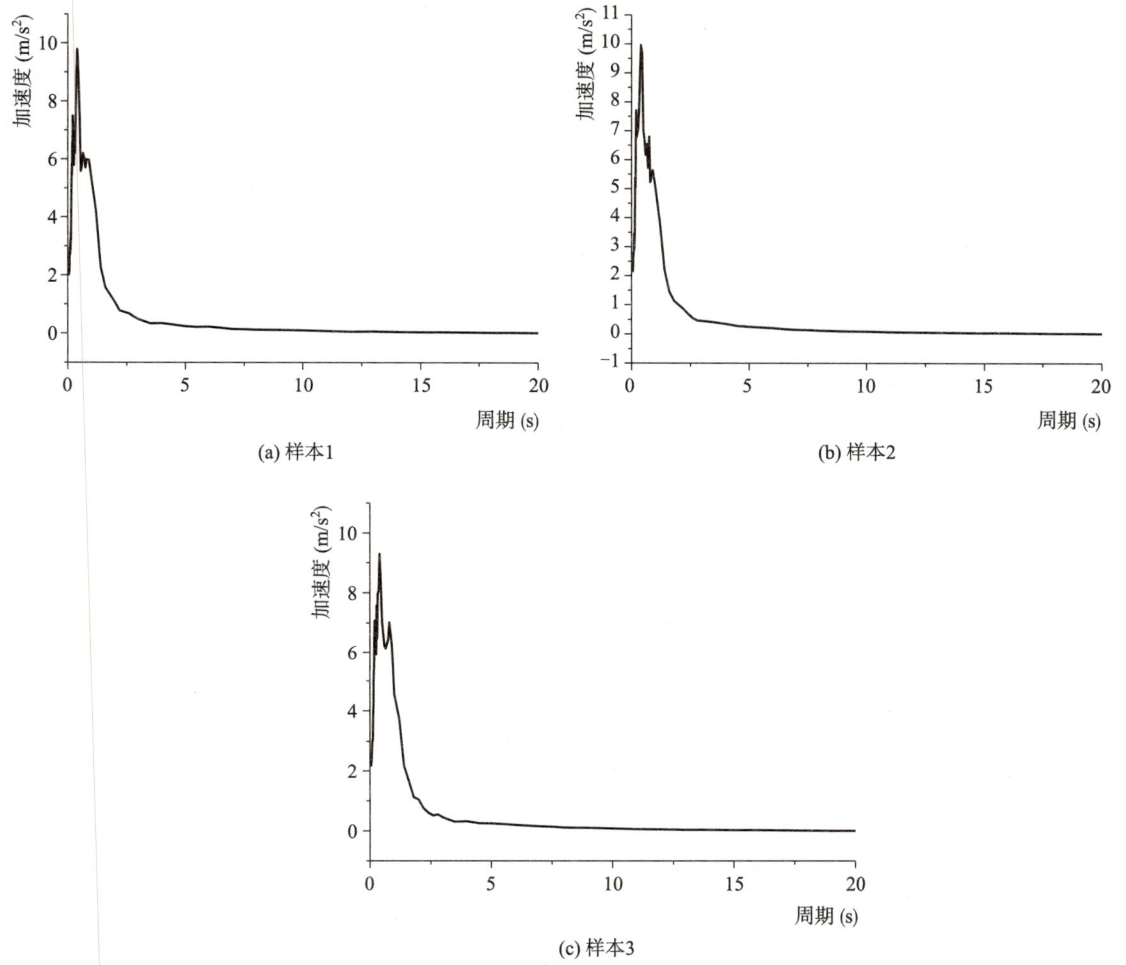

(a) 样本1　(b) 样本2　(c) 样本3

图 4-18　一般冲刷深度 100Y3% 概率水平，阻尼比 3% 的场地反应谱

力值较小。但由于塔高，跨大，结构很柔，因而地震响应位移值较大。

②大震时的位移响应，横桥向的位移：主跨主梁跨中为 1 959 mm，主梁梁端为 23 mm，边塔塔顶为 162 mm，中塔塔顶为 336 mm。纵桥向的位移：主跨主梁跨中为 104 mm，梁端为 116 mm，边塔为 71 mm，中塔塔顶为 48 mm。可见，在大震条件下，结构各部位的位移响应有一些部位较大，也有一些部位较小。

③经验算，结构各部位的地震响应均在设计允许的范围内。

4. 2. 3　多塔悬索桥的风致振动响应及其控制

本节以江苏泰州长江大桥为例分析三塔悬索桥的风致振动响应及其控制。

1. 桥址处的风环境

泰州长江大桥工程拟建位置在长江口附近，地处长江下游地带，位于江苏中南部地区，地貌属长江下游冲积平原低河漫滩区，地势开阔平坦，河渠纵横，地势变化不大，总体呈现南高北低、西高东低之势。

表 4-31　结构各主要部位的地震反应

部位	截面	横向反应			纵向反应			竖向反应		简　图
		弯矩 M (kN·m)	剪力 Q (kN)	位移 Δ (mm)	弯矩 M (kN·m)	剪力 Q (kN)	位移 Δ (mm)	轴力 N (kN)	位移 Δ (mm)	
边塔柱	1-1	0	984	162	0	3 038	71	4 587		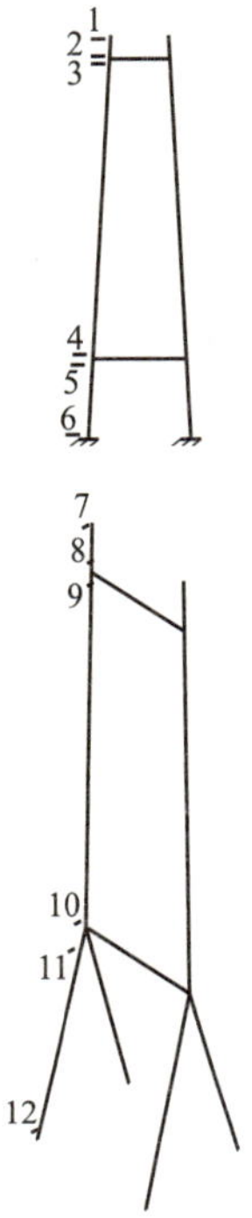
	2-2	8 860	984		27 341	3 038		4 587		
	3-3	150 773	2 229		27 325	2 623		6 572		
	4-4	213 286	5 130		122 557	4 252		24 050		
	5-5	143 348	6 192		122 477	5 009		32 485		
	6-6	293 768	16 506		337 768	14 007		38 852		
中塔柱	7-7	0	844	336	0	1 400	48	2 201		
	8-8	4 639	844		7 697	1 400		2 201		
	9-9	55 198	881		7 729	1 231		3 531		
	10-10	67 899	1 366		73 532	17 036		6 642		
	11-11	67 128	2 675		36 383	1 079		30 908		
	12-12	89 352	2 818		23 829	1 694		31 231		
主梁梁端				23			116			
主梁跨中				1 959			104		222	

泰州市，冬冷夏热，雨量充沛，属亚热带季风性湿润气候。每年东南风、东北风盛行，西风最少，年平均风速 3.4 m/s，历年最大风速 20.3 m/s。建国后最大风速为 27.5 m/s，瞬间最大风速可达 30 m/s。

从影响本地区的大风天气系统来看，有台风的影响，也有寒潮的影响。历年风速资料表明：台风的影响平均每年有 1～2 次，主要影响时间为 8 月、9 月份。但近几年的气象资料表明：桥址处所受台风的影响，呈现出影响时间长（5～11 月均有可能）、影响频率高（每年不止 1～2 次）、影响强度大的态势。

另外，对本工程破坏性较大的龙卷风在桥位处发生的概率很小。

2. 基本风速、设计基准风速和主梁颤振检验风速的确定

（1）基本风速

泰州长江大桥三塔悬索桥方案的主跨为 1 080 m，其设计基准期为 100 年，因此，设计基本风速应取为离空旷地面以上 10 m 高，100 年一遇的 10 min 平均最大风速。由《公路桥梁抗风设计规范》(JTG/T D60-01—2004) 中附表 A 知：泰州市、常州市一般地区距离空旷地面以上 10 m 高，100 年一遇的 10 min 平均最大风速均为 27.1 m/s。故本桥的基本风速取为 27.1 m/s（不考虑地形地理条件系数）；结合桥址处地形地貌和 I 类地表粗糙度的实际情况，取地形地理条件系数 $K_3=1.0$，由此，求得本桥的基本风速 $v_{10}=27.1$ m/s。

（2）设计基准风速

1）由《公路桥梁抗风设计规范》(JTG/T D60-01—2004)可知，在成桥运营状态下：

主梁设计基准风速 $v_{D(梁)}=K_1\cdot v_{10}=39.6$ m/s（K_1 为风速随高度变化修正系数，此处取 1.46）。

中主塔设计基准风速 $v_{D(塔)}=1.174v_{10}\left(\frac{z}{10}\right)^{0.12}=42.7$ m/s（z 为构件基准高度，此处取 116 m）。

2）对于施工阶段，梁塔的设计基准风速可考虑取 10 年重现期的风速：

主梁设计基准风速 $v_{D(梁施工)}=0.84v_{D(梁)}=33.3$ m/s。

中主塔设计基准风速 $v_{D(塔施工)}=0.84v_{D(塔)}=35.9$ m/s。

(3) 主梁颤振检验风速的确定

由《公路桥梁抗风设计规范》(JTG/T D60-01—2004)可知，主梁颤振检验风速 $[v_{cr}]$ 由式(4-2) 确定：

$$[v_{cr}]=K\cdot\mu_f\cdot v_{D(梁)} \tag{4-2}$$

式中　K——考虑风洞试验误差及设计、施工中不确定因素的综合安全系数，$K=1.2$；

μ_f——考虑风速的脉动影响及水平相关特性的无量纲修正系数，$\mu_f=1.2$。

故，成桥运营状态下主梁颤振检验风速 $[v_{cr}]=57.0$ m/s；对于施工阶段，设计风速采用 10 年重现期计算，主梁颤振检验风速 $[v_{cr}^s]=0.84[v_{cr}]=47.9$ m/s。

结构各部位在各工况下的设计基准风速和颤振检验风速计算见表 4-32。

表 4-32　结构各部位在各工况下的设计基准风速和颤振检验风速

结构部位	设计基准风速		加劲梁颤振检验风速	
	成桥运营状态	施工阶段	成桥运营状态	施工阶段
加劲梁	39.6 m/s	33.3 m/s	57.0 m/s	47.9 m/s
边塔、中塔	42.7 m/s	35.9 m/s	—	—

3. 颤振临界风速的估算

(1) 桥梁颤振稳定性指数及分级

对于桥梁的抗风稳定性，一般用颤振稳定性指数表示，桥梁颤振稳定性指数按式 (4-3) 表示。

$$I_f=\frac{[v_{cr}]}{f_t\cdot B} \tag{4-3}$$

颤振稳定性指数及分级见表 4-33。

表 4-33　颤振稳定性指数及分级

工　况	I_f	分　级	抗风稳定性
成桥状态正对称耦合	3.60	Ⅱ	宜通过节段模型风洞试验进行检验
成桥状态反对称耦合	4.46	Ⅲ	要慎重对待

(2) 颤振临界风速估算

1）弯扭耦合颤振。对弯扭耦合颤振，其临界风速 v_{cr1} 根据工程界普遍应用的 Van der put 公式进行估算。

$$v_{cr1} = \eta_s \cdot \eta_\alpha \cdot \left[1 + (\varepsilon - 0.5)\sqrt{0.72\mu r/b}\right] \cdot \omega_h \cdot b \tag{4-4}$$

式中 η_s——主梁断面形状影响系数；

η_α——攻角效应系数；

b——半桥宽；

r——惯性半径；

ε——扭弯频率比；

μ——梁体质量与空气的密度比；

ω_h——基阶竖弯自振圆频率。

计算结果见表4-34。

2）分离流扭转颤振。分离流扭转颤振的临界风速 v_{cr2} 由 Herzog 公式估算

$$v_{cr2} = T_h^{-1} \cdot B \cdot f_t \tag{4-5}$$

式中 T_h^{-1}——斯特罗哈数的倒数；

B——全桥宽；

f_t——主梁扭转基频。

计算结果见表4-34。

表4-34　颤振临界风速估算

工　况	μ	r (m)	b (m)	ε	ω_h (rad/s)	f_t (Hz)	$\eta = \eta_\alpha \cdot \eta_s$	T_h^{-1}	v_{cr1} (m/s)	v_{cr2} (m/s)	$[v_{cr}]$ (m/s)
成桥状态反对称振型耦合	18.9	11.1	18.64	3.75	0.5736	0.3425	0.64	7.0	70.2	89.4	57
成桥状态对称振型耦合	18.9	11.1	18.64	2.76	0.9669	0.4242	0.64	7.0	85.7	110.7	57

从以上分析可以看出，虽然主塔很高，主跨很大，主跨主梁为钢箱梁，但由于桥面较宽，加劲梁扭转刚度较大，因此，主梁颤振临界风速超过了主梁颤振检验风速，满足《公路桥梁抗风设计规范》(JTG/T D60-01—2004)中的有关规定。但上述分析只是对主梁的颤振临界风速作了一个理论估算，从整体上对结构的抗风性能做一个初步判断，其结构的抗风性能还有待通过风洞试验加以验证，至于结构在动力失稳时是发生正对称振型的耦合还是反对称振型的耦合，也需风洞试验的验证。

4.3　多塔悬索桥中间桥塔的稳定问题

4.3.1　多塔悬索桥中间桥塔稳定问题的提出

稳定问题是桥梁工程中经常遇到的问题，与强度问题有着同等重要的意义。随着桥梁跨径的不断增大，桥塔高耸化，箱梁薄壁化以及高强度材料的应用，使得稳定问题显得比以往更重要。

结构的失稳是指压应力作用下，结构稍受扰动时，其整体或局部变形迅速增大，结构失去正常工作能力的现象。结构失稳不仅与材料特性有关，而且与外力作用状态和结构及其构

件的几何形状有关。结构稳定实质上是有限变形或大变形问题，不满足小变形理论的假定，因此必须采用有限变形或大变形理论分析。

结构的稳定问题分为两种形式：第一类稳定，即分支点失稳问题；第二类稳定，即极值点失稳问题。第一类稳定问题，是结构或构件在压力作用下的平衡分支问题。著名的欧拉临界荷载，是最有代表性的第一类稳定问题。欧拉荷载只与结构的边界条件、刚度和长度有关，而与结构的材料无关。由于欧拉荷载表达式理论明确、简单便于计算，所以许多规范都是以欧拉荷载表达式为基础验算结构的稳定性。

欧拉荷载是以理想受压杆件推导的结果，实际结构由于制造误差等原因存在偏心和初始应力等，构件不可能是理想的受压状态。构件在荷载作用下出现偏心弯矩，不出现平衡分支现象，而是当荷载达到某一值时，结构变形迅速增大，结构失去正常工作能力。这种压弯失稳现象即为第二类稳定问题，达到失稳时最大荷载为失稳荷载。通常，第二类失稳荷载要小于欧拉荷载。多塔悬索桥中间主塔大多为薄壁大偏心弯压构件，在荷载作用下的失稳问题为第二类稳定问题。

第二类稳定问题实质上是，结构由于弯压变形，截面全部或部分纤维达到屈服极限，使结构变形迅速增大。第二类稳定分析不但要考虑结构的几何非线性，而且要考虑材料非线性的影响。对于焊接钢结构，除构件的初始变形外，焊接残余应力的存在，对失稳荷载也有影响。

对于传统的两塔悬索桥的桥塔，由于受构造控制，其刚度均较大，运营荷载作用下，结构变形较小，均为小偏心受压构件，稳定问题并不突出。相对于两塔悬索桥，多塔悬索桥是一种全新的结构形式，其总体结构行为、诸多构件的基本受力变形特征与两塔悬索桥不同。尤其是中间主塔的力学行为与两塔悬索桥的边塔有本质的区别，在控制荷载工况下，其变形较大，属于大偏心受压构件。由前述分析可知，多塔悬索桥中间主塔多为全钢结构或钢-混凝土组合结构，结构长细比较大，因此对中间主塔进行弹塑性稳定分析具有非常重要的实际意义。

多塔悬索桥的结构整体稳定性分析的计算条件如下：

1）考虑加劲梁、主塔、主缆的几何非线性影响。

2）考虑主塔结构材料的应力应变关系。

3）考虑体系温度作用。

4）考虑基础变位的影响。

5）车辆荷载加载时要重点考虑中间主塔加载控制工况。

6）考虑桥塔的初始缺陷。

7）考虑主塔、加劲梁、主缆、吊索的横向及纵向风荷载作用。

4.3.2　多塔悬索桥中间桥塔稳定分析工况

以泰州长江大桥主跨 2 × 1 080 m 三塔两跨悬索桥为例，分别研究在自重 + 横桥向风、自重 + 顺桥向风、自重 + 基本可变荷载 + 温度 + 横桥向风、自重 + 基本可变荷载 + 温度 + 顺桥向风、自重 + 不均匀变位等组合作用下，中间主塔的弹性、弹塑性失稳模态及相应稳定系数。

1. 弹性稳定分析

弹性稳定分析共进行了 52 个工况的分析，具体计算结果见表 4-35。在弹性分析过程中，考虑了初始缺陷的影响，研究表明，初始缺陷对弹性稳定的影响很小，弹性失稳形态均为上塔柱侧向弯曲。同时发现，第一类弹性稳定系数最低的为两跨满布基本可变荷载的计算工况，失稳模态如图4-19所示，稳定系数为7.8。从弹性稳定的角度出发，泰州长江大桥的中塔结构是比较安全可靠的。

表4-35 弹性稳定分析工况说明

工况号	结构状态	荷载	缺陷情况	失稳系数
1	桥塔施工状态（上横梁架设之前）	自重+横向风*	无	29.1624
2			Z向	29.1624
3			X向	29.1623
4			XZ向	29.1623
5		自重+顺向风*	无	29.1624
6			Z向	29.1624
7			X向	29.1623
8			XZ向	29.1623
9	桥塔自立状态	自重+横向风*	无	49.4671
10			Z向	49.4669
11			X向	49.4668
12			XZ向	49.4667
13		自重+顺向风*	无	49.4671
14			Z向	49.4669
15			X向	49.4668
16			XZ向	49.4667
17	主缆架设状态	自重+横向风*+温度	无	13.3342
18			Z向	13.3341
19			X向	13.3342
20			XZ向	13.3341
21		自重+顺向风*+温度	无	13.3434
22			Z向	13.3434
23			X向	13.3434
24			XZ向	13.3434
25	成桥状态	自重+横向风***	无	9.0738
26			Z向	9.0738
27			X向	9.0738
28			XZ向	9.0812
29		自重+顺向风***	无	9.0785
30			Z向	9.0828
31			X向	9.0785
32			XZ向	9.0785

续上表

工况号	结构状态	荷　载	缺陷情况	失稳系数
33	成桥状态	自重 + 基本可变荷载（两跨满布）+ 温度 + 横向风**	无	7.826 8
34			Z 向	7.826 8
35			X 向	7.826 8
36			XZ 向	7.826 8
37		自重 + 基本可变荷载（两跨满布）+ 温度 + 顺向风**	无	7.827 6
38			Z 向	7.827 6
39			X 向	7.827 6
40			XZ 向	7.827 6
41		自重 + 基本可变荷载（一跨满布）+ 温度 + 横向风**	无	8.277 6
42			Z 向	8.277 5
43			X 向	8.277 4
44			XZ 向	8.277 4
45		自重 + 基本可变荷载（一跨满布）+ 温度 + 顺向风**	无	8.278 5
46			Z 向	8.278 5
47			X 向	8.278 3
48			XZ 向	8.278 3
49		自重 + 不均匀变位	无	9.038 0
50			Z 向	9.043 6
51			X 向	9.044 5
52			XZ 向	9.045 7

注：1. * 表示 30 年一遇风速；** 表示桥面风速 25 m/s；*** 表示风速为 100 年一遇。
2. 坐标系：X 轴为顺桥向，Y 轴为竖向，Z 轴为横桥向。

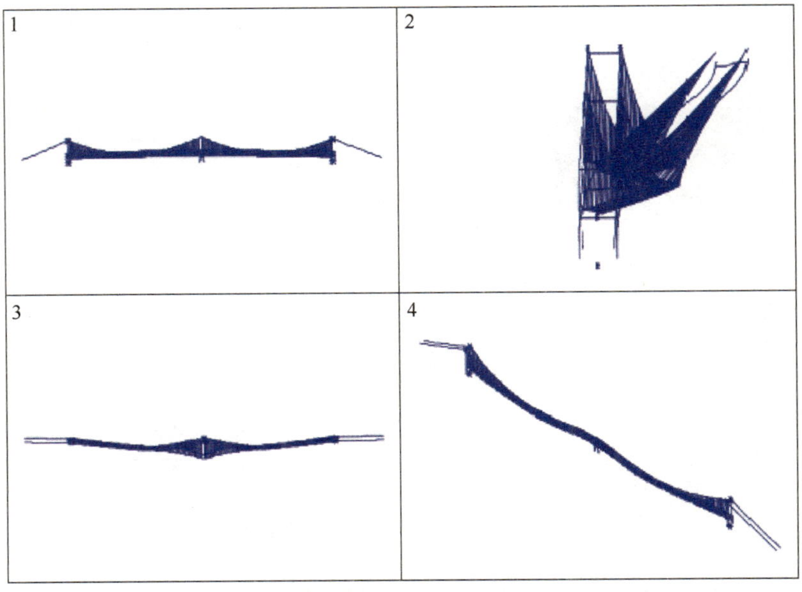

图 4-19　成桥状态第一阶弹性失稳模态

2. 弹塑性稳定分析

弹塑性稳定分析也进行了44个工况的分析，具体计算结果见表4-36所示。在弹塑性分析过程中，考虑了中间主塔材料的非线性（采用弹塑性本构关系）、几何非线性（缆索单元施加初应变）等非线性效应以及初始缺陷（屈服强度折减和考虑钢板初始弯曲）的影响。研究表明，各工况下初始缺陷对弹塑性稳定的影响很小，弹塑性失稳时，桥塔根部、上塔柱在下横梁处均形成了较大的塑性区域，上塔柱根部形成塑形铰（一跨满布基本可变荷载工况下，失稳时桥塔上塔柱顺桥向形成塑性铰）。同时发现，弹塑性稳定系数最低的为横桥向作用百年一遇风速的计算工况，稳定系数为2.5。从弹塑性稳定的角度出发，泰州长江大桥中塔结构的安全性是有保障的。

表4-36　弹塑性稳定分析工况说明

工况号	结构状态	荷　载	缺陷情况	失稳系数
1	桥塔施工状态（上横梁架设之前）	自重+横向风*	无	7.673
2			Z向	7.633
3			X向	7.673
4			XZ向	7.633
5		自重+顺向风*	无	16.678
6			Z向	16.718
7			X向	16.678
8			XZ向	16.678
9	桥塔自立状态	自重+横向风*	无	9.445
10			Z向	9.400
11			X向	9.445
12			XZ向	9.400
13		自重+顺向风*	无	16.288
14			Z向	16.257
15			X向	16.296
16			XZ向	16.288
17	成桥状态	自重+横向风***	无	2.550
18			Z向	2.543
19			X向	2.561
20			XZ向	2.552
21		自重+顺向风***	无	4.239
22			Z向	4.183
23			X向	4.255
24			XZ向	4.193
25		自重+基本可变荷载（两跨满布）+温度+横向风**	无	3.839
26			Z向	3.838
27			X向	3.839
28			XZ向	3.836

续上表

工况号	结构状态	荷　载	缺陷情况	失稳系数
29	成桥状态	自重＋基本可变荷载（两跨满布）＋温度＋顺向风**	无	3.844
30			Z 向	3.604
31			X 向	3.651
32			XZ 向	3.586
33		自重＋基本可变荷载（一跨满布）＋温度＋横向风**	无	2.978
34			Z 向	2.989
35			X 向	2.978
36			XZ 向	2.989
37		自重＋基本可变荷载（一跨满布）＋温度＋顺向风**	无	2.989
38			Z 向	2.875
39			X 向	2.875
40			XZ 向	2.875
41		自重＋不均匀变位	无	4.209
42			Z 向	4.151
43			X 向	4.182
44			XZ 向	4.169

注：1. * 表示 30 年一遇风速；** 表示桥面风速 25 m/s；*** 表示风速为 100 年一遇。
2. 坐标系：X 轴为顺桥向，Y 轴为竖向，Z 轴为横桥向。

3. 小结

上述研究表明，对于泰州长江大桥三塔悬索桥的中塔，弹性稳定分析的控制工况为两跨满布基本可变荷载的工况，弹塑性稳定分析的控制工况为横向风工况，两类稳定分析结构均是满足安全稳定性要求的。同时，从弹塑性稳定分析结果中可以看出，稳定安全系数高于钢结构规范规定的强度安全系数，因而中主塔为强度安全控制设计。

结构受力上，多塔悬索桥不同于传统的两塔悬索桥，主缆对中间主塔的纵向约束较弱，需要更大的纵向刚度。同时，由于中间主塔两侧跨度较大，所以受到的竖向荷载也相应较大。多塔悬索桥的受力特点对中间主塔提出了更高的要求，因而其稳定性关乎全桥的安全性，应是工程设计关注的重点。又由于弹塑性稳定分析考虑的边界条件更接近实际情况，结果应更为可靠，故多塔悬索桥中间主塔稳定设计宜采用弹塑性稳定分析方法。

第 5 章　多塔悬索桥结构参数及其敏感性分析

5.1　中间桥塔刚度影响

多塔悬索桥中间桥塔的选型是多塔悬索桥设计的关键难题之一。不论选用何种形式的中间主塔，其总体纵向刚度必须满足多塔悬索桥所需的结构强度、结构稳定、桥梁使用功能的要求。

为了便于讨论，定义中间主塔的纵向刚度为：

$$K_z = \frac{F}{\delta} \tag{5-1}$$

式中　K_z——中间桥塔的纵向刚度（MN/m）；

F——作用于中间桥塔顶的纵向水平力（MN）；

δ——中间桥塔顶在力 F 作用下的纵向水平位移（m）。

从上述定义可知，中塔的纵向刚度与主缆抗滑移安全度、中塔的截面内力及强度、加劲梁的挠度息息相关。中塔纵向刚度的计算，应考虑主缆的约束作用。

下面以泰州长江大桥主跨 2×1 080 m 三塔悬索桥方案为例，分析中塔纵向刚度变化，对主缆抗滑移安全度、中塔塔顶纵向位移、塔柱底轴力、塔身强度以及加劲梁挠度的影响。具体分析时，保持纵向倒 Y 形中塔的材料（钢结构）和总高度不变，通过调整桥塔的纵向分叉点位置、两斜塔柱纵向张开量、塔柱截面尺寸等参数，来改变桥塔的总体纵向刚度。同时，加劲梁均为连续结构，加劲梁在中塔处纵向采用弹性约束，主跨跨中不设中央扣。

表 5-1 为中塔纵向刚度变化时，对结构力学行为的影响对比。其中，计算结果除中塔内力和应力为组合值（恒载 + 基本可变荷载）外，其余均为基本可变荷载作用下结构的力学响应。

表 5-1　中塔纵向刚度变化对结构力学行为的影响对比

中塔纵向刚度 K_z（MN/m）	主缆抗滑移安全系数 K		加劲梁竖向变形		中塔顶最大纵向位移（m）
	μ = 0.20	μ = 0.15	最大挠度（m）	最大挠跨比	
19.662	2.787	2.090	5.297	1/204	2.274
21.979	2.293	1.720	4.917	1/220	2.044
22.510	2.326	1.744	4.882	1/221	1.995
23.936	2.139	1.604	4.695	1/230	1.881
25.181	2.026	1.520	4.557	1/237	1.792
25.222	2.054	1.541	4.567	1/236	1.788

续上表

中塔纵向刚度 K_z (MN/m)	主缆抗滑移安全系数 K		加劲梁竖向变形		中塔顶最大纵向位移 (m)
	$\mu=0.20$	$\mu=0.15$	最大挠度（m）	最大挠跨比	
25.681	2.042	1.532	4.532	1/238	1.756
25.766	2.010	1.507	4.511	1/239	1.751
25.842	2.029	1.522	4.516	1/239	1.746
25.936	2.020	1.515	4.505	1/240	1.740
25.960	2.010	1.507	4.499	1/240	1.738
27.011	1.966	1.474	4.416	1/245	1.672
29.224	1.840	1.380	4.229	1/255	1.549
29.351	1.858	1.394	4.238	1/255	1.542
31.761	1.742	1.306	4.057	1/266	1.428
33.336	1.732	1.299	4.001	1/270	1.362

下面以趋势图的形式，详细分析中塔纵向刚度变化时，对结构力学行为的影响情况。图 5-1 为中塔纵向刚度与中主鞍槽内主缆抗滑移安全系数 K 的关系图。由图 5-1 可知，随着中塔纵向刚度的增大，主缆抗滑移安全系数 K 逐渐减小。

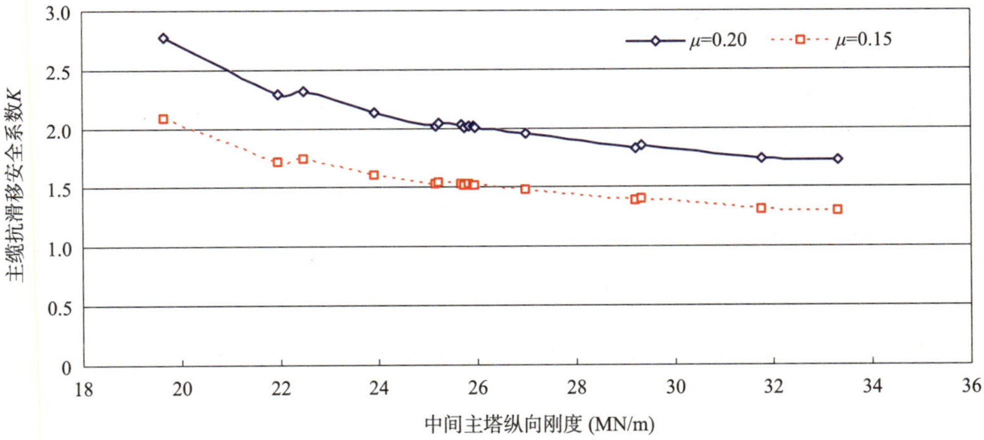

图 5-1　中塔纵向刚度与主缆抗滑移安全系数 K 关系图

图 5-2 为中塔纵向刚度与加劲梁最大竖向活载挠度的关系图。从图 5-2 可见，随着中塔纵向刚度的增大，加劲梁最大竖向活载挠度递减。

图 5-3 为中塔纵向刚度与加劲梁最大竖向活载挠跨比的关系图。从图 5-3 可见，随着中塔纵向刚度的增大，加劲梁最大竖向活载挠跨比总的趋势减小。

图 5-4 为中塔纵向刚度与中塔塔顶纵向位移的关系图。从图 5-4 可见，随着中塔纵向刚度的增大，中塔塔顶最大纵向位移减小。

由上述分析可知，随着多塔悬索桥中塔纵向刚度的递增，主跨加劲梁的竖向挠度逐渐减小，但中塔顶索鞍内主缆丝股的抗滑移安全度也随之降低。因此，为了平衡主缆抗滑移安全度、结构竖向刚度、中塔强度三者之间的矛盾，多塔悬索桥设计时，中塔的纵向刚度应在一定范围内取值。

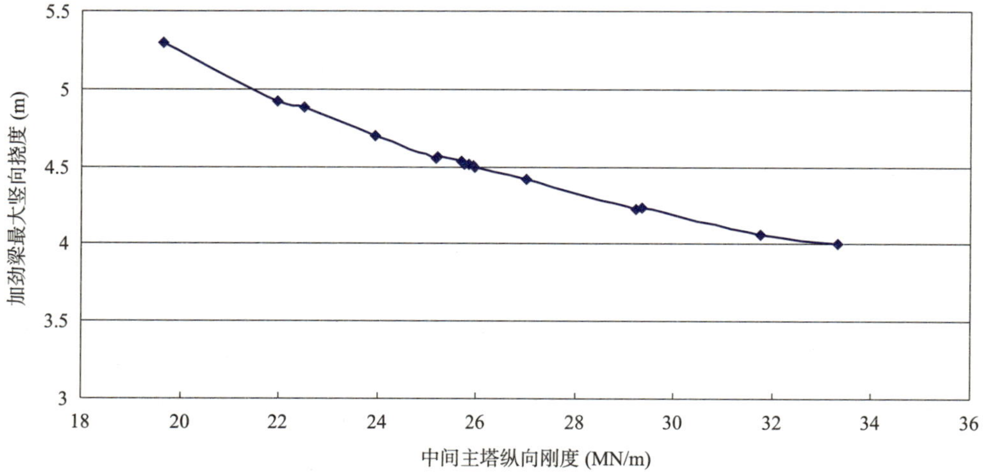

图 5-2　中塔纵向刚度与加劲梁最大竖向挠度关系图

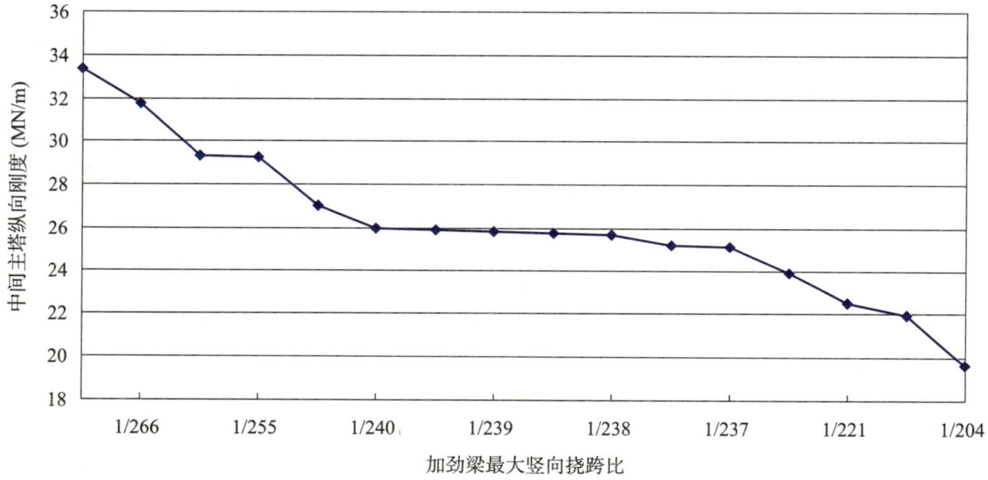

图 5-3　中塔纵向刚度与加劲梁最大竖向挠跨比关系图

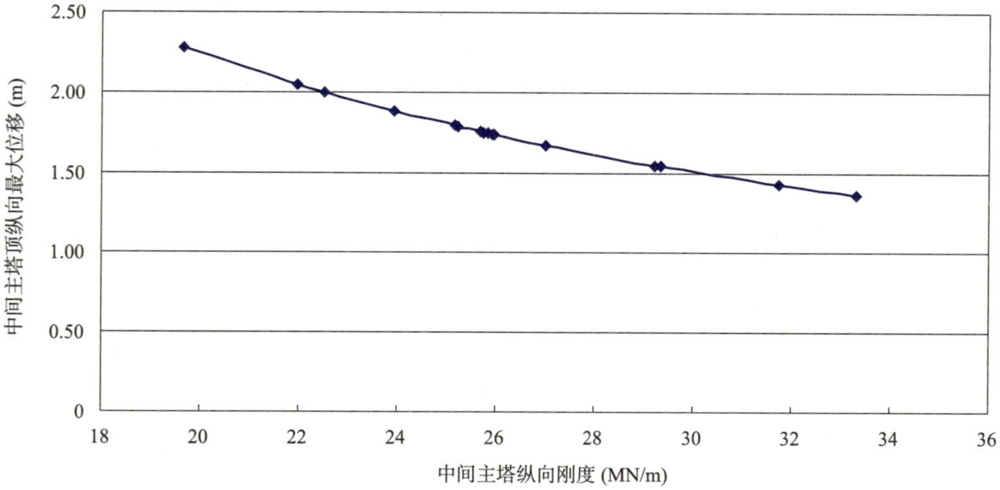

图 5-4　中塔纵向刚度与中塔塔顶纵向位移关系图

从几座跨长江的三塔悬索桥设计经验看，多塔公路悬索桥中间主塔纵向刚度的合理取值区间范围较小。至于中间主塔纵向刚度的最优取值，要结合桥塔高度、主跨跨度、加劲梁梁型等具体边界条件进行确定。

5.2　主缆矢跨比影响

主缆矢跨比的大小对主缆中的拉力有很大的影响，因此它在较大程度上影响主缆所需截面积与用钢量。众所周知，常规两塔悬索桥主缆中的拉力将随主缆矢跨比按反比例变化，即主缆矢跨比越小主缆中的拉力越大。因此，综合考虑全桥总体布局、结构受力及经济性等因素，已建的两塔悬索桥主缆矢跨比取值多在 1/11 ~1/9 区间。

对于多塔悬索桥，当主缆矢跨比变化时，主缆拉力以及其余结构构件力学行为的变化趋势是否与两塔悬索桥一致，是本节要详细研究的问题。

下面以泰州长江大桥主跨 2 ×1 080 m 三塔悬索桥方案为例，分析主跨主缆矢跨比变化时，对中塔纵向刚度、主缆抗滑移安全度、主缆活载轴力增量、中塔塔顶纵向位移、塔柱底轴力、塔身强度以及加劲梁挠度的影响。为更加全面反映结构力学行为的变化规律，主跨主缆矢跨比在 1/7 ~1/13 取值。分析时，加劲梁均为连续结构，中塔处加劲梁和桥塔在纵向采用弹性约束，主跨跨中不设中央扣。

表 5-2 和表 5-3 为主跨主缆矢跨比变化时，对结构力学行为的影响对比。其中，计算结果除中塔内力和应力为组合值(恒载 + 基本可变荷载)外，其余均为基本可变荷载作用下结构的力学响应。

表 5-2　主缆矢跨比变化对结构力学行为的影响对比（一）

主缆矢跨比	中塔纵向刚度 K_z（MN/m）	主缆抗滑移安全系数 K		加劲梁竖向变形		中塔顶最大纵向位移（m）	单根主缆最大活载轴力（kN）
		μ = 0.20	μ = 0.15	最大挠度（m）	挠跨比		
1/7	21.976	2.006	1.505	4.073	1/265	1.665	21 642
1/8	23.784	1.996	1.497	4.280	1/252	1.724	23 607
1/9	25.936	2.020	1.515	4.505	1/240	1.740	25 468
1/10	28.407	2.080	1.560	4.750	1/227	1.721	27 183
1/11	31.036	2.173	1.630	5.022	1/215	1.685	28 718
1/12	34.016	2.293	1.720	5.278	1/205	1.626	30 050
1/13	37.389	2.431	1.823	5.497	1/197	1.548	31 163

表 5-3　主缆矢跨比变化对结构力学行为影响对比（二）

主缆矢跨比	中塔塔柱底轴力（kN）		中塔截面应力（MPa）		加劲梁活载竖向弯矩（kN · m）		加劲梁活载应力（MPa）	
	最大压力	最小压力	最大压应力	最大拉应力	最大弯矩	最小弯矩	最大压应力	最大拉应力
1/7	176 215	22 314	231.56	129.70	145 546	−122 900	116.08	98.10
1/8	182 889	15 357	232.58	132.23	145 033	−116 409	115.40	92.82
1/9	186 766	11 288	244.56	134.24	143 928	−108 643	114.29	86.54
1/10	187 971	9 980	250.94	140.69	142 733	−100 099	113.14	79.68

续上表

主缆矢跨比	中塔塔柱底轴力（kN）		中塔截面应力（MPa）		加劲梁活载竖向弯矩（kN·m）		加劲梁活载应力（MPa）	
	最大压力	最小压力	最大压应力	最大拉应力	最大弯矩	最小弯矩	最大压应力	最大拉应力
1/11	186 297	11 566	250. 69	140. 69	141 755	-91 191	112. 19	72. 58
1/12	182 604	15 167	245. 51	135. 35	141 159	-82 233	111. 57	65. 46
1/13	177 707	20 009	237. 04	126. 89	141 032	-73 476	111. 34	63. 61

注：表中弯矩以加劲梁上缘受拉为正。

图 5-5 为主缆矢跨比与中塔纵向刚度 K_z 的关系图。从图 5-5 可见，随主缆矢跨比的增大，中塔纵向刚度 K_z 近似按线性规律递减。

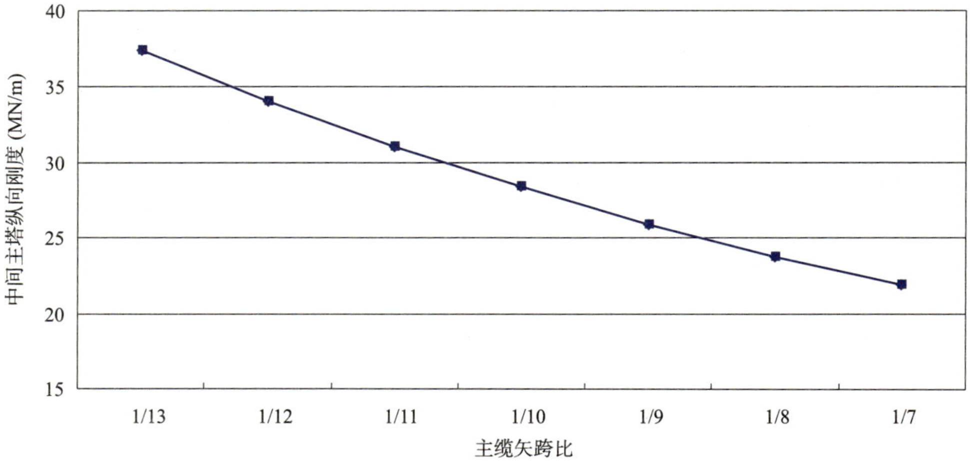

图 5-5　主缆矢跨比与中塔纵向刚度 K_z 关系图

图 5-6 为主缆矢跨比与主缆抗滑移安全系数 K 的关系图。从图 5-6 可见，随主缆矢跨比的减小，主缆抗滑移安全系数 K 有所增加，但增加量有限。如主缆矢跨比由 1/9 减小到 1/13，主缆恒载力增加近 50%，而 K 增加 20%。

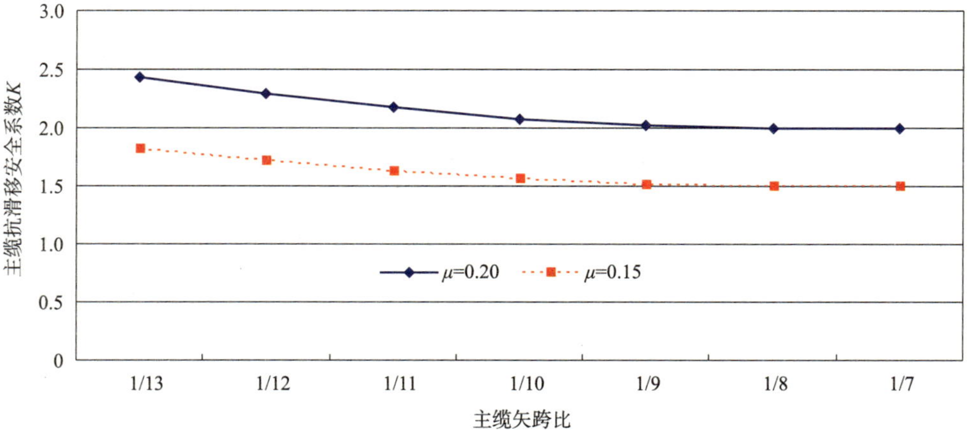

图 5-6　主缆矢跨比与主缆抗滑移安全系数 K 关系图

图 5-7 为主缆矢跨比与加劲梁最大竖向挠度的关系图。从图 5-7 可见，随着主缆矢跨比的增大，加劲梁最大竖向活载挠度减小，且两者接近线性关系。

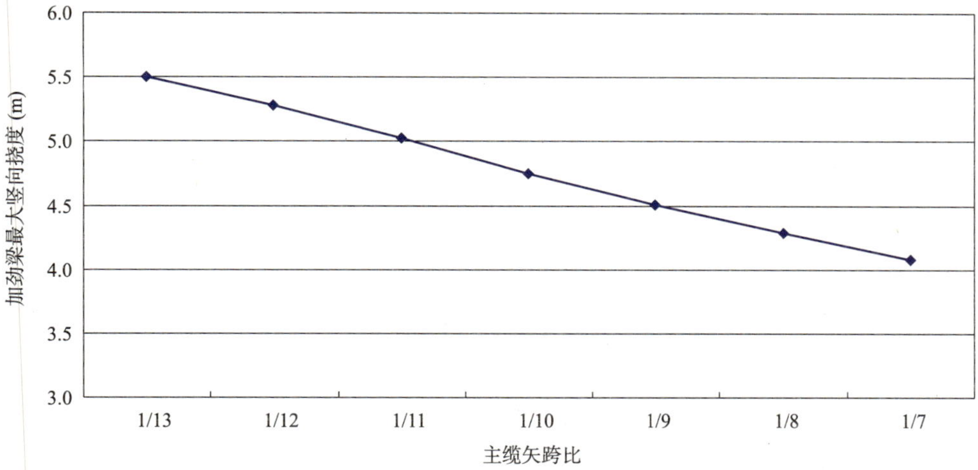

图 5-7　主缆矢跨比与加劲梁最大活载竖向挠度关系图

图 5-8 为主缆矢跨比与中间主塔顶最大纵向位移的关系图。从图 5-8 可见，主缆矢跨比变化与中塔塔顶纵向位移变化并非呈线性变化，矢跨比 1/9 时，中塔塔顶位移最大，在此基础上，矢跨比变大或变小均导致中塔塔顶位移减小。

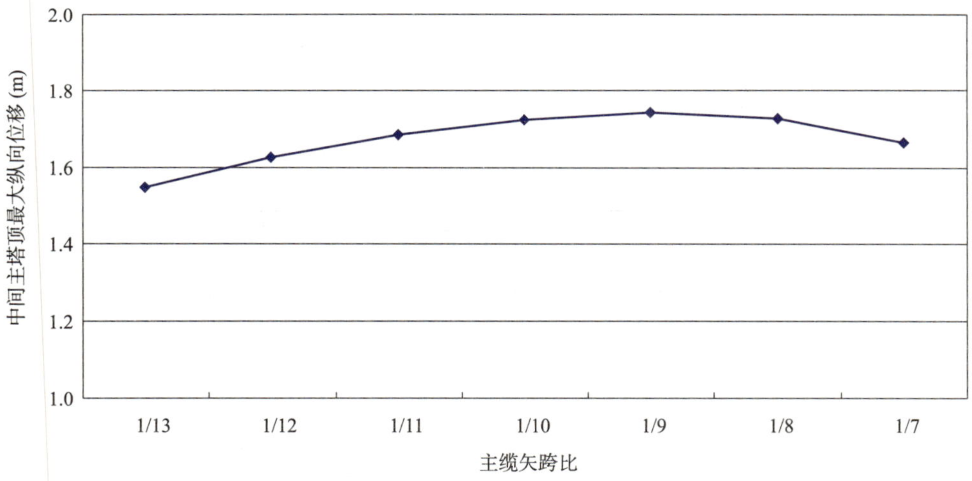

图 5-8　主缆矢跨比与中间主塔顶最大纵向位移关系图

图 5-9 为主缆矢跨比与主缆最大活载轴力（单根）增量的关系图。从图 5-9 可见，随着主缆矢跨比的增大，单根主缆最大活载轴力增量在显著减小。

图 5-10 为主缆矢跨比与中间主塔塔柱底最大轴向压力的关系图。从图 5-10 可见，主缆矢跨比在约 1/10 时，中间主塔塔柱底轴向压力达到最大值，在此基础上，矢跨比再增大或减小，中塔塔底的轴向压力均会减小，但变化的幅度不大。

图 5-11 为主缆矢跨比与中间主塔塔柱底最小轴向压力的关系图。从图 5-11 可见，主缆矢跨比对中塔塔柱底最小轴向压力的影响与最大轴向压力趋势相反，但变化的幅度小。

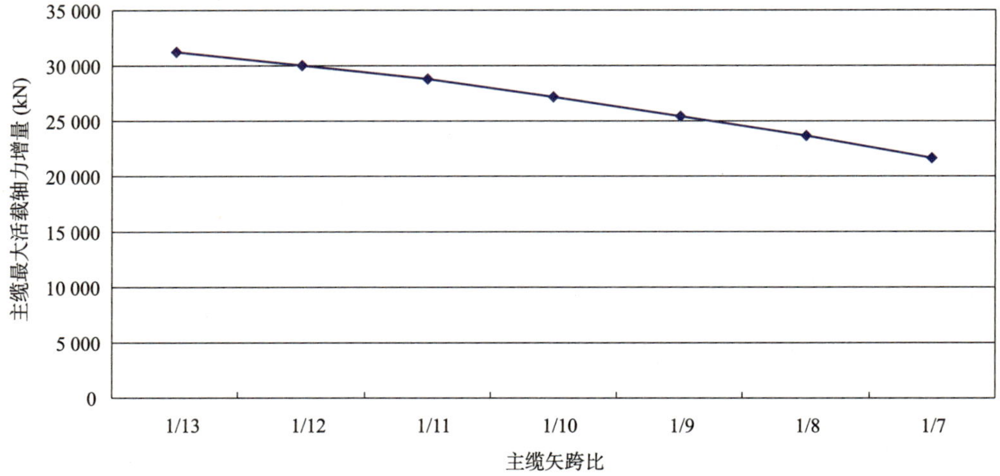

图 5-9　主缆矢跨比与主缆最大活载轴力增量关系图

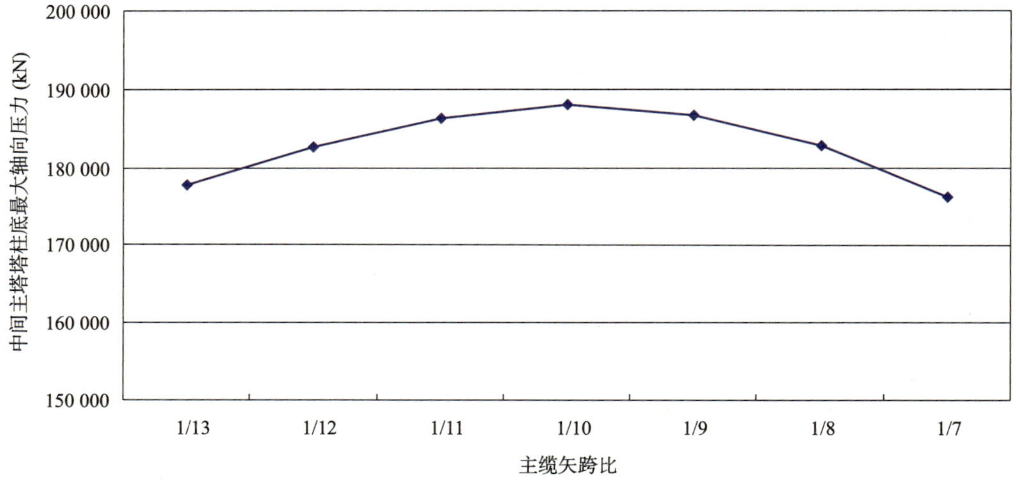

图 5-10　主缆矢跨比与中间主塔塔柱底最大轴向压力关系图

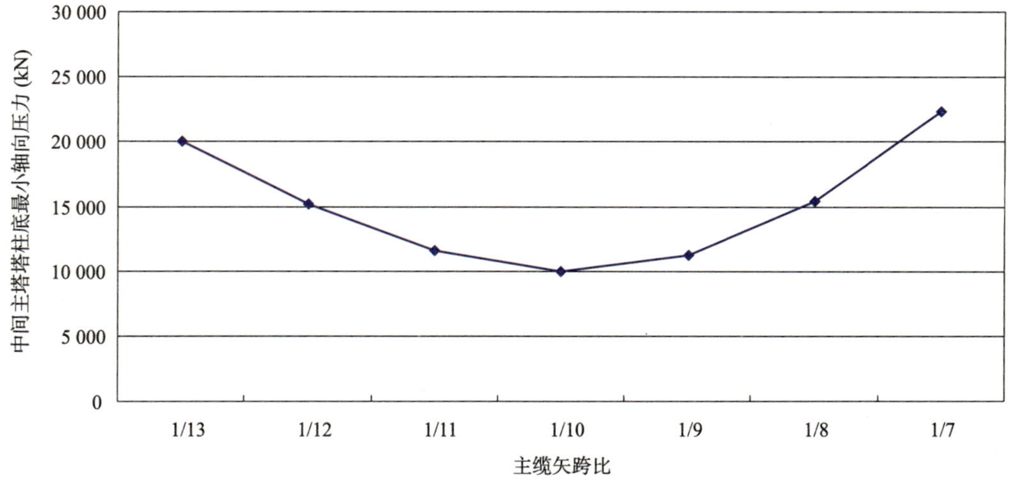

图 5-11　主缆矢跨比与中间主塔塔柱底最小轴向压力关系图

图 5-12 为主缆矢跨比与加劲梁活载最大竖向弯矩（图中所示弯矩以加劲梁上缘受拉为正，下同）的关系图。从图 5-12 可见，随着主缆矢跨比的增大，加劲梁最大活载竖向弯矩有所增大，但增大的幅度有限。

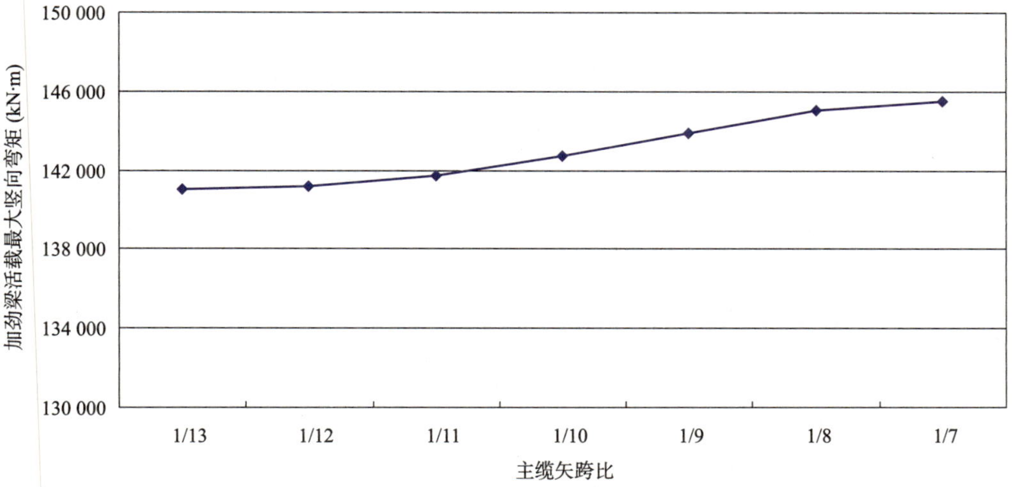

图 5-12　主缆矢跨比与加劲梁活载最大竖向弯矩关系图

图 5-13 为主缆矢跨比与加劲梁活载最小竖向弯矩的关系图。从图 5-13 可见，随着主缆矢跨比的增大，加劲梁活载最小竖向弯矩在减小(绝对值在增大)。

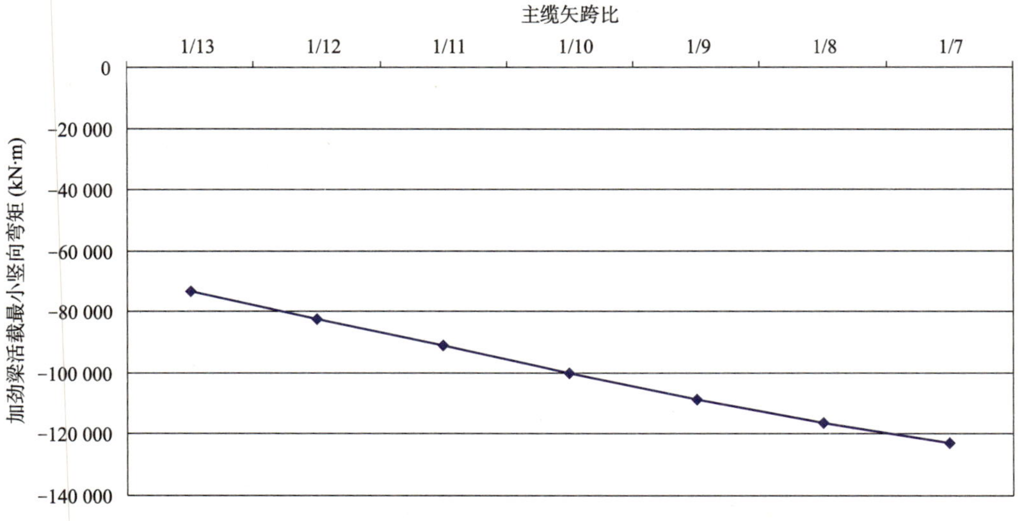

图 5-13　主缆矢跨比与加劲梁活载最小竖向弯矩关系图

5.3　中塔、边塔高差影响

常规两塔悬索桥的塔顶高程多为同一数值，如此可保证主跨主缆的最低点在跨中，主缆线形的稳定性较好。对于多塔悬索桥，由于存在一个或多个中间主塔，在两边塔顶高程取值相等的情形下，中塔的塔顶高程是较边塔高些好，还是取相同高程好，是一个值得研究的问题。

下面以泰州长江大桥主跨 2×1080 m 三塔悬索桥为例，分析中塔与边塔高度变化时，对中塔纵向刚度、主缆抗滑移安全度、主缆活载轴力增量、中塔塔顶纵向位移、塔柱底轴力、塔身强度以及加劲梁挠度的影响。

分析比较时，在三塔等高的基础上将中塔升高、边塔相应降低，保持加劲梁高程不变，各塔塔底高程不变，主缆矢跨比也不变，加劲梁均为连续结构，中塔处加劲梁和桥塔在纵向采用弹性约束，主跨跨中不设中央扣。

表 5-4 和表 5-5 为中塔、边塔高差变化时，结构的力学行为对比表。其中，计算结果除中间主塔内力和应力为组合值(恒载 + 基本可变荷载)外，其余均为基本可变荷载作用下结构的力学响应。

表 5-4　中塔、边塔高差变化对结构力学行为的影响对比（一）

中边塔高差（m）	中塔纵向刚度（MN/m）	主缆抗滑移安全系数 K		加劲梁竖向变形		中塔顶最大纵向位移（m）	单根主缆最大活载轴力（kN）
		$\mu=0.20$	$\mu=0.15$	最大挠度（m）	挠跨比		
0	25.936	2.020	1.515	4.505	1/240	1.740	25468
8	24.297	2.133	1.599	4.660	1/232	1.855	25533
16	22.831	2.252	1.689	4.821	1/224	1.973	25600
24	21.558	2.378	1.783	4.981	1/217	2.088	25669
32	20.415	2.517	1.888	5.145	1/210	2.203	25742
48	18.631	2.806	2.104	5.451	1/198	2.411	25898
64	17.199	3.159	2.369	5.759	1/188	2.611	26070

表 5-5　中塔、边塔高差变化对结构力学行为的影响对比（二）

中边塔高差（m）	中塔塔柱底轴力（kN）		中间主塔截面应力（MPa）		加劲梁活载竖向弯矩（kN·m）		加劲梁活载应力（MPa）	
	最大压力	最小压力	最大压应力	最大拉应力	最大弯矩	最小弯矩	最大压应力	最大拉应力
0	186766	11288	244.56	134.24	143928	−108643	114.29	86.54
8	187433	13656	244.40	132.20	143766	−108879	114.11	86.66
16	187992	16406	243.47	129.21	143532	−109041	113.90	86.75
24	188380	19043	242.22	126.08	143233	−109137	113.66	86.79
32	188641	21947	240.25	122.16	142871	−109171	113.40	86.81
48	189604	27773	236.40	114.46	141969	−109056	112.82	86.74
64	189897	33777	242.38	104.87	140589	−108689	112.14	86.60

图 5-14 为中边塔高差与中塔纵向刚度的关系图。由图 5-14 可见，随着中边塔高差的增大，中塔的纵向刚度减小。

图 5-15 为中边塔高差与主缆抗滑移安全系数 K 的关系图。从图 5-15 可见，随着中边塔高差增加，主缆抗滑移安全系数 K 也相应增加。当中间主塔、边塔高差为 64 m 时，K 值增加 55%。

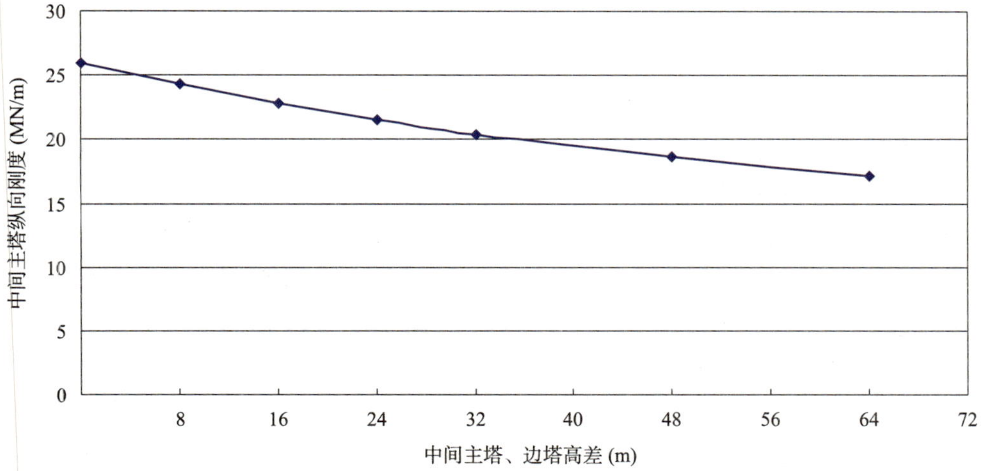

图 5-14　中边塔高差与中塔纵向刚度关系图

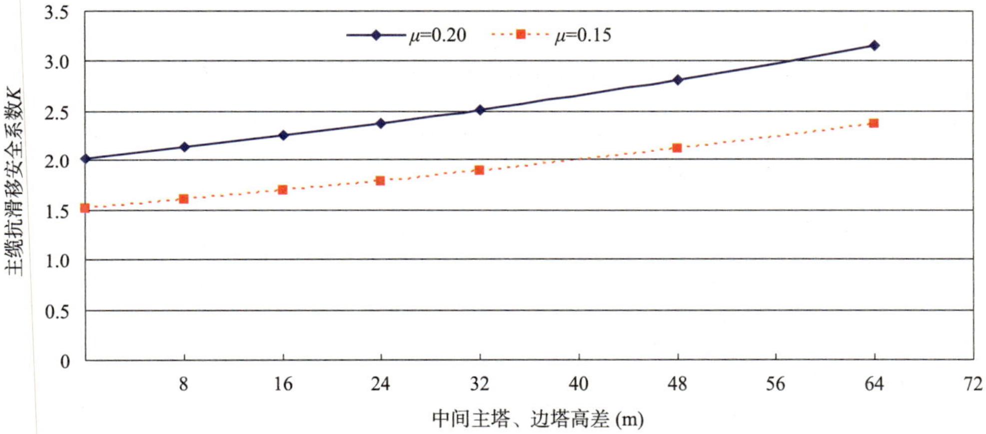

图 5-15　中边塔高差与主缆抗滑移安全系数 *K* 关系图

图 5-16 为中边塔高差与加劲梁最大竖向挠度的关系图。随着中边塔高差的增大，加劲梁最大竖向活载挠度增大，且两者接近线性关系，中边塔高差为 64 m 时，主梁最大挠度由 4. 505 m 增大到 5. 759 m。

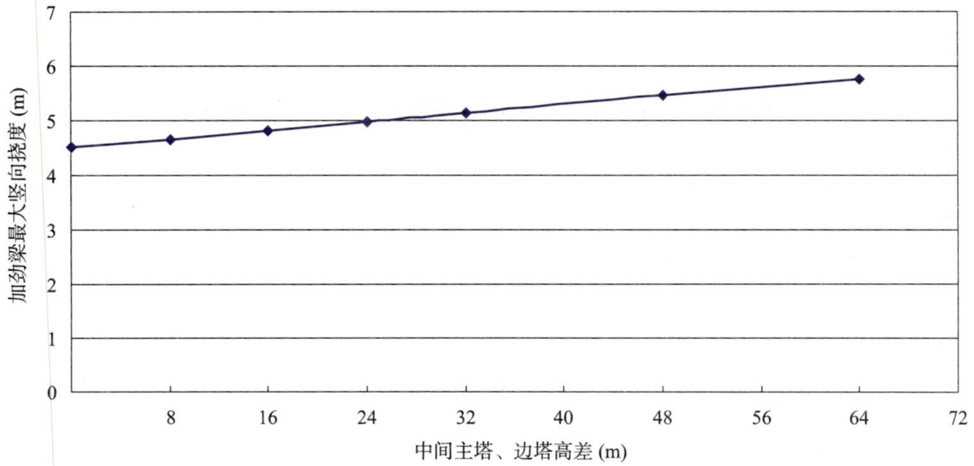

图 5-16　中边塔高差与加劲梁最大活载竖向挠度关系图

图 5-17 为中边塔高差与加劲梁最大活载竖向挠跨比的关系图。从图 5-17 可见，随着中边塔高差的增大，加劲梁最大活载竖向挠跨比亦相应增加。

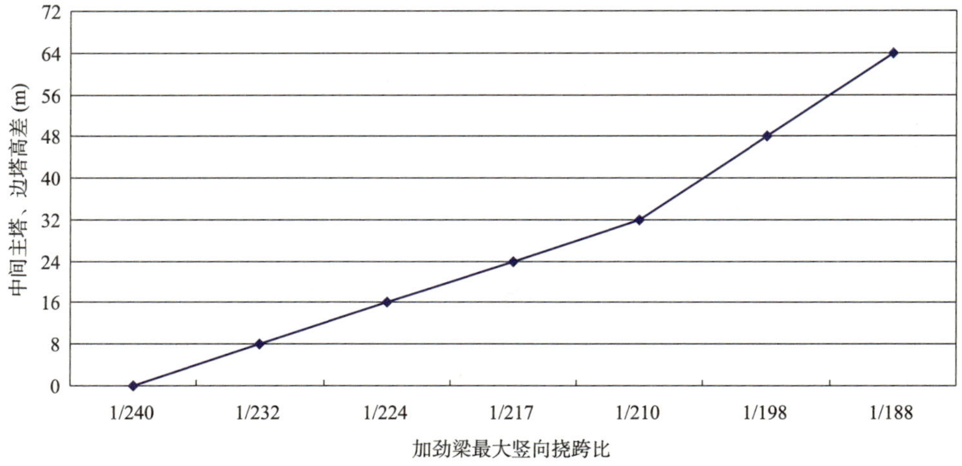

图 5-17　中边塔高差与加劲梁最大活载竖向挠跨比关系图

图 5-18 为中边塔高差与中塔顶最大纵向位移的关系图。从图 5-18 可见，随着中边塔高差的增大，中塔顶最大纵向位移也随之增加，且两者接近线性变化关系。

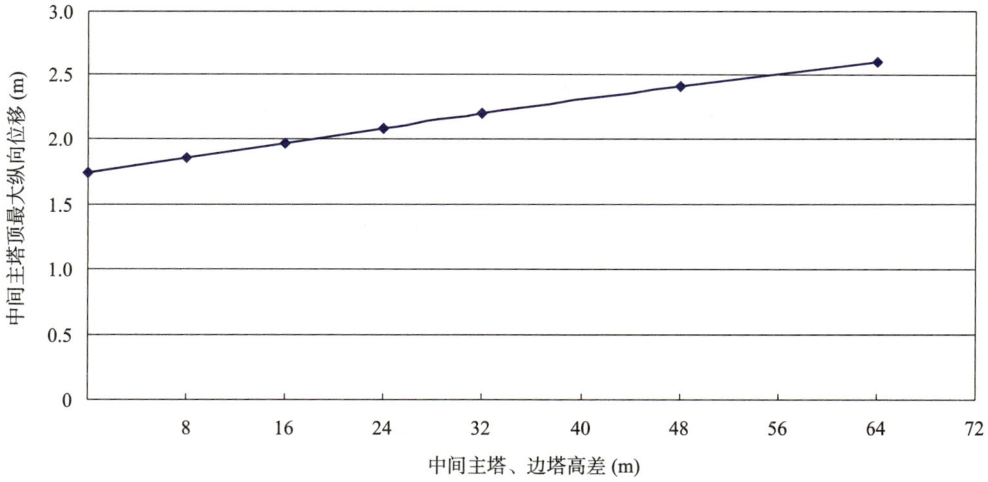

图 5-18　中边塔高差与中间主塔顶最大纵向位移关系图

图 5-19 为中边塔高差与主缆最大活载轴力（单根）增量的关系图。从图 5-19 可见，随着中边塔高差的增大，单根主缆最大活载轴力增量也增大，但增加不多，约 2. 3%。

图 5-20 为中边塔高差与中塔塔柱底最大轴向压力的关系图。从图 5-20 可见，随着中边塔高差的增大，中塔塔柱底最大轴向压力也增大，但增加的幅度甚小。

图 5-21 为中边塔高差与中塔塔柱底最小轴向压力的关系图。从图 5-21 可见，随着中边塔高差的增大，中塔塔柱底最小轴向压力亦增大，且未出现拉力。

图 5-22 为中边塔高差与中塔截面最大压应力的关系图。从图 5-22 可见，随着中边塔高差的增大，中塔截面最大压应力先减小后增大，但变化的幅度很小。

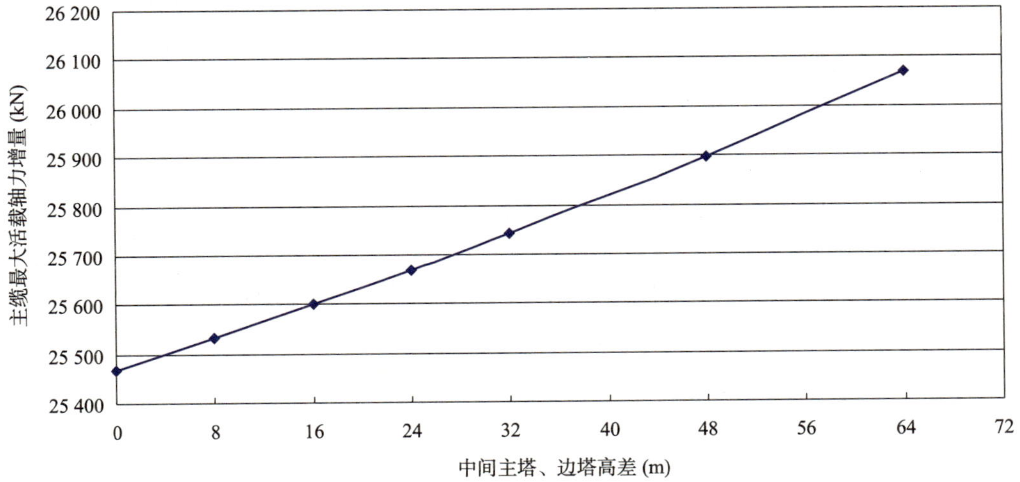

图 5-19　中边塔高差与主缆最大活载轴力增量关系图

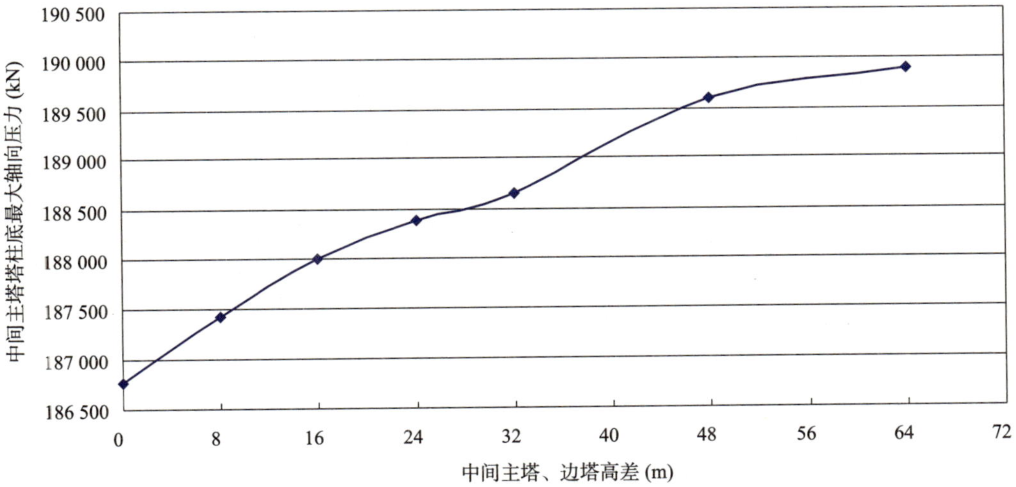

图 5-20　中边塔高差与中塔塔柱底最大轴向压力关系图

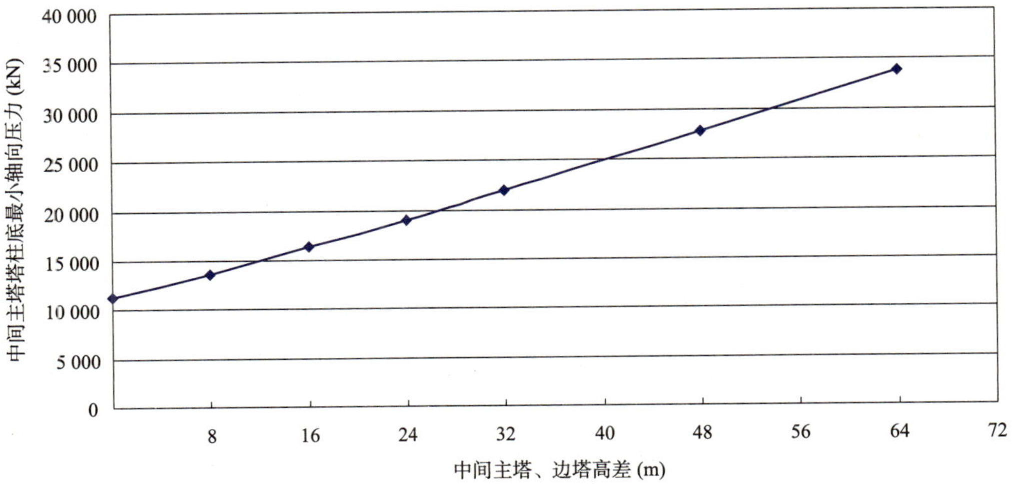

图 5-21　中间主塔、边塔高差与中间主塔塔底最小轴向压力关系图

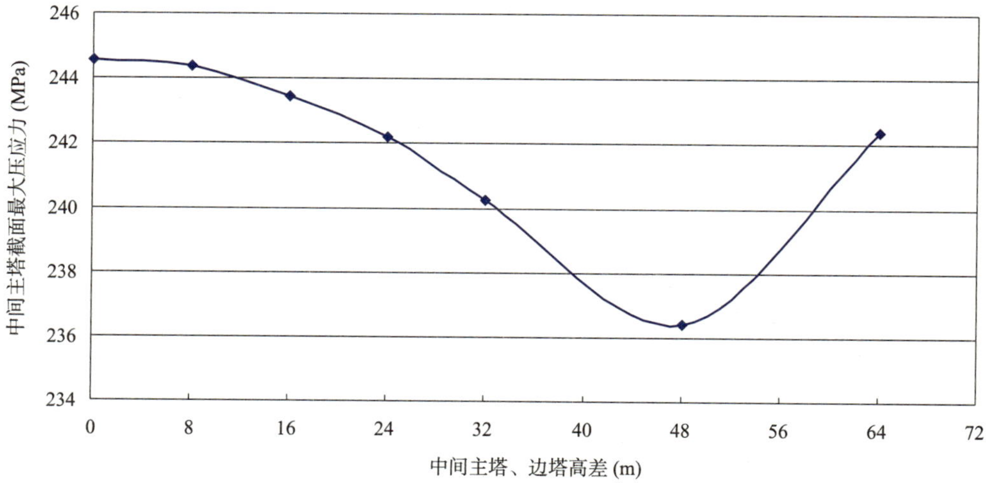

图 5-22　中边塔高差与中塔截面最大压应力关系图

图 5-23 为中边塔高差与中塔截面最大拉应力的关系图。从图 5-23 可见，随着中边塔高差的增大，中塔截面最大拉应力逐渐减小，但变化的幅度不大。

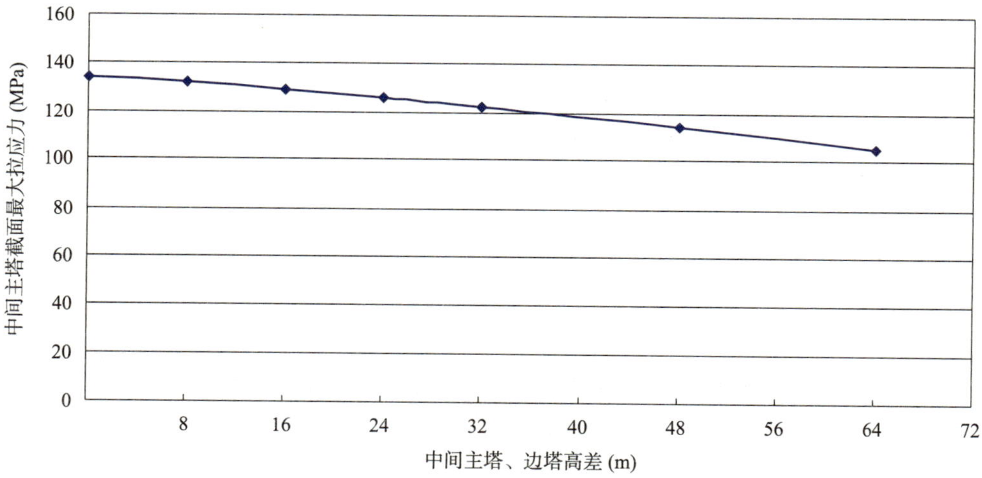

图 5-23　中边塔高差与中塔截面最大拉应力关系图

图 5-24 为中边塔高差与加劲梁活载最大竖向弯矩（图中所示弯矩以加劲梁上缘受拉为正，下同）的关系图。从图 5-24 可见，随着中边塔高差的增大，加劲梁活载最大竖向弯矩有少量减小。

图 5-25 为中边塔高差与加劲梁活载最小竖向弯矩的关系图。从图 5-25 可见，随着中边塔高差的增大，加劲梁活载最小竖向弯矩先减小后增大，但变化幅度不大。

图 5-26 为中边塔高差与加劲梁活载最大压应力的关系图。从图 5-26 可见，随着中边塔高差的增大，加劲梁活载最大压应力有少量的减小。

图 5-27 为中边塔高差与加劲梁活载最大拉应力的关系图。从图 5-27 可见，随着中边塔高差的增大，加劲梁活载最大拉应力先增大后减小，但变化幅度很微小。

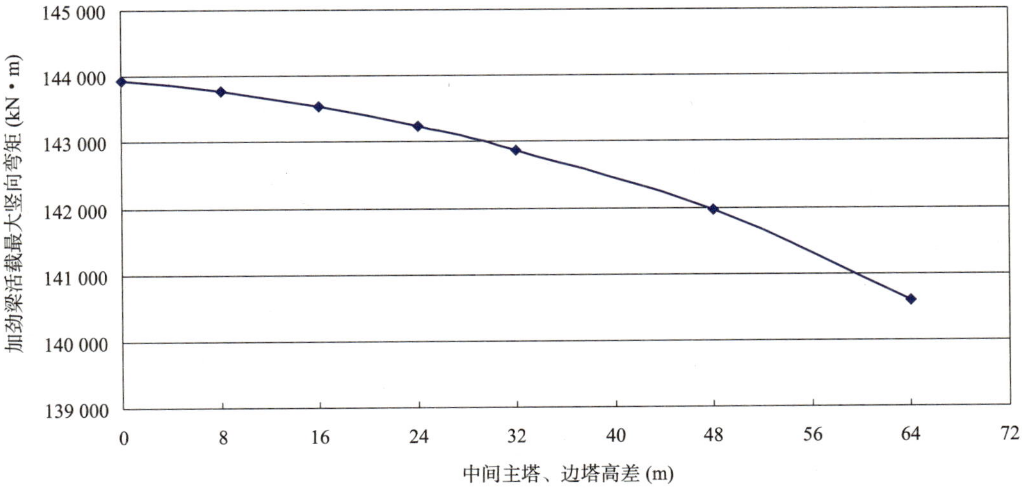

图 5-24　中边塔高差与加劲梁活载最大竖向弯矩的关系图

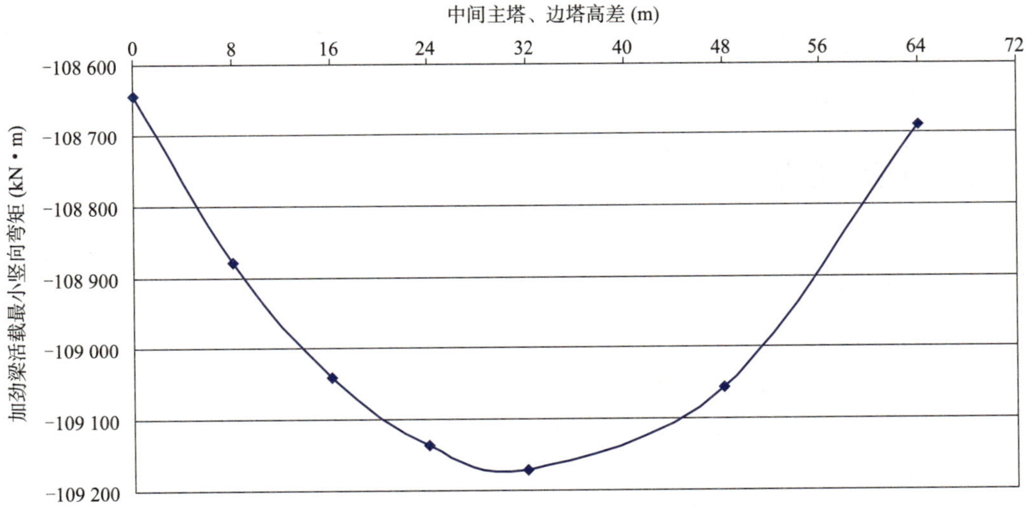

图 5-25　中边塔高差与加劲梁活载最小竖向弯矩关系图

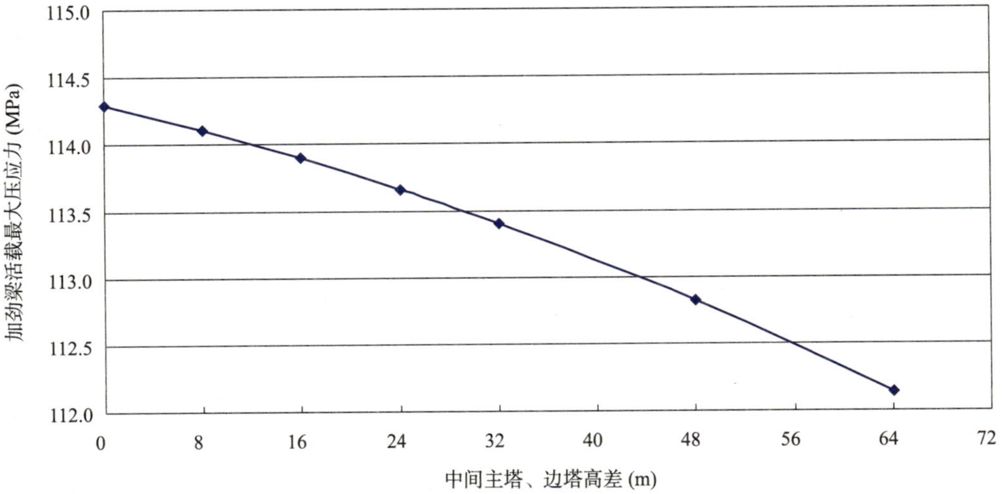

图 5-26　中边塔高差与加劲梁活载最大压应力关系图

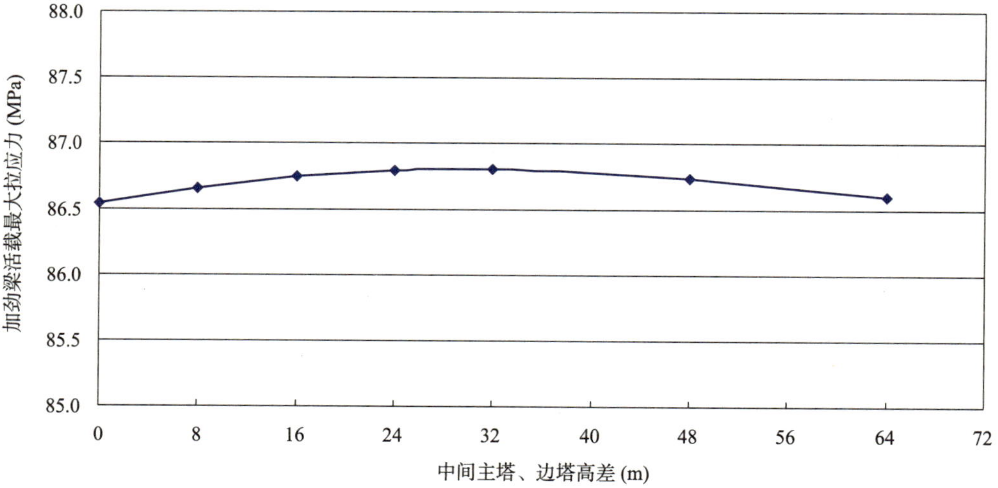

图 5-27　中边塔高差与加劲梁活载最大拉应力关系图

从上述分析可知，随着多塔悬索桥中边塔高差的增加，主缆丝股的抗滑移安全系数 K、加劲梁活载竖向挠度、塔顶纵向位移均有显著增加，而对主缆轴力、中塔应力、加劲梁应力则影响较小。具体设计时，中塔与边塔高度宜综合比较，针对控制因数合理选择。

5.4　边塔刚度影响

由前述几节分析可知，多塔悬索中塔刚度的取值是否合适，关系到多塔悬索桥设计的成败。那么，边塔纵向刚度变化时，多塔悬索桥结构的力学行为的变化又有哪些规律性，这是本节将要分析的内容。

下面仍以泰州长江大桥主跨 2 × 1 080 m 三塔悬索桥为例，分析边塔纵向刚度变化时，对主缆抗滑移安全度、主缆活载轴力增量、中塔塔顶纵向位移、塔柱底轴力、塔身强度以及加劲梁挠度的影响。

表 5-6 和表 5-7 为边塔纵向刚度变化时，对结构力学行为的影响对比。其中，计算结果除中间主塔内力和应力为组合值（恒载 + 基本可变荷载）外，其余均为基本可变荷载作用下结构的力学响应。

表 5-6　边塔纵向刚度变化对结构力学行为的影响对比（一）

边塔刚度系数	主缆抗滑移安全系数 K		加劲梁竖向变形		中塔顶最大纵向位移（m）	主缆最大活载轴力（kN）
	$\mu=0.20$	$\mu=0.15$	最大挠度（m）	挠跨比		
0.50	2.020	1.515	4.507	1/240	1.739	25 467
0.70	2.020	1.515	4.508	1/240	1.739	25 465
0.85	2.020	1.515	4.507	1/240	1.739	25 467
1.00	2.020	1.515	4.505	1/240	1.740	25 468
1.15	2.020	1.515	4.503	1/240	1.740	25 471
1.30	2.020	1.515	4.503	1/240	1.740	25 471
1.50	2.020	1.515	4.501	1/240	1.740	25 472

表 5-7　边塔纵向刚度变化对结构力学行为的影响对比（二）

边塔刚度系数	中塔塔柱底轴力（kN）		中塔截面应力（MPa）		加劲梁活载竖向弯矩（kN·m）		加劲梁活载应力（MPa）	
	最大压力	最小压力	最大压应力	最大拉应力	最大弯矩	最小弯矩	最大压应力	最大拉应力
0.50	186733	11323	244.53	134.21	143941	-108607	114.30	86.51
0.70	186746	11309	244.54	134.22	143955	-108571	114.31	86.48
0.85	186756	11298	244.55	134.23	143941	-108607	114.30	86.51
1.00	186766	11288	244.56	134.24	143928	-108643	114.29	86.54
1.15	186776	11278	244.57	134.25	143902	-108714	114.27	86.60
1.30	186785	11268	244.58	134.27	143902	-108714	114.27	86.60
1.50	186798	11255	244.60	134.28	143885	-108760	114.25	86.64

从表 5-6、表 5-7 可知，多塔悬索桥边塔纵向刚度的增加，对结构主要构件的受力和变形基本没有影响或影响甚微。

5.5　加劲梁刚度影响

悬索桥的加劲梁在恒载作用下，除了承受与吊索节间长度有关的局部挠曲应力之外，一般是处于无应力状态，因此加劲梁的梁高一般与主孔跨度基本上没有什么关系。对于常规的两塔悬索桥，当边中跨比及主缆矢跨比为定值时，加大加劲梁截面的竖向惯性矩，可在一定的程度上减小加劲梁竖向最大挠度与竖向最大转角。

对于多塔悬索桥，当加劲梁刚度变化时，结构构件力学行为的变化趋势是否与两塔悬索桥一致，是本节要研究的问题。

下面以泰州长江大桥主跨 2×1080 m 三塔悬索桥为例，考察加劲梁刚度变化时，对主缆抗滑移安全度、主缆活载轴力增量、中塔塔顶纵向位移、塔柱底轴力、塔身强度以及加劲梁挠度的影响。

研究中加劲梁均为钢箱梁，以梁高的变化表示加劲梁刚度的变化，中塔处加劲梁和桥塔在纵向采用弹性约束，主跨跨中不设中央扣。为突出比较项目，各计算模型采用同样的加劲梁自重（实际上有少量变化），从而方便比较加劲梁刚度的影响，故此处研究不计加劲梁自重变化的影响。

表 5-8 和表 5-9 为加劲梁高度变化时，对结构力学行为的影响对比。其中，计算结果除中间主塔内力和应力为组合值（恒载+基本可变荷载）外，其余均为基本可变荷载作用下结构的力学响应。

表 5-8　加劲梁刚度变化对结构力学行为的影响对比（一）

加劲梁高度（m）	主缆抗滑移安全系数 K		加劲梁竖向变形		中间主塔顶最大纵向位移（m）	主缆最大活载轴力（kN）
	$\mu=0.2$	$\mu=0.15$	最大挠度（m）	挠跨比		
2.5	2.006	1.504	4.567	1/236	1.747	25524
3.0	2.012	1.509	4.538	1/238	1.743	25497
3.5	2.020	1.515	4.505	1/240	1.740	25468

续上表

加劲梁高度（m）	主缆抗滑移安全系数 K		加劲梁竖向变形		中间主塔顶最大纵向位移（m）	主缆最大活载轴力（kN）
	$\mu=0.2$	$\mu=0.15$	最大挠度（m）	挠跨比		
4.0	2.028	1.521	4.470	1/242	1.735	25436
4.5	2.036	1.527	4.432	1/244	1.730	25401
5.0	2.046	1.534	4.392	1/246	1.724	25364

表 5-9　加劲梁刚度变化对结构力学行为的影响对比（二）

加劲梁高度（m）	中塔塔柱底轴力（kN）		中间主塔截面应力（MPa）		加劲梁活载竖向弯矩（kN·m）		加劲梁活载应力（MPa）	
	最大压力	最小压力	最大压应力	最大拉应力	最大弯矩	最小弯矩	最大压应力	最大拉应力
2.5	187062	10987	245.33	135.01	88003	-71562	108.34	88.17
3.0	186929	11123	244.98	134.67	115591	-90000	112.07	87.45
3.5	186766	11288	244.56	134.24	143928	-108643	114.29	86.54
4.0	186574	11483	244.07	133.75	172425	-127102	115.37	85.36
4.5	186354	11706	243.51	133.19	200741	-145053	115.88	84.09
5.0	186105	11958	242.88	132.55	228612	-162299	115.77	82.57

从表 5-8 和表 5-9 可知，多塔悬索桥加劲梁刚度的变化，对其活载挠度有轻微影响，加劲梁高度由 3 m 增加到 5 m 时，加劲梁最大挠度由 4.538 m 减小为 4.392 m。对其他指标基本没有影响（加劲梁截面弯矩除外，虽然加劲梁截面弯矩随梁高增减相应增减，但应力变化幅度较小）。

5.6　敏感性研究

对于多于三个塔的多塔悬索桥，中间主塔设计的控制加载工况是否仍为单跨满布基本可变荷载，以及结构对中间各主塔纵向刚度要求是否相同等问题，即多塔悬索桥的敏感性问题，是本节要详细研究的内容。

下面以六塔五跨的桥式方案为例，对能从本质上反映结构行为的四个重点参数（主跨跨中竖向挠度 f、中间主塔塔顶纵向位移 Δ、中间主塔塔顶纵向不平衡水平力 p、中间主塔塔顶主缆抗滑移安全系数 K）的变化情况进行分析，并对多塔悬索桥的敏感性进行探讨。

图 5-28 为六塔五等跨（5×256 m）的桥式方案简图，考察与结构行为有关的四个参数（f、Δ、p、K）的变化情况。

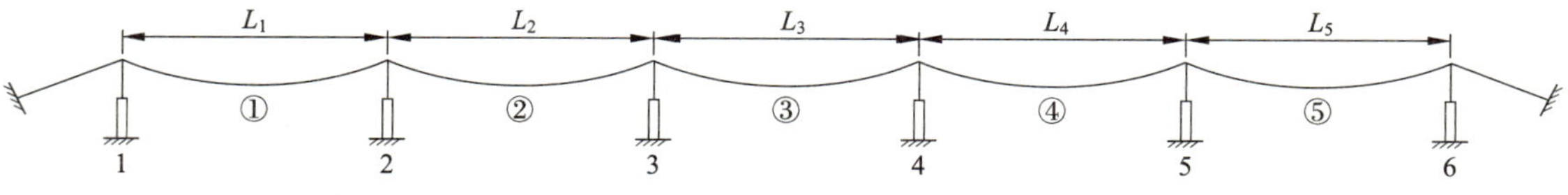

图 5-28　六塔五等跨桥式算例简图

表 5-10～表 5-13 为各加载工况下，各主跨的跨中竖向挠度 f、中间主塔塔顶纵向位移 Δ、中间主塔塔顶纵向不平衡水平力 p、中间主塔塔顶主缆抗滑移安全系数 K 计算结果对比。

其中，计算结果均为基本可变荷载作用下结构的力学响应。

表 5-10　各加载工况下主跨跨中竖向挠度

加 载 工 况	主跨跨中竖向挠度 f（m）				
	L_1 主跨	L_2 主跨	L_3 主跨	L_4 主跨	L_5 主跨
①满载、②③④⑤不加载	1.05	−0.57	−0.11	−0.02	0.00
①满载、②③④⑤两车道加载	0.71	−0.14	0.08	0.13	0.17
②满载、①③④⑤不加载	−0.58	1.45	−0.50	−0.09	−0.02
②满载、①③④⑤两车道加载	−0.11	0.87	−0.11	0.09	0.16
③满载、①②④⑤不加载	−0.11	−0.50	1.47	−0.50	−0.11
③满载、①②④⑤两车道加载	0.12	−0.11	0.88	−0.11	0.12
①②满载、③④⑤不加载	0.29	0.99	−0.58	−0.11	−0.02
①②满载、③④⑤两车道加载	0.23	0.69	−0.14	0.09	0.16
③④⑤满载、①②不加载	−0.13	−0.59	0.98	0.23	0.28
③④⑤满载、①②两车道加载	0.11	−0.14	0.69	0.18	0.27

注：表中挠度以向下为正，反之为负。

表 5-11　各加载工况下中间主塔塔顶纵向位移

加 载 工 况	中间主塔塔顶纵向位移 Δ（m）			
	2 号主塔	3 号主塔	4 号主塔	5 号主塔
①满载、②③④⑤不加载	−0.42	−0.08	−0.01	0.00
①满载、②③④⑤两车道加载	−0.20	−0.04	−0.01	−0.01
②满载、①③④⑤不加载	0.35	−0.37	−0.07	−0.01
②满载、①③④⑤两车道加载	0.18	−0.18	−0.03	−0.01
③满载、①②④⑤不加载	0.07	0.37	−0.37	−0.07
③满载、①②④⑤两车道加载	0.04	0.18	−0.18	−0.04
①②满载、③④⑤不加载	0.01	−0.43	−0.08	−0.01
①②满载、③④⑤两车道加载	0.04	−0.20	−0.04	−0.01
③④⑤满载、①②不加载	0.08	0.43	0.00	−0.01
③④⑤满载、①②两车道加载	0.04	0.20	−0.04	−0.02

注：表中位移以 1 号桥塔指向 2 号桥塔方向为正，反之为负。

表 5-12　各加载工况下中间主塔塔顶纵向不平衡水平力

加 载 工 况	中间主塔塔顶纵向不平衡水平力 p（kN）			
	2 号主塔	3 号主塔	4 号主塔	5 号主塔
①满载、②③④⑤不加载	2 865	510	98	20
①满载、②③④⑤两车道加载	1 373	245	49	39
②满载、①③④⑤不加载	2 433	2 521	451	78
②满载、①③④⑤两车道加载	1 236	1 236	226	78
③满载、①②④⑤不加载	432	2 511	2 511	432

续上表

加载工况	中间主塔塔顶纵向不平衡水平力 p（kN）			
	2号主塔	3号主塔	4号主塔	5号主塔
③满载、①②④⑤两车道加载	-245	-1 236	1 236	245
①②满载、③④⑤不加载	-59	2 914	520	88
①②满载、③④⑤两车道加载	314	1 393	255	78
③④⑤满载、①②不加载	510	2 923	10	59
③④⑤满载、①②两车道加载	275	1 403	265	98

表5-13　各加载工况下中间主塔塔顶主缆抗滑移安全系数

加载工况	中间主塔塔顶主缆抗滑移安全系数 K（μ=0.20）			
	2号主塔	3号主塔	4号主塔	5号主塔
①满载、②③④⑤不加载	1.65	10.09	50.84	226.13
①满载、②③④⑤两车道加载	3.62	23.81	110.62	115.86
②满载、①③④⑤不加载	1.85	1.8	11.48	59.63
②满载、①③④⑤两车道加载	3.9	3.92	25.89	71.75
③满载、①②④⑤不加载	11.74	1.81	1.81	11.74
③满载、①②④⑤两车道加载	22.99	3.91	3.91	22.99
①②满载、③④⑤不加载	35.53	1.62	9.88	51.65
①②满载、③④⑤两车道加载	14.82	3.58	22.94	67.4
③④⑤满载、①②不加载	10.04	1.62	51.19	100.24
③④⑤满载、①②两车道加载	20.58	3.55	16.72	57.93

从表5-10～表5-13中分析结果可知，多塔多跨悬索桥的最不利活载的加载条件是一跨满载，而其余各跨均为空载的极端情况，也是中间主塔设计的控制工况。另外，由于f、p、K数值的大小与主塔结构在顺桥向的挠曲刚度Δ密切关联，从表中数据不难看出，结构对中间各主塔的纵向刚度要求差异不大，即多塔多跨悬索桥中间各主塔的设计尺寸，理论上应无太大差异。因此，从计算研究的结果可以看出，主塔数与孔跨的多少，理论上可以任意延展而无限制。

应该引起注意的是，Δ值如果过大，引起f值的加大，而出现较大的挠跨比（f/L），但这只是一种静力状态的现象，并不反映实际的动荷载正常运营状况。从世界上目前已成的众多各类的悬索桥所具有的挠跨比数值来看，大小都有，并无明确的限制。从行车舒适度出发，对因局部活载引起的梁端转角加以控制，则实属必要。Δ值如果过小，则p值增大而危及主塔顶鞍座对主缆的嵌固可靠，即出现K值不足。

目前，在悬索桥主缆的编制工艺中，已普遍采用预制平行束股法（PPWS），其接触的紧密程度，无疑要比已往的空中编丝法（AS）中单丝存在大量的夹接接头和相互间紧密程度不一等问题大为改善，而受力更为可靠。根据目前主缆生产厂家所能做到的拔丝长度和束股编制的工装条件，多塔多跨悬索桥的总跨长达到5 000 m左右，似无太多的技术难题。

第 6 章　多塔斜拉桥工程实践

6.1　香港汀九桥（Ting Kau Bridge）

香港汀九桥为 127 m + 448 m + 475 m + 127 m 三塔结合梁斜拉桥，结构总体布置如图 6-1 所示，桥梁两主跨跨越的水域宽九百余米。中间桥塔座落在人工岛上，两个边塔位于岸坡上。因此，本桥无水下基础工程，同时，两岸的边跨很短。中塔设计为用纵向稳定索加劲的柔性桥塔，稳定索斜拉至两个边塔处的主梁上。

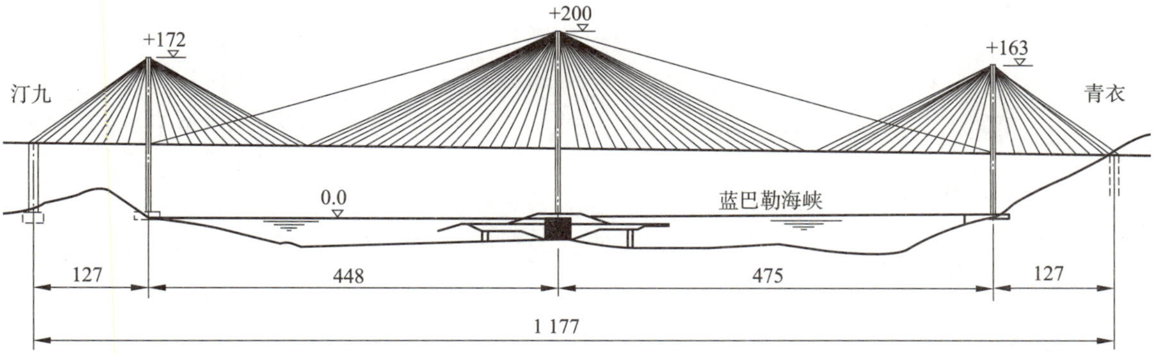

图 6-1　汀九桥结构总体布置（单位：m）

汀九桥设四个索面，每两个索面之间是一个四车道的主梁。两个四车道的主梁，各自独立工作。只是在每隔 13. 5 m 的斜拉索锚固点处用连接横梁将两组主梁连接，以传递斜拉索的横向水平分力。两组主梁间的净距为 5. 8 m，每组主梁的桥面宽度为 18. 5 m，斜拉桥横向总宽 46. 3 m。汀九桥主梁一般构造如图 6-2 所示。

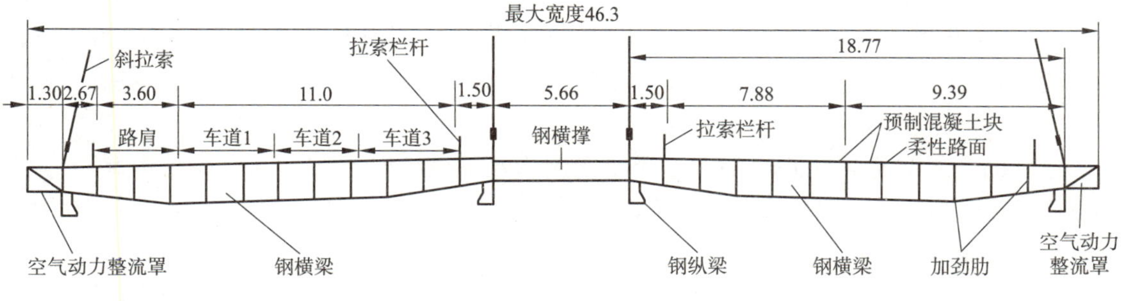

图 6-2　汀九桥主梁一般构造（单位：m）

汀九桥有两个鲜明的特征：一个是在中塔上设置纵向稳定索来提高中塔的刚度，减小最不利加载工况即一跨加载时中塔的弯矩及其变形；另一个是桥塔的构造。中塔设计非常独特，是钢-混凝土组合结构。中塔总高 157.35 m，汀九岸边塔高 129.35 m，青衣岸边塔高 120.35 m。均采用长圆形等截面的混凝土独柱，且为圆端，不仅可以减小挡风面积，圆端形截面使挡风系数由 2.0 减至 0.9，而且美观又便于施工。中塔梁底到塔顶区段宽 5.5 m，长 10 m，高 129 m。宽度受左右车道梁之间的间距限制，故较瘦细，刚度较小，因此用横向稳定索来提高其稳定性。横向稳定索通过撑于塔中段顶部的横撑，锚固于塔中、下段相交处。横撑位于主梁底面以下，采用钢结构，其固定端锚固于塔身，悬臂端用上、下贯通的横向稳定索予以固定。悬臂端的拉索顶端（张拉端）固定在塔身上的钢锚箱中，底端固定在塔墩上（图 6-3）。

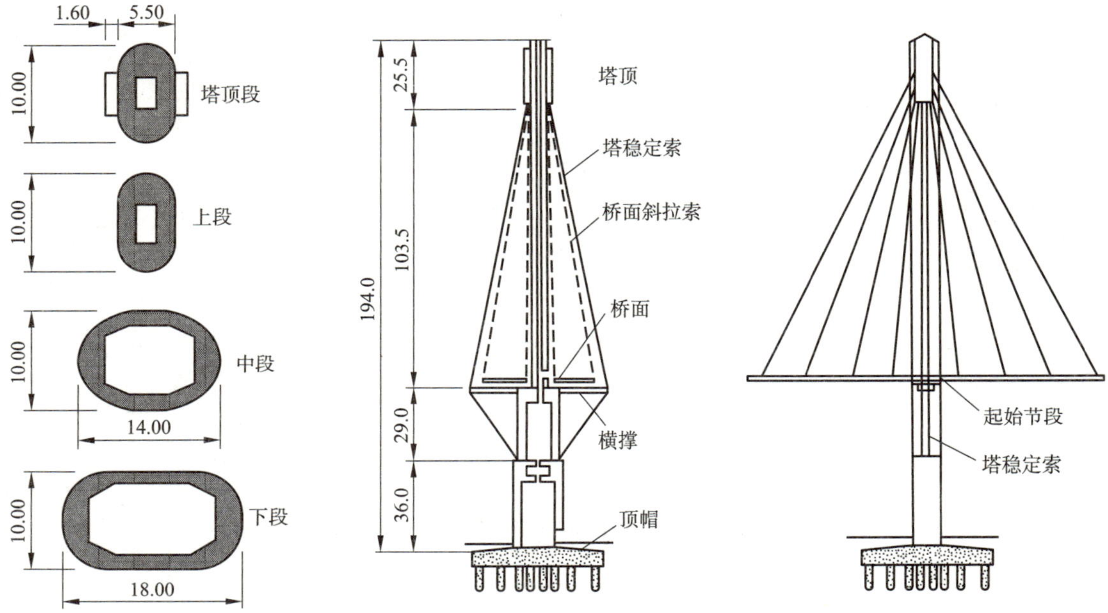

图 6-3　中央主塔的塔顶稳定索（单位：m）

作为三塔四跨连续斜拉桥的中塔，设计者摒弃了造价昂贵的刚性塔柱的方案，而采用增设塔顶纵向稳定索的办法来满足中塔的刚度要求。同时，对斜拉索在塔柱上的锚固采用在塔柱上设置钢锚箱的办法，以避免在塔身上预留孔道和浇筑锚块。这样做，大大节省了桥塔的施工费用和时间，从而大幅度地降低了全桥的工程造价，如图 6-4 所示。

中塔的塔顶稳定索如前面图 6-1 所示，其最大水平投影长度为 475 m，索长达 507 m。索的自重垂度也较大，从而较多地降低了索的非线性弹性模量。但是，对稳定索而言，利用的是索力的水平分力。

由于有 4 个索面，主梁和主梁桥面系的受力状态大为改善。因此，它们的构造都是较为轻型的钢结构，这给主梁的安装提供了极为有利的施工条件。建成后汀九桥的照片如图 6-5 所示。

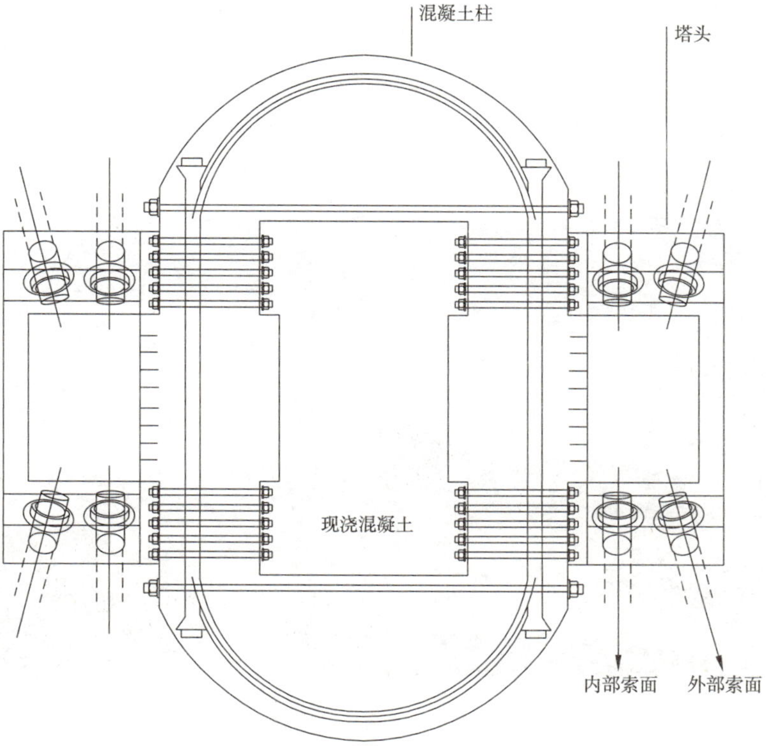

图 6-4　汀九桥中塔锚固区构造

图 6-5　香港汀九桥

6.2　夷陵长江大桥

夷陵长江大桥于 1998 年 11 月 28 日动工，2001 年底建成通车，建成后照片如图 6-6 所示。大桥工程全长3.246 km，主桥为单索面三塔预应力混凝土斜拉桥，主跨为2×348 m，其跨度在同类型桥梁中位居世界第一。主线设双向四车道，主桥两侧各设2 m宽人行道，桥面宽度20 m，主桥考虑斜拉索锚固空间后，桥面全宽23 m，设计车速为60 km/h。桥址处平均水面宽约730 m，河床为砂卵石层覆盖，由北向南厚度由20 m逐渐减小，至江心约为4 m，南岸基岩裸露。基岩以中细砂岩为主，厚度较大，强度较高。

图6-6　夷陵长江大桥

该桥主梁为箱形展翅截面，中塔塔梁固结，边跨采用多跨连梁结构，刚度好，线形美，造价低；新型的全封闭平行钢绞线斜拉索体系及多层聚乙烯保护，防腐性能好；双螺旋PE管护套，可很好地抑制风雨振；主梁内设置钢绞线体外预应力与混凝土箱梁共同受力，使主梁断面更加经济；主梁悬拼采用一套完整的监控技术，达到未加任何垫片的高精度合龙。

1. 桥式布置

主桥桥跨布置主要涉及航运、地质、水文及结构等多方面因素。桥位区段的航道情况，从实际测得的高、中、低三种水位的航迹线的资料来看，航道范围比较稳定，虽然高低水位期间航道有摆动，但在各种水位条件下，航道范围控制在约400 m宽度内。其中高、中水位时，上、下航迹带呈分水道布置，上行位于北，下行位于南，而低水位时，则集中于南。江心一定宽度水域为非习惯性航道水域。桥址河段的河势在近百年来没有明显变化，是稳定的。在未来年代，桥址区航道不会变迁。鉴于上述航行分布的特点，桥跨布置宜采用一个主航道覆盖上下行航迹带，一跨过江，或以两个主通航孔分别覆盖上下行航迹带方案，以确保建桥后航行船舶的安全畅通。

根据上述的航道条件，桥跨布置宜采取上下分行单向通航和单孔双向通航的桥跨布置两种方案。同时考虑到桥址区码头锚地的布局，主孔跨度宜为300～450 m。斜拉桥方案，可通过独塔、双塔及三塔方案来适应航道的要求。

从工程估价、使用条件、结构性能、施工条件、技术水平、建筑造型等方面进行比较，推荐采用三塔单索面混凝土加劲梁斜拉桥。桥式布置如图6-7所示。

斜拉桥结构布置为120 m+2×348 m+120 m预应力混凝土加劲梁，其中120 m边跨又由三个小跨38 m+38.5 m+43.5 m组成。

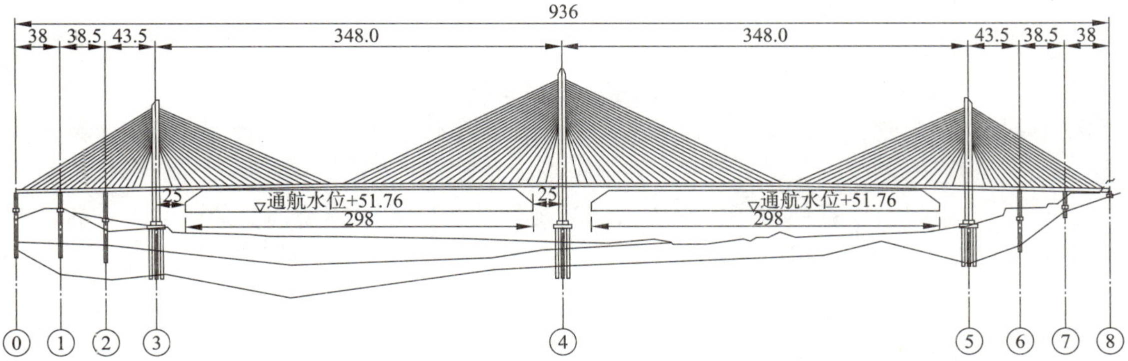

图 6-7　夷陵长江大桥主桥桥式立面布置（单位：m）

全桥三个主塔塔高不等，两边塔结构相同，中塔高于边塔。主塔采用钻石形钢筋混凝土结构，边、中塔自承台顶以上高度分别为 106.5 m 和 126.0 m。塔身均为单箱单室或单箱双室截面。

本桥为单索面斜拉桥，斜拉索置于桥面中央，断面上每个编号的斜拉索均由两根组成，间距 1.2 m。梁上索距主跨 8 m，边跨 5.5 m，塔上索距 1.6 m。每个边塔上布置了 18 对斜拉索，中塔上布置了 23 对斜拉索，全桥共 236 根斜拉索。

2. 结构体系

全桥除三个桥塔及两个边墩之外，在 120 m 边跨各设有两个辅助墩，每个辅助墩设一个纵向活动支座。每个边墩处均设有两个纵向活动支座，横桥向间距 12 m。每个边塔墩处各设有两个纵向活动支座，横桥向间距 10.4 m。中塔墩处为塔梁墩固结。边墩、辅助墩、边塔墩和中塔墩共同组成全桥的抗扭支承体系。

在各边墩、边塔墩处设有横向支座，起抗风、防震、限位作用。

三塔斜拉桥由于存在着结构体系较柔的特点，夷陵长江大桥三塔斜拉桥的设计并没有对中塔采取特别的尺寸加大或缆索加劲措施，中塔塔身尺寸及其基础规模与塔高相当的双塔斜拉桥差别不大，其在最不利活载作用下，挠跨比为 1∶950，可见本桥具有良好的刚度，这主要通过对结构体系的布置与处理，结构的合理选配等技术措施予以实现。夷陵长江大桥通过对三塔斜拉桥在不同体系和不同主梁形式及有无加劲索条件下结构的受力分析得出以下结论：

（1）主梁的形式对三塔斜拉桥主塔的受力影响较大，混凝土箱梁自重大，相应斜拉索用量较多，斜拉索用量的增加对提高体系刚度作用较大。值得一提的是单纯直接加大斜拉索用量达不到增加体系刚度的目的，主梁形式的选择，斜拉索的用量等都不是孤立的，必须综合各方面因素，合理地选择才能经济有效地解决问题。

（2）斜拉桥边跨辅助墩对提高结构体系刚度、减小梁、塔受力作用非常显著。其作用机理是辅助墩的设置使得边跨主梁在活载作用下的挠度得以控制，数值很小。因此，锚于其上的斜拉索的尾索效应得以更好地发挥与体现，边塔的塔顶位移减小、受力降低，由此中塔也将受益，大大提高了结构体系刚度。

（3）加劲缆索对改善中塔受力是显著的，对中塔弯矩的降低尤其明显，无论是在边跨有无辅助墩、加劲梁采用不同的形式下，加劲缆索对改善中塔受力，都有很好的作用。但对改善主梁受力作用较小，对边塔受力影响甚微。本桥虽为三塔斜拉桥，两主跨跨度达348 m，但设计未采用加劲缆索，主要考虑到在采用混凝土主梁、边跨设有辅助墩等条件下，结构具有较好的体系刚度，塔梁受力处在较为合理的范围之内，所以无需采取如加劲缆索等技术措施。从中塔受力看，现状条件下主塔受安装阶段不平衡荷载作用控制，进一步减小其运营状态受力已不能减小其结构尺寸。在边跨不宜设置辅助墩或主梁采用钢箱梁等轻型结构情况下，三塔斜拉桥设置加劲缆索对中塔进行加劲效果则尤为突出，加劲缆索体系的有效性、合理性及经济性会得到充分地体现。

夷陵长江大桥从更好地满足通航要求角度出发，采用三塔斜拉桥方案，因其仅有中塔及基础处于深水之中，两边塔均处岸边，又显示出其经济上的合理性。

3. 主塔基础

中塔基础采用16 根直径2 m 的钻孔桩，承台尺寸16 m × 16 m，塔座平面尺寸为顺桥向13 m，横桥向14. 8 m，承台及塔座四角均倒一个半径为2 m 的圆弧，主要考虑改善水流条件，承台厚3 m，塔座高3 m。钻孔桩采用行列式布置，桩长42 m。

两座边塔均位于岸边，基础各采用11 根直径2 m 的钻孔桩，承台平面尺寸顺桥向为14 m，横桥向16 m，塔座平面尺寸顺桥向11 m，横桥向为16 m，承台、塔座厚度均为3. 0 m。钻孔桩采用梅花形式布置，即4、3、4，共三排，桩长3 号墩为44. 0 m，5 号墩为34. 0 m。

4. 主塔

三座混凝土主塔造型一致，只是在细部尺寸上不同。塔身上段均为适应中心索面的格局而采用的倒Y 形构造，其首先有很好的横向稳定性，其次是不占用桥面宽度，适用于大跨度的单索面斜拉桥，同时在桥面上视野开阔。塔身下段考虑到水深涨落变化幅度大等流态因素，采用单箱三室截面。三塔并列直立于宽阔的江面，极具标志性的作用。

主塔采用C50 混凝土，为钢筋混凝土结构。中塔与两座边塔采取高度不等的错落布置，如图6-8 所示。中塔高出两座边塔约20 m，承担着主跨桥长56% 的荷载，并与主梁固结，成为对全桥的纵向水平约束和抗扭转的刚性节点。布局上有意地使其承受较大的竖向荷载，促成截面尺寸的增大而具有较大的约束刚性，从而也使主梁在长大双悬臂施工中具有良好的稳定性。两座边塔因承受荷载较轻而截面尺寸相对较小，依靠岸跨具有较大的竖向刚度和斜索的后锚作用，从而在整体上保证了全桥的竖向刚度。

三个主塔均以黄海高程 + 42. 0 m 以上为塔，其中中塔全高126 m，南、北边塔全高106. 5 m。

中、边主塔除下横梁结构、塔底宽度不同，其余结构只是高度、宽度等方面尺寸的差异。相同点：索锚固区柱为箱形截面，横向宽4 m，锚索部分板厚1. 4 m，侧板厚0. 60 m；上横梁为实体，厚2 m；上塔柱为等截面矩形空心柱，横桥向壁厚0. 60 m，纵桥向壁厚均为0. 7 m，横向宽3 m，上塔柱向内倾斜度为3/11；下塔柱为双室箱形截面，倾斜度为4. 04∶1，中壁厚0. 80 m。不同点：中塔纵向宽均为7 m，塔底宽13. 8 m，下塔柱单箱双室截面，外壁厚1. 8 m，中腹厚1. 0 m，下横梁为实体结构，在此，主梁与下横梁为固结，与0 号块一起浇灌；南、北边塔：纵向宽均为5. 5 m，塔底宽15. 4 m，为单箱双室截面，下塔柱外壁厚1. 5 m，中腹板厚度为0. 8 m，下横梁为实体结构，顶面布置横向支座挡块和竖向支座垫石。

全塔塔柱、上横梁及塔座为钢筋混凝土结构，下横梁因受自重弯曲和中斜柱引起的很大拉应力，为改善受力状况，采用预应力结构。

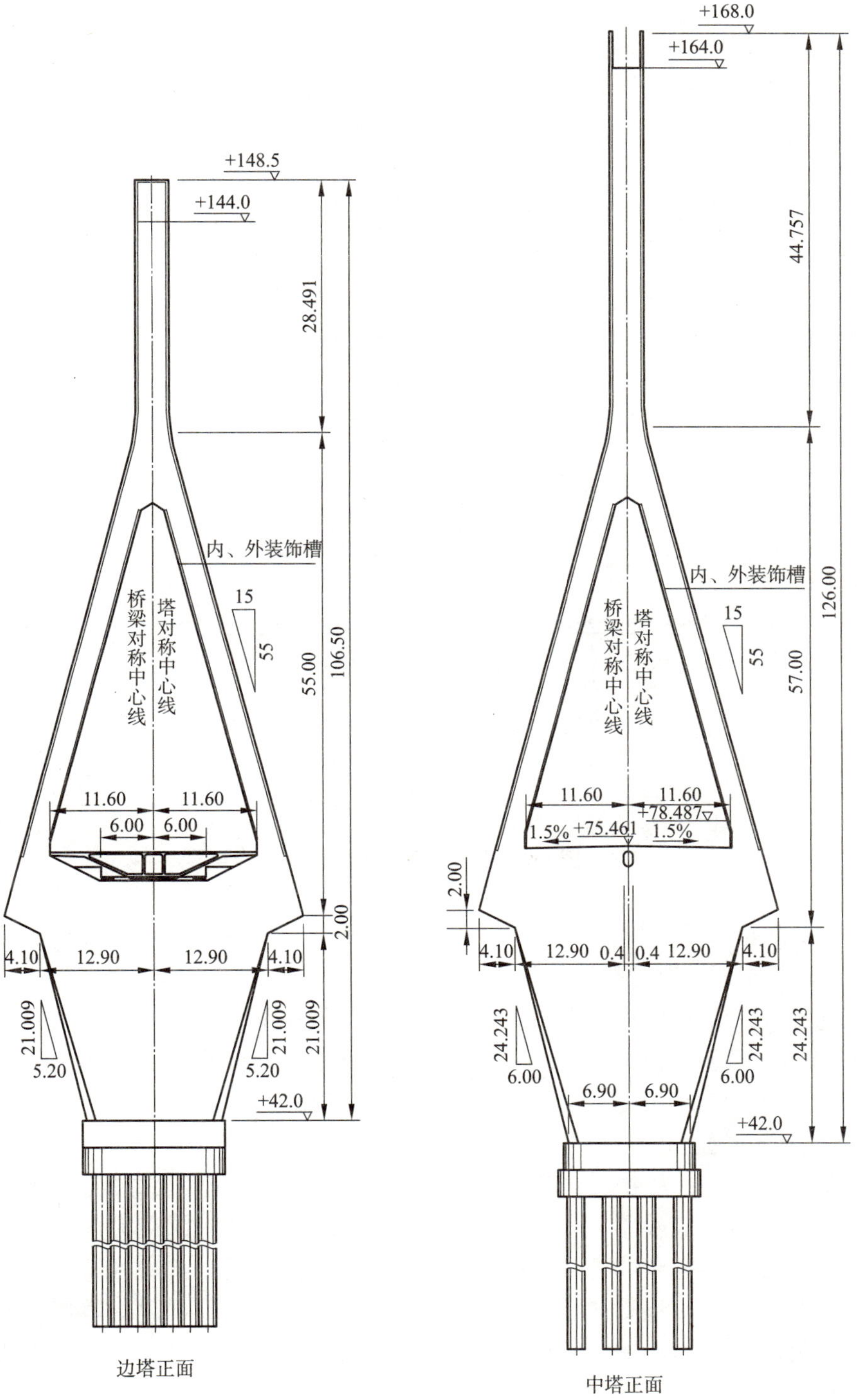

图 6-8　主塔结构示意（单位：m）

为确保施工质量及精度，塔座与塔柱内埋放钢劲性骨架和斜索管道定位架供模板悬挂、定位及斜索管道定位。塔柱外表面设装饰槽口。

5. 主梁

主梁为预应力钢筋混凝土结构，在纵向以采用连续配置的体外预应力束为主。主梁截面形状以适应中心索面直接传力和横向双伸臂的荷载条件，采用了简洁合理的倒梯形箱展翅梁新构造。在主塔与斜拉索的承托之下，形同提篮横跨在江面之上，结构本身的造型具有既轻盈又稳重的景观美感。

桥梁全宽23 m，中央索区宽3 m，两侧人行道净宽各2 m，边栏杆宽0. 25 m，即：0. 25 m（边栏杆）+2 m（人行道净宽）+7. 75 m（车行道）+3 m（中央索区）+7. 75 m（车行道）+2 m（人行道净宽）+0. 25 m（边栏杆）=23 m。桥面设1. 5%双面坡，索面间距为1. 2 m。

主梁为单箱三室倒梯形截面，三向预应力混凝土结构，主梁全桥外轮廓尺寸一致，梁高3 m，顶板宽23 m，底板宽5 m，两侧悬臂长3. 5 m。主梁边跨长约90 m区段为压重段，压重集度约40 t/m。主梁断面如图6-9所示。

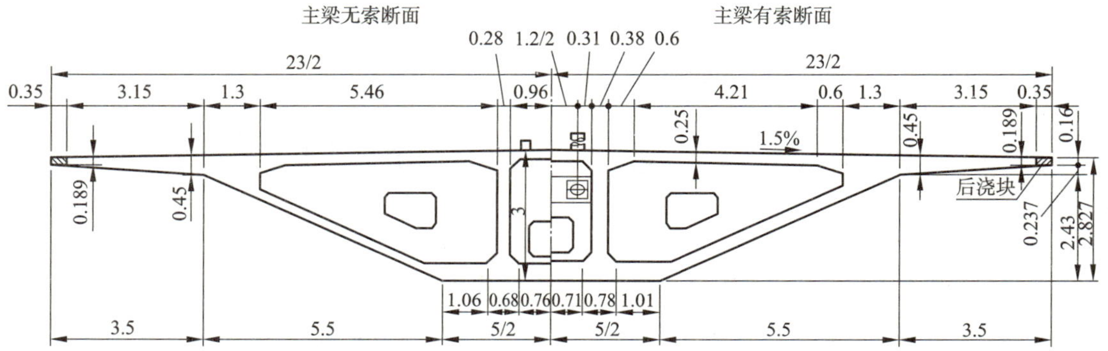

图6-9　主梁断面（单位：m）

主梁边跨与边塔处0号块共长131 m，均采用膺架现浇法施工，中塔处0号块现浇长度22 m。其他梁段均采用预制悬拼法。

主跨预制悬拼梁段间隔40 m左右设一道0. 5 m宽湿接缝，其余均为干接缝。除合龙段外，一个348 m的主跨共设0. 5 m宽湿接缝7个。两个湿接缝间长约40 m的梁段要求在同一台座上预制，预制块件的匹配性要好，以便减小悬拼的施工误差。施工累计误差通过湿接缝及时消除，尽量避免通过垫片调整线形。

梁体预制块长度分别为4. 0 m、3. 5 m（有湿接缝处）、3. 0 m（合龙段），预制块采用等截面，顶板厚220 mm，底板厚350 mm，合龙处8 m长梁体因纵向预应力束起弯，底板厚度增至400 mm。直腹板厚280 mm，斜腹板厚200 mm，悬臂板根部厚450 mm，最外部厚160 mm，直腹板中心距2. 2 m，横隔板厚200 mm，有索时中室处横隔板厚度加至300 mm。一个预制块件顶板设8个剪力键（槽），直腹板设6个，斜腹板设2个，湿接缝两端梁体不设剪力键（槽）。

中塔处主梁截面加大，顶板厚500 mm，底板厚600 mm，直腹板厚600 mm，斜腹板厚400 mm。主梁与中塔相交处，沿周边（顶板除外）设1 m×0. 2 m倒角。

边跨现浇段因设压重、辅助墩，截面变化较多，其一般截面如下：顶板厚250 mm，直腹板厚380 mm，斜腹板厚320 mm，悬臂板尺寸、底板宽度、直腹板中心距同主跨。

主梁采用三向预应力体系：

（1）纵向预应力。纵向预应力分三大类：预应力粗钢筋、体内钢绞线束、体外钢绞线束。体内钢绞线均为有粘结钢绞线。

预应力粗钢筋采用直径 32 mm 精轧螺纹粗钢筋，主跨全断面共 40 根，顶板 26 根，斜腹板处 14 根，为预制块件悬拼用预应力。边跨粗钢筋数量减半，边跨逐段现浇时，粗钢筋逐段接长张拉，以承担施工荷载。

体内钢绞线采用直径 15. 2 mm 高强低松弛钢绞线，边跨均采用体内钢绞线束，在边跨现浇工作完成后全部张拉，以形成边跨多跨连续体系。主跨预应力有两种形式：体内钢绞线束和体外钢绞线束。在主跨合龙前张拉一半体内钢绞线，合龙后张拉另一半体内钢绞线和全部体外钢绞线。体外钢绞线紧靠主跨底板布置，采用分段锚固以减小钢绞线“平均应变”带来的不利影响。

（2）横向预应力。采用直径 15. 2 mm 高强低松弛钢绞线，规格为 4 孔扁锚。配置横向预应力以抵抗梁体横向负弯矩，满足横向受力要求。主跨有索横梁和无索横梁内力相差不大，采用相同配束，均为 6 根，边跨因设有压重，横向弯矩较大，每个横梁处配束 10 根。

（3）竖向预应力。采用直径 32 mm 精轧螺纹粗钢筋，竖向预应力只布置在斜拉索锚固处，以传递斜拉索拉力，满足局部受力需要。每索处配粗钢筋 10 根。

主桥全长 936 m，两端的边跨受两岸地形的限制仅长约 120 m，为了与 348 m 的主跨保持平衡，在箱梁内采用后填低强度等级混凝土予以压重。从避免该段梁体在施工过渡期间超重量受力和施工可行方面出发，全梁段在满布膺架上建造。主跨梁段为保证截面尺寸和重量的准确，则采取分节段在制梁场内匹配预制，然后逐段下水运至安装位置进行起吊安装的方案。每个预制节段的长度 4 m，重约 160 t。由于在中塔处为塔梁固结，两端的边孔主梁已在膺架上现浇定形，主跨的梁段拼装分别从四个出发点向两个主跨中心点合龙，在各拼装段之内按约 50 m 间隔预留一处湿接缝，以备对施工误差引起的线形变化作及时的调整。

6. 斜拉索

本桥为单索面斜拉桥，斜拉索置于桥面中央，断面上斜拉索均由 2 根组成，间距 1. 2 m。梁上索距主跨 8 m，边跨 5. 5 m，塔上索距 1. 6 m。每个边塔上布置了 18 对斜拉索，中塔上布置了 23 对斜拉索，全桥共 236 根斜拉索。

本桥采用钢绞线斜拉索，它是采取在镀锌钢绞线空隙满注油性蜡和用高密度聚乙烯（HDPE）单根封闭的高强度钢绞线按所需根数平行组合，再套以全圆形高密度聚乙烯（HDPE）护筒，而形成的具有多层严密防护的新构造。承受高强拉力的钢绞线从镀锌、绞线、注蜡和封闭均在工厂由一条流水线连续完成，避免了因制索工艺中间环节过多辗转而致伤的意外因素，因而极大地保证了多层防护的可靠性。外护筒除为保护内部不受紫外线和环境意外行为等伤害外，并以其表面所附的凸出螺线对斜索的雨振现象自行发挥抑制作用。它的施工安装基本上是一种轻便的放线式作业，单根逐一挂设和张拉，用专门的夹片群锚直接在桥上进行锚固。从而也就免除了需在工厂精确测长下料、浇制锚头和整索预张拉等作业。工艺装备和转运操作等均因此而简化。整索张力的建立是通过“等张力法”的理论概念进行逐根张拉并以传感器监控，达到单根受力基本一致。在最终作全桥调整时，采用大千斤顶对整索进行张拉。在桥梁的长期运营中，可以使用小型轻便的千斤顶，随时对斜索中的单根钢绞线的受力分组抽样检测，进行监控。

6.3 希腊里翁—安蒂里翁桥（Rion-Antirion Bridge）

1. 总体布置

里翁—安蒂里翁大桥横跨隔断希腊大陆与希腊最大半岛伯罗奔尼撒之间的科林斯海湾，位于希腊西部的巴特雷市，是希腊西部新干线和欧洲运输网的一部分。大桥建在地壳运动的强地震带，而且地质条件差，水深、通航要求高等不利条件给建桥带来了很大的困难。大桥主桥为多塔结合梁斜拉桥，孔跨布置为 286 m + 3 × 560 m + 286 m，主桥长 2 252 m，主梁高 2. 82 m，主梁宽 27. 2 m。结构总体布置如图 6-10 所示。

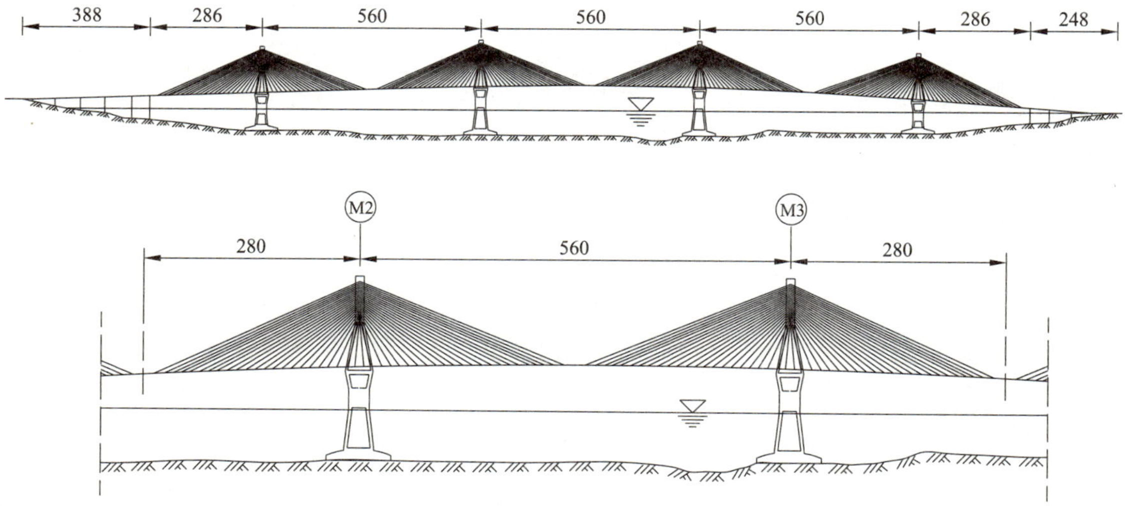

图 6-10 里翁—安蒂里翁桥总体布置（单位：m）

大桥于 1999 年 10 月正式施工建设，2004 年 5 月 21 日主梁合龙，2004 年 12 月 8 日开通运营。该桥位于地壳运动的强地震带，跨越深水的海峡和厚沉积土，在十分困难条件下建桥，确实对建设者是一个极大的挑战，在该桥设计中采用了全飘浮五跨连续斜拉桥，基础采用了在加固地基上铺设卵石垫层的沉箱基础解决大的水平位移。在施工中采用了大型浮式起重机安装上塔柱和主梁，在船坞中预制和浮运沉箱基础等海上作业的方法。

该桥所处的建设条件相当复杂，主要表现在水深（65 m）、深厚的软弱土层、可能的强地震运动（包括潜在的构造运动）等方面。特殊的建设条件给桥梁设计、施工带来了巨大的困难。由于地壳运动时至今日伯罗奔尼撒半岛仍以每年 8 ~ 11 mm 的速度漂离大陆。在这个区域的一些活动断层造成强烈地震，在过去的 35 年间科林斯湾发生过 3 次里氏 6. 5 级以上的地震。考虑了地壳板块漂离和地震时产生位移，要求设计考虑可能的地质构造水平和竖向各 2 m 的变位。

桥梁要承受 2 000 年一遇的地震，这时海床地震反应谱峰值加速度为 0. 48*g*，最大加速度为 1. 2*g*，地震周期近 50 s。同时桥梁还要能承受竖向和横向最大 2 m 的断层位移，以及 18 万吨级油轮以 8. 2 m/s 速度的撞击力和强风作用。在这样的地震力作用下，一是要采取隔振措施，允许基础与地基之间有滑动，二是要保证在较大的地震力作用下，也不会发生塔柱的塑性变形。桥位的地质情况也非常复杂，海床下 500 m 内没有基岩，这就意味着桥梁基础必须坐落在土壤上而不是岩石上。海床处上层 4 ~ 7 m 土层由砂砾构成，其下分布着砂层、淤砂层、淤泥土层等，而在 30 m 以下时，土层逐渐变得均匀，主要以淤泥土和黏土组成。里翁—安蒂里翁大桥为双向 4 车道高速公路桥，经比较，采用了比较经济而少见的多塔斜拉桥方案。

由于抗震的要求，该桥主桥采用了五跨全飘浮体系的连续结构，纵向位移基本不受约束，在主桥两端为纵向可摆动的钢排架。基础和桥塔采用如图 6-11 所示的结构，基础为大型沉箱，放在砂砾垫层上（可以起到隔振和消除基础与地基间的相互位移的作用），其上是粗壮的圆锥形墩身。为了克服在强地震时，塔顶过大的水平位移和塔根弯矩，采用了金字塔式的 4 腿柱的塔形和阻尼器，以保证在强地震时塔柱内仅发生塑性铰。主梁也大胆地采用了钢与混凝土的组合结构。

图 6-11　基础结构示意

2. 基础及下部结构

由于海床 20 m 深范围的土层力学性能较差，为此，每个桥墩基础下用长 25 ~ 30 m、直径 2 m 的钢管以 7 ~ 8 m 的间距进行土体加固，每墩约使用了 250 根钢管。为允许基础与地基之间滑动，在打入钢管施工完成后，在土层基面上铺设厚 0. 5 m 的砂层，再在其上铺设厚 2 m、直径为 100 ~ 800 mm 的鹅卵石层，最上面铺设厚 0. 5 m 的碎石层。桥梁基础直接摆放在上述 3 m 厚的砂砾层上，基础和砂砾层间没有连接，可在地震时产生向上及左右的移动（但在运营期及小地震时不会滑动），同时起了隔振的作用。

基础由直径 90 m 的混凝土沉箱构成。由于沉箱尺寸较大，采用 32 片放射状梁进行加劲，每片梁厚 1 m，高度从中心的 13. 5 m 降到边缘的 9 m。桥墩直径从底部的 38 m 过渡到上端 27 m 的圆锥形构架，组成水下基础的上半部分，其高度根据水深和桥墩位置为 37 ~ 53 m 不等。施工时，用专用驳船进行 65 m 以下海床的挖掘、钢管桩打入、铺设和找平砂砾层等作业。沉箱基础利用干船坞制造，将每个沉箱浇筑到 15 m 标高后，再被拖放至旁边的湿船坞，在那里完成锥形结构浇筑，然后拖到永久墩位沉入水底。

在海平面以上的桥墩呈八边形，墩高 26 m（中间两墩）和 6 m（两边墩）。桥墩顶部是倒金字塔状结构，高 16 m，顶面为边长 40 m 的正方形。再往上则是 4 根钢筋混凝土塔腿，每根尺寸为 4 m × 4 m × 0. 7 m。4 根塔腿均朝中间倾斜，至上塔柱底处合并为整体，以保证支撑不均匀活载和地震荷载所必须的刚度。塔柱顶部为35 m高的上塔柱，上塔柱由钢锚箱与两侧厚2.5 m的竖向混凝土墙组成，形成整体连接结构。

桥塔采用C60～C70混凝土，设计时除了对混凝土强度提出了较高的要求外，对混凝土的延性指标等也规定了较高和具体明确的要求，在塔柱内布置螺旋钢筋的箍筋以提高混凝土延性，并适应地震时塔顶可能发生的较大位移。

该桥桥塔锚固采用钢锚箱，设计每节钢锚箱重约30 t。施工时，施工单位将7节钢锚箱在岸上拼成一体，采用大型浮式起重机一次起吊，在塔顶上设有临时脚手架提高了安装精度，加快了施工速度。

3. 上部结构

该桥采用钢-混凝土组合梁，梁宽27 m，钢工字梁高2.20 m，斜拉索间距22.1 m，混凝土桥面板厚250 mm，采用C60混凝土，如图6-12所示。

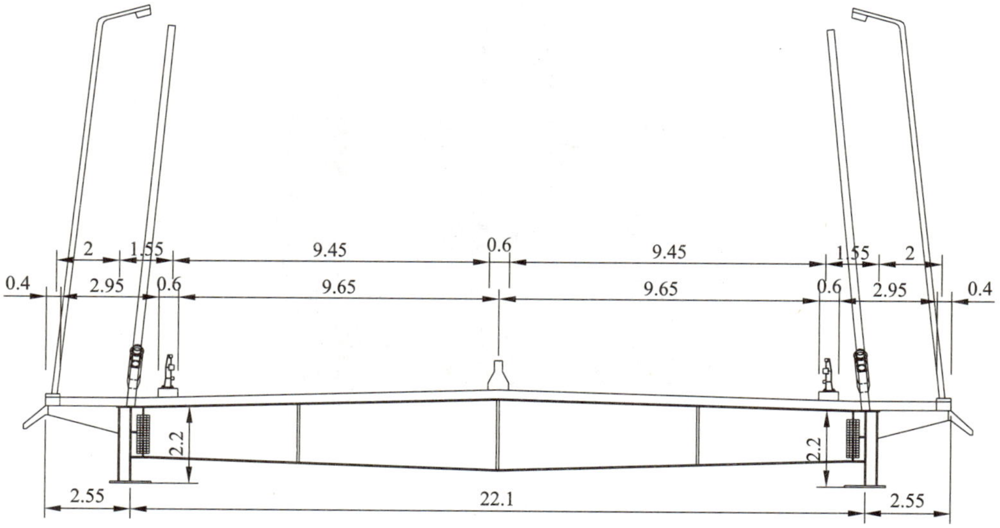

图6-12　里翁—安蒂里翁桥主梁横截面（单位：m）

拉索系统采用钢绞线，强度等级为1 770 MPa，HDPE护套外设螺旋线防风雨振，最大的拉索内含73根索股，每索股直径15 mm。每跨设有2×23对斜拉索，标准索距12.15 m。斜拉索经过了单索、多索疲劳试验。斜拉索与主梁的连接方式为锚拉板式（图6-13），这种方式便于养护和维修，但对锚拉板与主梁连接的焊接技术要求很高。由于主梁采用飘浮体系，梁和桥墩相接处，梁上布置连接墩梁的5个阻尼器。为了保持梁的抗风稳定性和减少运行中的活载及温度引起的横向位移，每墩设有1根中间阻尼器，它的容许力为1 000 kN，它可以在顺桥向位移1.6 m，在横桥向则几乎不动。在大地震发生时，中间阻尼器破坏，梁的运动能在4只连到塔座上的液压阻尼器的作用下得到缓解。阻尼器的最大阻尼力约为3 500 kN，在极端地震作用下，梁和塔柱间容许动态相对位移约为3.5 m，最大速度为1.6 m/s。在活载作用下，纵向位移可达到2.5 m，而横向位移由于设有阻尼器可忽略不计。极限状态下，两个方向均有可能产生最大5 m的运动。因此，梁端支撑设置了高14 m、能承受竖向荷载和梁体纵向位移的竖向钢架。箱梁和钢架间的连接和箱梁与塔基的连接类似，采用了支柱和两套阻尼器。桥梁两端分别设有两个大型伸缩缝，伸缩量2×1.5 m，在地震时允许其破坏。

图 6-13　锚拉板连接

主梁箱梁节段长 12 m、宽 27 m（包含混凝土板），在现场组拼，每节重约 325 t，采用悬臂拼装法施工。由于采用刚性塔，允许不平衡悬臂施工，但只能差一个节段。梁在拼装时，墩顶块用预应力束将其与塔墩临时固接。建成后的里翁—安蒂里翁桥如图 6-14 所示。

图 6-14　建成后的里翁—安蒂里翁桥

6.4　法国米约高架桥（Millau Viaduct）

米约高架桥因坐落在法国西南部的米约市而得名，大桥全长达 2.46 km，于 2004 年 12

月 14 日建成通车。大桥桥面距地面 270 m，大桥塔顶最高点距离地面 343 m。这座大桥虽然长 2.46 km，却只有 7 个桥墩，其中的第 2、3 号桥墩分别高达 245 m 和 220 m，是世界上最高的两个桥墩。整个工程历时 3 年，总投资 3.94 亿欧元。

1. 总体设计

大桥全长 2 460 m，跨度布置为 180 m + 6 × 320 m + 180 m，钢箱梁斜拉桥，共七塔八跨，结构体系为塔梁固结，塔梁与桥墩铰接。由于两端高度不同，整座桥以 3% 的纵坡由南端向北端下降，桥梁布置在半径为 20 km 的平曲线上，如图 6-15(a)所示。

2. 主梁设计

米约高架桥主梁采用流线形扁平钢箱梁［图 6-15(b)］，因施工过程的顶推需要，采用单箱三室截面，横隔板间距 4.17 m。桥面双向 4 车道，另外设有宽 3 m 的路肩。钢箱梁横截面设计为三角形，以有效减少风阻，还设置了倒流板，从而避免风振对桥面上行驶车辆的影响，大大改善了空气动力性能，增强了主梁线形美感。

3. 桥墩设计

米约高架桥设计时，考虑到桥墩要平衡多跨不对称活载，适应热胀冷缩效应导致的钢箱梁长度的改变和抵抗桥墩弯矩，故将桥墩横截面设计成抗弯刚度较大的箱形截面形式。大桥的孔跨布置和桥墩的形式都经过了严密计算，桥墩底部尺寸为 17 m × 27 m 的钢筋混凝土单柱式桥墩。这些桥墩到一定高度后，沿纵向分叉，分叉高度约 90 m，如图 6-15(c)所示。这样的设计，使支柱有较大的弹性空间，可较好地调节水平和垂直等方向力的变化。

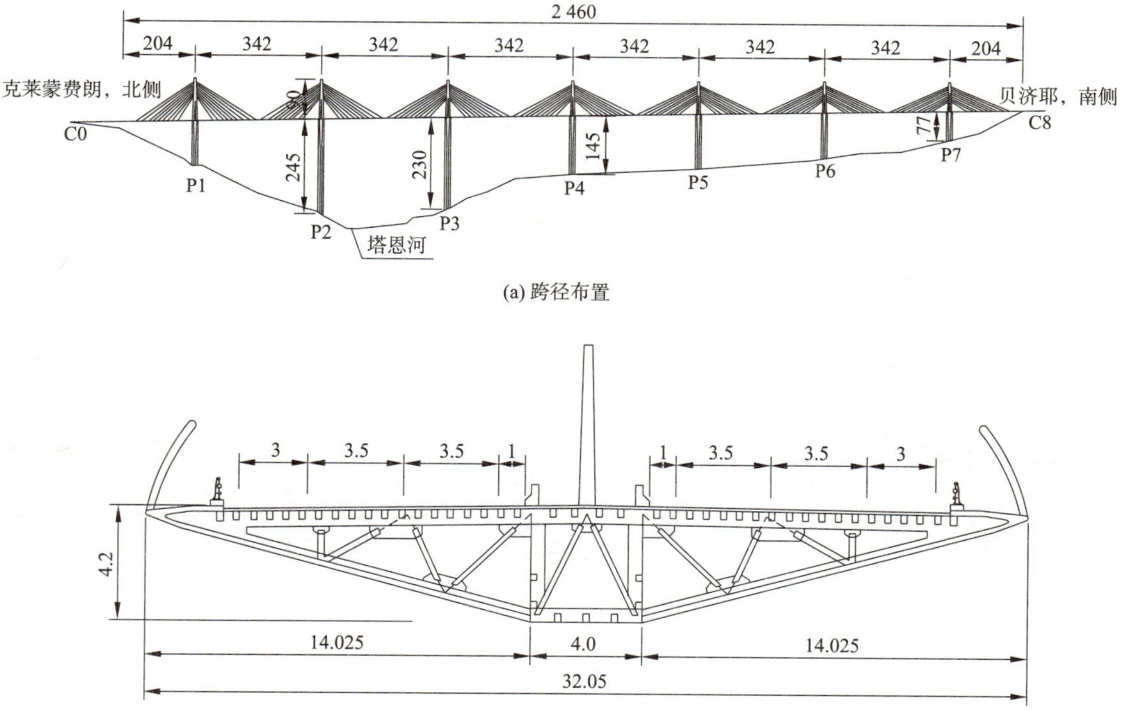

(a) 跨径布置

(b) 主梁截面

图 6-15

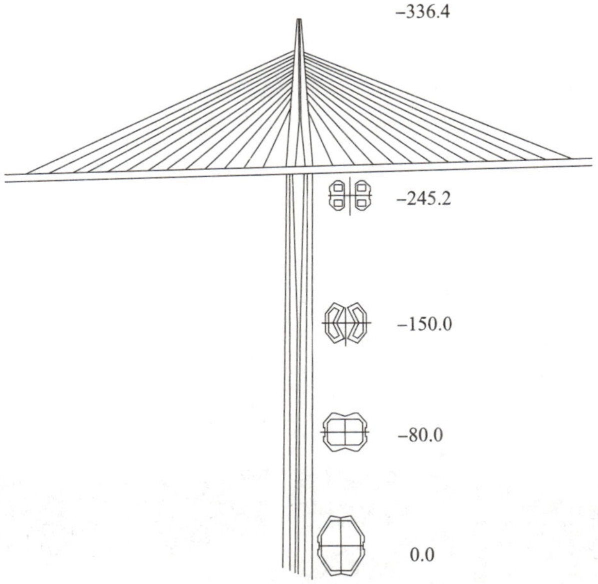

(c) 桥塔立面

图 6-15　米约桥总体布置、桥塔立面和钢箱梁横截面（单位：m）

4. 施工

施工过程中遇到的最大难题是风，当主梁顶推架设过程中梁体处于大伸臂状态，斜拉索的支承也未形成时，梁体会因风力而剧烈摇晃。当风速达到 70 km/h 时，所有工作人员都必须撤离现场。为此，在每个主跨跨中搭设了二百多米高的巨型临时墩以托住桥身，减小主梁伸臂长度，提高抗风能力，从而使工程在大多数时间得以顺利进行。

米约高架桥 P2 墩与 P3 墩之间跨作为合龙跨，直接从两端将钢箱梁顶推至合龙。为了将中间跨顶推距离缩短到 150 m 左右，中间各跨跨中均架设一套横截面 12 m × 12 m、装有顶推设备的钢管桁架的临时墩。边跨的临时墩较中间跨的要小巧、简单得多。两个顶推结构的最前梁段均安装有一桥塔（顶推时为了尽可能减小风的影响，桥塔的高度限制在 70 ~ 87 m），为减小顶推过程中悬臂端的弯矩而张拉 6 对斜拉索（图 6-16）。每次顶推行程 171 m，每顶推一跨均需 5 d 时间，而其中的第一次顶推操作最为复杂，即使是天气条件好，也需 3 d 左右。在顶推过程中，当平均风速超过 37 km/h，顶推操作就必须暂时中止。

图 6-16　米约桥顶推和桥塔竖转

由于桥墩较高，摩擦力必须直接在各个临时墩上得到平衡，因此所有的临时墩上都装有顶推千斤顶。顶推控制命令来自于计算机和传感器，千斤顶正是通过这些控制命令，使得所有临时墩上的千斤顶在任何时刻都有相同的水平位移。

桥面上支撑拉索的80多米高的钢桥塔，先行制造好，用拖车运输到桥面的相应位置后，将桥塔倾斜向上反转（图6-16），安装到桥墩的正上方，再对斜拉索进行张拉。

建成后的米约高架桥如图6-17所示。

图6-17　米约高架桥全景

6.5　济南建邦黄河大桥

济南建邦黄河大桥于2008年5月开工建设，2010年12月建成通车，总工期32个月。大桥按双向六车道、一级公路标准设计，设计行车速度80 km/h，主桥宽30.5 m。

1. 总体设计

桥型方案选择为主跨2×300 m的三塔斜拉桥，整幅布置，三个桥塔采用不等高形式布置，中塔高于两边塔。边跨长110 m，边中跨比0.33，在边跨的跨中附近设一个辅助墩，以提高斜拉桥整体刚度，改善结构受力状况。

斜拉桥中塔用塔梁墩固结方式，两边塔设有横向挡块及竖向支座，分别约束主梁横桥向线位移和竖向线位移及绕桥轴线转动的角位移。桥梁总体布置如图6-18所示。

2. 结构设计

（1）主梁

桥梁总宽30.5 m，即0.5 m(防撞栏)+0.5 m(路缘带)+3×3.75 m(行车道)+0.5 m(路缘带)+0.5 m(防撞栏)+4.0 m(中央分隔带)+0.5 m(防撞栏)+0.5 m(路缘带)+3×3.75 m(行车道)+0.5 m(路缘带)+0.5 m(防撞栏)=30.5 m。

主梁横断面采用单箱四室斜腹板截面，梁高3.5 m，顶板宽30.5 m，底板宽9 m，两侧悬臂长4 m，顶面设2%双向横坡。中跨及边跨未压重段箱梁顶板厚0.22 m，底板厚0.3 m，悬臂端部厚0.18 m，根部厚0.5 m，斜腹板厚0.22 m，边腹板厚0.25 m，中腹板厚0.4 m；边跨箱梁设有压重混凝土段，其斜腹板加厚至0.32 m，底板加厚至0.4 m。主梁采用C50混

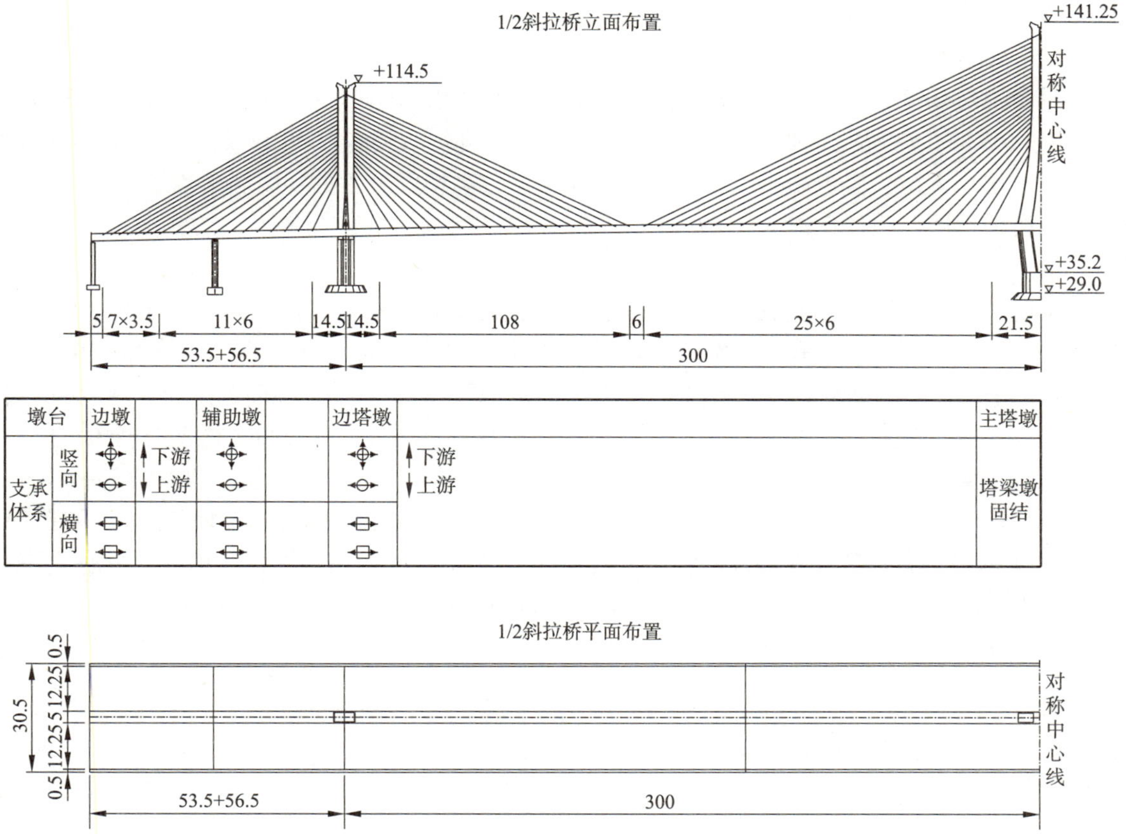

图 6-18　桥梁总体布置（单位：m）

凝土。箱梁标准节段长度按索距划分为 6 m。

标准索距梁段均设有横梁及横向加劲肋板，横梁中箱厚 0.40 m、边箱厚 0.35 m；有压重区段横梁中、边箱厚均为 0.6 m；所有横向加劲肋板厚 0.25 m。中塔采用塔、梁、墩固结，与塔、墩相交处各设一道横梁，厚 7 m。辅助墩顶横梁厚 1.8 m，端横梁厚 1.5 m。主梁横截面如图 6-19 所示。

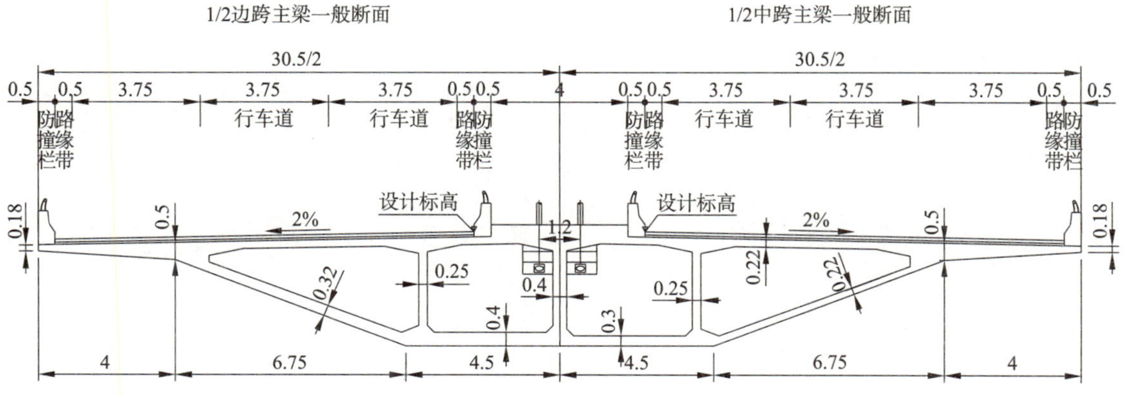

图 6-19　主梁横截面（单位：m）

主梁采用纵、横、竖三向预应力体系。纵、横向预应力束采用 $\phi^{S}15.2$ 钢绞线，标准强度 $f_{pk}=1\,860$ MPa，竖向预应力钢束及主梁悬浇施工临时束采用 $\phi32$ 预应力粗钢筋，标准强

度 f_{pk} = 785 MPa。

（2）斜拉索

本桥锚具均采用张拉端冷铸锚锚具，按钢丝丝数编排分别为 109ϕ7、127ϕ7、139ϕ7、151ϕ7、163ϕ7、187ϕ7、199ϕ7、211ϕ7、223ϕ7、241ϕ7、253ϕ7，共 11 类。本桥斜拉索护套采用双层，内层为黑色高密度聚乙烯，外层为彩色高密度聚乙烯，两层聚乙烯之间应具有良好的机械性能及耐候性能。

（3）主塔

中塔的下塔柱分为两部分，一部分是高 6.2 m、直径 16 m 的圆柱体，另一部分是分开两边高 16.25 m、半径 8 m、斜率为 1∶8.125 的半圆斜柱体，横向宽度为 9 m，两部分均为实体结构。上塔柱均采用空心矩形断面，横向宽度均为 4 m，纵向塔顶宽为 8 m，竖向经半径为 260 m 的圆弧过渡至主梁顶外侧至外侧宽 20 m，并在距梁顶 22.54 m 高度处分离为两个宽为 4.9 ~ 6 m 的斜腿，形成人字形结构。上塔柱高 86.64 m，索锚区基本壁厚为横桥向 0.7 m，顺桥向 1.4 m，在分开成斜腿上部一定范围内横向壁厚逐渐加厚，斜腿部分基本壁厚为横桥向 1.2 m，顺桥向 1.4 m。上塔柱内索锚区设有斜拉索锚块。塔顶部有高 2.25 m 的装饰段，装饰段下设有 0.8 m 厚的盖板，盖板上设有进人孔，在桥面处设有 1.8 m × 1.0 m 的进人孔。如图 6-20 所示。

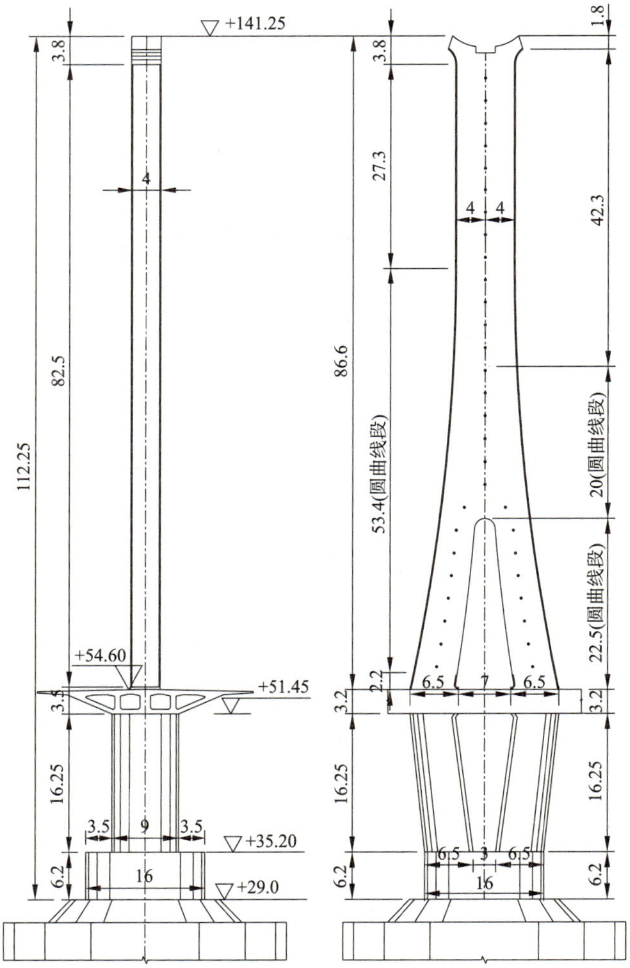

图 6-20　中塔一般构造（单位：m）

边塔的下塔柱高 18.1 m，横桥向等宽 9 m，顺桥向等宽 7 m，采用单箱四室截面，基本壁厚横桥向 1.0 m，中间隔板 2.0 m，顺桥向 1.0 m，中间隔板 0.8 m，在底部及顶部范围内壁厚逐渐加厚。上塔柱均采用空心矩形断面，横向宽度均为 4 m，纵向塔顶宽为 7 m，上塔柱高 67.4 m，索锚区基本壁厚为横桥向 0.7 m，顺桥向 1.4 m，在塔柱变化段横向壁厚逐渐加厚，经 5 m 的过渡段变至下部基本壁厚为横桥向 1.2 m，顺桥向 1.9 m。上塔柱内索锚区设有斜拉索锚块。塔顶部有高 2.2 m 的装饰段，装饰段下设有 0.8 m 厚的盖板，盖板上设有进人孔，在桥面处设有 1.8 m×1.0 m 的进人孔，电力管线从该处通过。如图 6-21 所示。

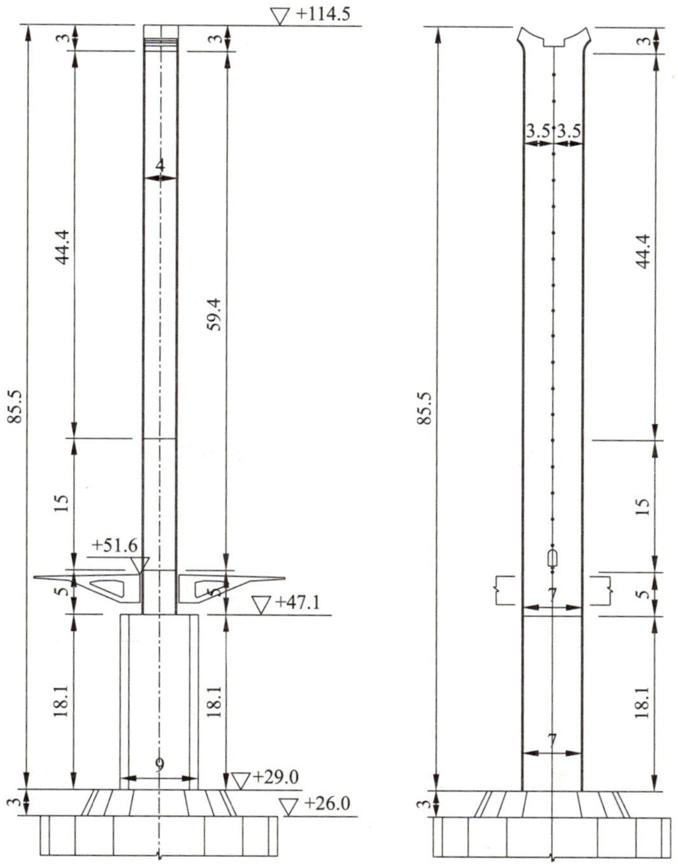

图 6-21　边塔一般构造（单位：m）

6.6　郑州黄河公铁两用桥

郑州黄河公铁两用桥是京广高速铁路和郑州—新乡城际公路跨越黄河的共用桥梁，距下游郑州黄河公路二桥约 6 km。铁路桥包括主桥、公铁合建段引桥及分建铁路引桥部分，桥梁长度 14 886 m，其中合建段桥梁长度 9 176 m。

上层桥面为双向六车道一级公路，设计时速 100 km；下层通行双线高速列车，设计时速 350 km。

1. 桥式布置

黄河主槽冲淤、改道及变迁频繁，防洪要求是桥式布置的主要控制因素。大桥主桥全长1 680 m，分两联布置（图 6-22），第一联为 120 m + 5 × 168 m + 120 m 的六塔连续钢桁结合梁斜拉桥，第二联为 5 × 120 m 的连续钢桁结合梁桥。

为避免长联结构的温度效应，支承体系采用塔、梁固结，塔、墩分离。其中 4 号墩处设置纵向约束支座，其余各墩设置纵向活动支座。主梁为三片主桁构造，横向设置三个支座，其中中支座横向约束，两个边支座横向活动。

为了增加主梁的刚度以及公路桥面铺装的耐久性，主梁采用钢桁结合梁，公路桥面采用预制混凝土板，铁路桥面采用正交异性钢桥面，第一联采用多塔斜拉桥，主梁具有竖向刚度大，梁端转角小，整体性好，利于高速行车，公路桥面铺装易于维护的特点。为了不增加桥面宽度，便于与主梁连接，主塔采用钢结构，设置于中央分隔带，斜拉索为单索面扇形布置。

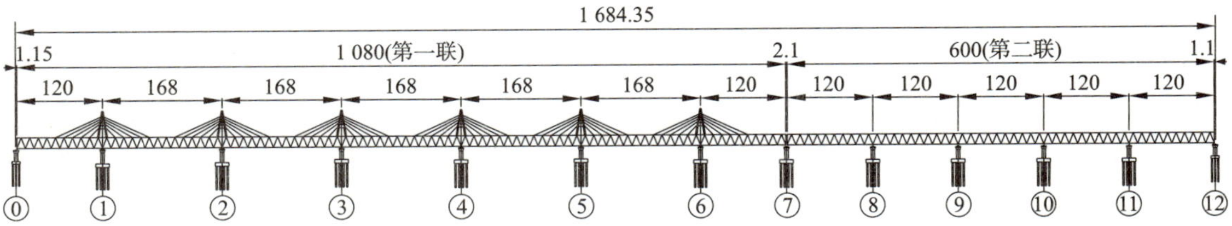

图 6-22　郑州黄河公铁两用桥主桥桥式布置（单位：m）

2. 结构设计

（1）主桁及杆件

我国已建成的公铁两用桥如武汉长江大桥、南京长江大桥都为两线铁路与四线公路的组合，也存在公路桥面比铁路桥面宽的问题。当时的设计，主桁均采用竖直布置，主桁外采用钢挑臂支撑公路桥面。

郑州黄河公铁两用桥上层为六线公路，桥面宽 32. 5 m，下层通行双线高速列车，线间距5 m，公路、铁路桥面宽相差约 17. 5 m。结构设计时进行了多方案比较，其一，沿袭传统的设计采用直桁外加挑臂的构造形式，如图 6-23 所示，挑臂长达 7. 75 m，设计难度大，构造复杂，经济性及景观效果均较差。其二，若减小挑臂，桁宽增加到 24 m，造成铁路桥面浪费，经济性差。

经过详细的技术经济比较，最终决定采用三片主桁、边桁斜置方案（图 6-24）。中桁减小了公路桥面的计算跨度以及与钢主塔直接拼接，公路桥面悬臂长 4. 25 m，无需设置托架，上弦桁宽为 2 × 12 m，下弦桁宽 2 × 8. 5 m，边桁倾斜 14. 036°。相应地边桁杆件均采用平行四边形截面（图 6-25），上弦杆高 1 200 mm，宽 940 mm；下弦杆高 1 400 mm，宽 940 mm。

（2）公路桥面

早期公铁两用桥的公路混凝土板不与主桁结合，上弦平面内设置纵横梁及平面联结系，混凝土板不参与总体受力，只起桥面系的功能。桥面每隔若干节间设置一条伸缩缝，桥面后期养护工作量较大。

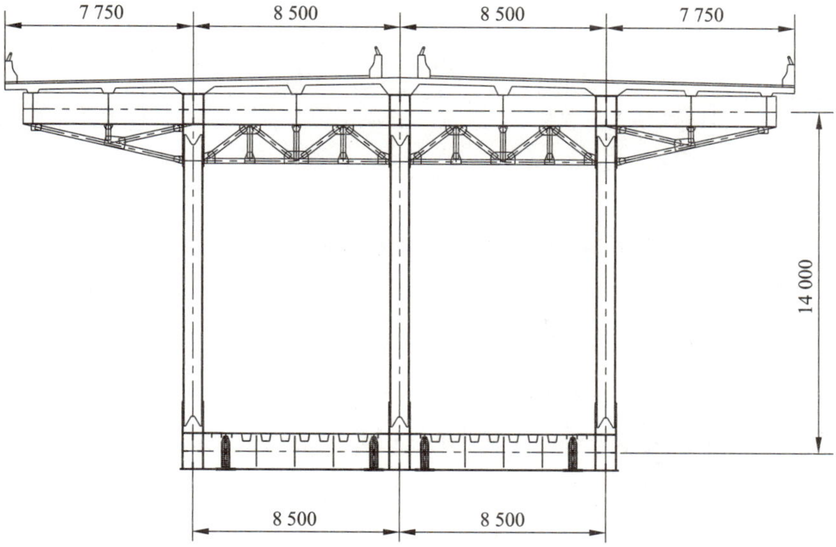

图 6-23　直桁方案横断面（单位：mm）

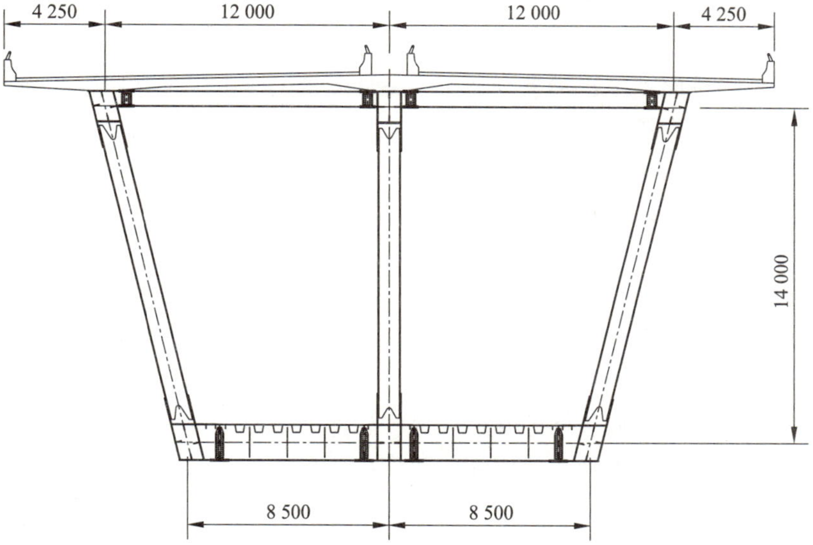

图 6-24　斜桁方案横断面（单位：mm）

为充分发挥混凝土桥面板的作用，提高结构刚度，郑州黄河公铁两用桥主桥公路桥面板直接与钢桁梁的上弦杆通过剪力钉结合在一起，桥面板下不设置纵横梁桥面系，也不设置平面联结系，只在上弦节点处设置横撑杆作为主桁间的连接，如图 6-26 所示。这种桥面设计的显著优点是：刚度大，整体性好，构造简单，传力直接，施工便捷，易于检查、维修，结构简洁，节约钢材。

桥面板采用 C60 混凝土，提前预制，悬臂端板厚 0. 18 m，跨中板厚 0. 35 m。上弦杆顶加厚，桥面板内布置纵、横预应力。

图 6-25　上弦杆横断面

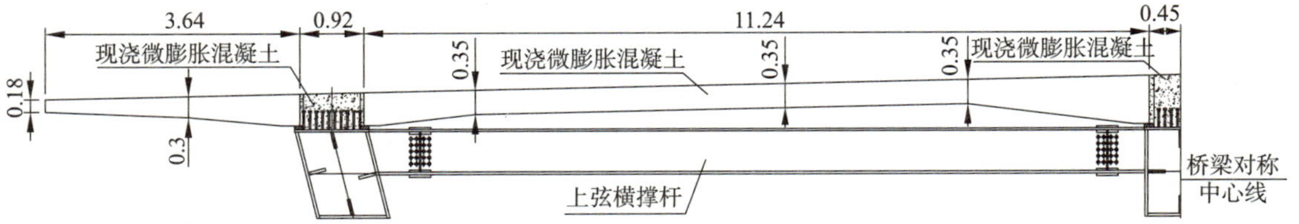

图 6-26　公路混凝土桥面板断面（单位：m）

（3）铁路桥面

早期公铁两用桥的铁路桥面均采用明桥面，自京沪高速铁路大胜关长江大桥始，我国高速铁路钢桥开始采用整体性好、刚度大的正交异性板整体钢桥面。郑州黄河公铁两用桥的桥面构造也采用正交异性板整体钢桥面，横梁间距 3 m，节点横梁腹板高 1. 44 m；节间横梁腹板高 1. 44 m，加强了纵向 U 形肋的设计，肋高加高到 400 mm，板厚采用 10 mm。如图 6-27 所示。

铁路桥面板一个节段横向宽 6. 1 m，纵向长 12 m，重 23. 6 t。道砟槽板采用预制板，12 m 节间一段预制，道砟槽板与整体桥面采用剪力钉连接。

（4）主塔及斜索锚固

为了不增加公路桥面宽度，主塔设置于中央分隔带上，由于尺寸所限，采用钢结构。立面为人字形构造，采用钢箱结构，墩顶处中桁上弦相邻的两个节点的节点板向上延伸，与主塔根部四面对拼。塔高 37 m，每个主塔布置有 5 对拉索。从塔顶的单箱截面向塔根渐变为双箱截面，塔横桥向宽 1. 5 m，箱内隔板间距 4 m。塔根部双箱间距 12 m，单箱尺寸为 1. 5 m × 2. 0 m，如图 6-28 所示。

桥塔竖向分块，塔根部 7. 5 m 长为一段，锚固区一段长 3. 5 m 左右，塔顶一块长 6 m。节段最大吊重 33 t，各节段工厂制造，在现场栓接。

单索面斜拉索在主桁上的锚固细节也是设计面临的一个难题。采用双侧拉板锚固必须分割混凝土桥面板，造成结构耐久性的问题。锚管延伸至节点下方面临着张拉空间问题。经过详细的分析论证，最后采用斜拉索锚固在上弦杆内的构造方式，如图 6-29 所示。

3. 施工工法

主桥采用多点同步顶推技术，先梁后塔的施工方案，既确保了工程工期，也节约了施工成本，并避免对行洪影响，减少对河道的污染。

在 7 ~ 8 号墩之间设置钢桁梁散拼施工平台脚手架，在 1 ~ 6 号墩旁设顶推托架及滑道梁。

首先用门式起重机在脚手架上散拼安装 108 m 长前导梁，再将导梁向 0 号墩方向顶推（图 6-30），然后在拼装平台上散拼钢桁梁杆件形成钢梁节间，之后安装连续同步顶推装置和液电操控系统，操作液电控制系统对钢桁梁进行顶推作业，一个循环完成 7 ~ 8 个钢梁节间的拼装顶推施工。在顶推过程中，必须严格控制钢梁的平面线形，因此在架设过程后续架设的钢梁杆件在拼接螺栓终拧前应认真测量钢桁梁中线线形，不仅与相邻节点对比测量，还要与最前端节点保持联测以确保各三桁节点中心的准确，避免钢梁出现“蛇形”中线。若发现架设节间杆件位置与理论中线有差异，应立即通过施加机械外力直接强迫调整，或通过调整铁路正交异性桥面板焊接顺序靠焊缝收缩来调节。

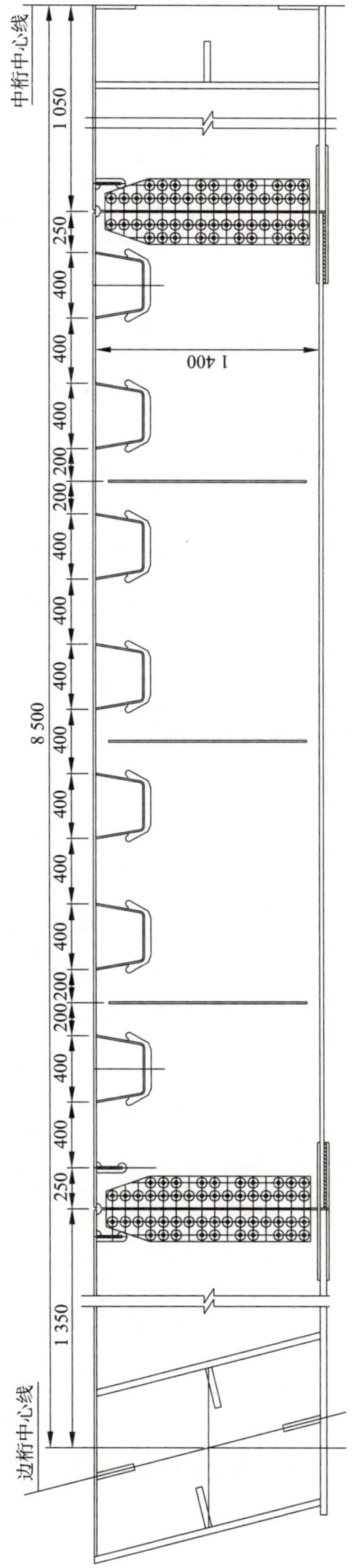

图 6-27　铁路桥面板断面(单位：mm)

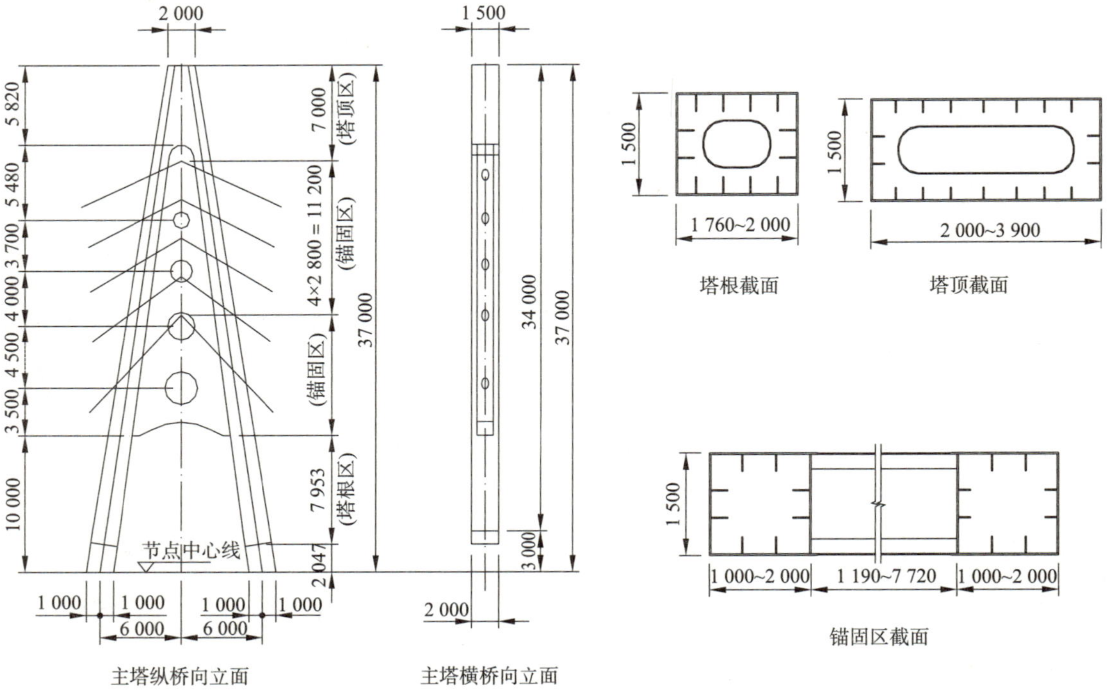

图 6-28　主塔结构（单位：mm）

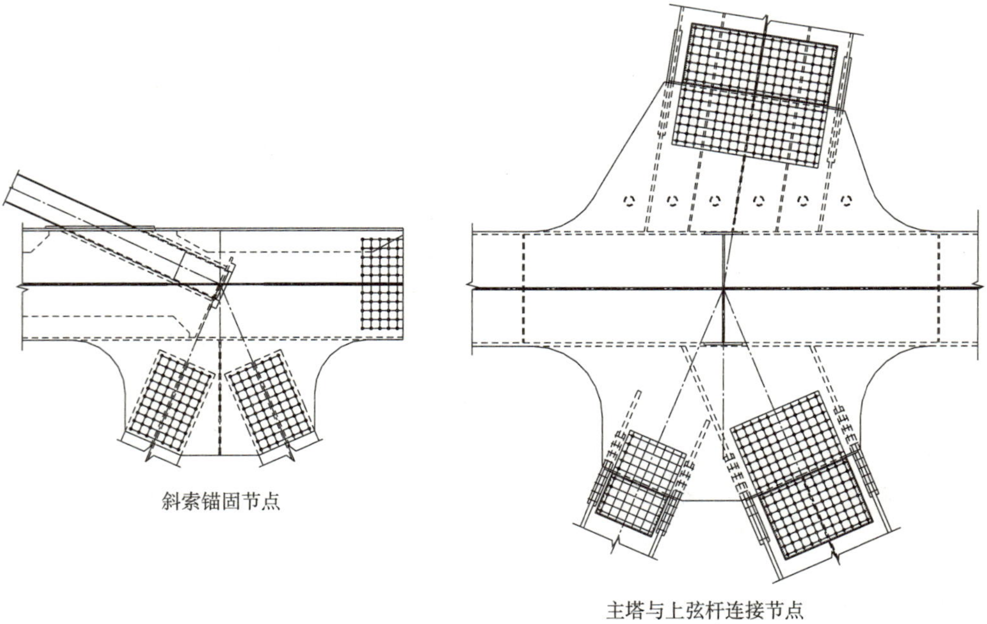

图 6-29　上弦主塔及斜索锚固示意

图 6-30　主桥顶推施工

钢梁顶推完成后，拆除墩旁托架分配梁，在支座位置每片桁利用 4 台 500 t 千斤顶（一个墩共计 12 台）将钢桁梁顶起，拆除支撑垫石位置处滑道梁，安装正式支座，将钢梁转换至正式支座。

待钢桁梁施工完毕后利用架板起重机架设全桥的预制公路桥面板，现场浇筑纵横向湿接缝，张拉纵横向预应力，完成公路桥面板结合施工。

然后利用架板起重机架设钢主塔，挂设斜拉索。索力是斜拉桥重要的控制参数，斜拉索索力的大小准确与否不仅影响到主梁三桁高程的变化和三桁内力的分配，甚至关系到安装过程中整个结构的安全。在保证结构受力安全的前提下，斜拉索张拉次数应尽可能的少，以加快施工工期，本桥斜拉索张拉分两次进行。公路桥面板结合后开始挂索并初张拉 40% 索力，待公路铺装及铁路道砟槽板架设结合后再将索力补拉到设计索力。斜索张拉完成后，进行铁路面铺轨。

主桥钢梁在顶推过程中支承节间交替变化，结构体系工况不断改变，从钢梁架设直至钢梁顶推到位共经历了 180 个主要工况，经全过程模拟计算，结构稳定性和杆件强度均满足规范要求，结构安全可靠。

郑州黄河公铁两用桥于 2007 年 6 月开工建设，2009 年 11 月钢梁顶推完成就位，公路桥面于 2010 年 10 月通车，铁路桥面于 2012 年 12 月通车。建成后的照片如图 6-31 所示。

图 6-31　建成后的郑州黄河公铁两用桥

6.7 武汉二七长江大桥

武汉二七长江大桥（图 6-32）是武汉主城区快速路网骨架中二环线上的跨江桥梁，工程北接汉口发展大道，南接武昌和平大道，全长 6.5 km，其中正桥长 2.9 km。主桥采用双主跨 616 m 三塔结合梁斜拉桥方案，大桥于 2008 年 8 月动工，2011 年 12 月建成通车。

图 6-32 武汉二七长江大桥

大桥位于武汉中心城区，跨越长江二桥与天兴洲长江大桥间的天兴洲头分汊河段，桥址水域宽阔，航道条件复杂。大桥不仅是路网骨架的关键节点还需满足长江航运的长远发展，根据通航要求设置双主孔，跨径均不小于 575 m，为此，在技术经济比较的基础上选用三塔斜拉桥作为主桥的桥型方案。

1. 跨度布置

主桥的跨度按照两个通航桥跨，单孔双向通航，净宽不小于 575 m 要求，每个主跨跨度确定为 616 m，其中南主孔为主通航孔，北主孔为备用通航孔，以适应未来航道变化的需要。

两侧边跨各长 250 m，每侧设置一个辅助墩以提高三塔斜拉桥结构整体刚度。因此，主桥的跨度布置为 90 m + 160 m + 616 m + 616 m + 160 m + 90 m = 1 732 m，如图 6-33 所示。

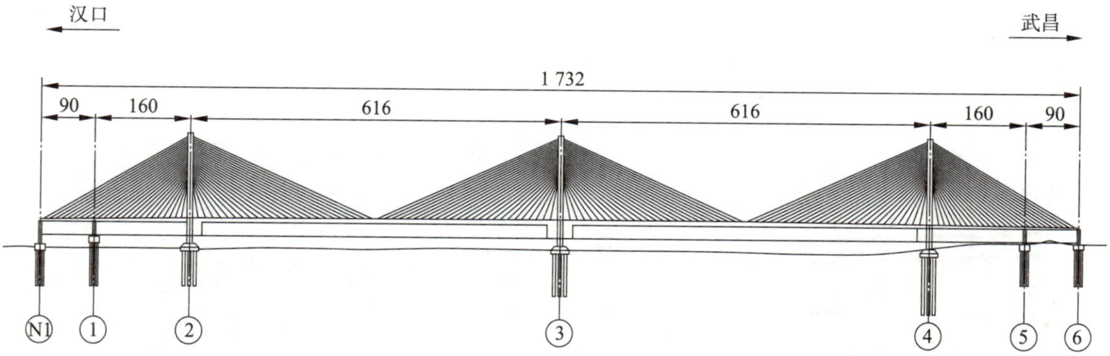

图 6-33 桥梁总体布置（单位：m）

2. 三塔斜拉桥结构布置

(1) 刚度控制措施与总体布置

三塔斜拉桥结构总体布置的主要控制因素在于如何控制结构刚度，通过对于主梁采用钢箱梁与结合梁方案的研究比较表明，结合梁方案具有重力刚度大的特点，在活载作用下的主梁竖向挠度明显减小；边跨设置辅助墩不仅可以显著提高结构的刚度还可以减少边塔的工程量。

三塔斜拉桥可以通过设置稳定索、设置跨中交叉索、增加中塔刚度的方式来提高结构的刚度。研究表明，在中塔顶部设置中央稳定索锚固于边塔处桥面、设置跨中交叉索的措施可有效提高刚度，但是会带来桥梁外观方面的杂乱感，而通过增加中塔刚度的措施既可满足结构的刚度要求又在美观方面较为简洁而予以采用。

主梁采用桥面自重适度且桥面铺装耐久性好的结合梁；斜拉索面为双索面扇形布置，斜拉索索距在结合梁范围为 13.5 m，在 PC 梁范围为 8 m；三塔等高布置，塔高 206 m。

(2) 主梁结构支承体系

各墩梁连接处均设竖向、横桥向约束，以传递来自梁部的竖、横向反力；中塔与主梁连接处设置顺桥向刚性约束；两边塔与梁体间顺桥向设液压阻尼约束，既可分担地震力又可自由释放梁体温度伸缩变形。

3. 主梁结构

主梁结构采用结合梁与预应力混凝土梁混合的组合结构，斜拉桥主梁两端各 94.5 m 范围采用预应力混凝土梁，依靠混凝土结构自重大的优势来平衡在主跨范围作用汽车荷载时边跨桥墩处产生的负反力，中间 1 543 m 范围内梁段采用结合梁。主梁构造均采用纵、横梁形式，桥梁中心线处梁高 3.5 m，主梁顶面宽 32.3 m，如图 6-34 和图 6-35 所示。钢梁材质为 Q370qD，混凝土板与预应力混凝土梁混凝土材料为 C60 级。

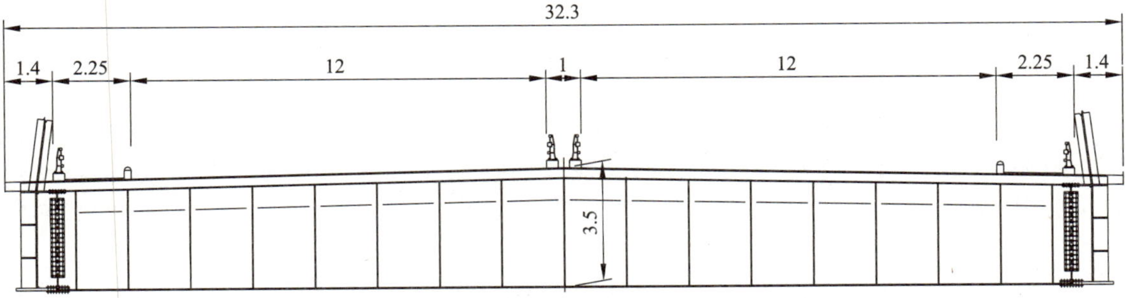

图 6-34　结合梁横截面（单位：m）

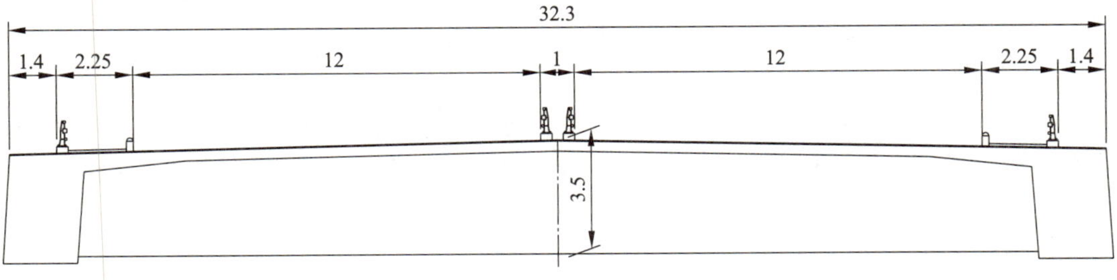

图 6-35　混凝土边主梁横截面（单位：m）

钢横梁间距为4.5 m，全桥范围内共布置351 片钢横梁。钢横梁长度为29.56 m，断面形式为I 形断面，下缘板水平，上缘板在从梁端向桥梁中心处按2% 横坡起坡的基础上设置恒载预拱度，在桥梁中心线处梁高为2.8 m，横梁与主梁采用栓接。横梁在安装过程中由于其跨度较大，为保证在上部受压区的侧向稳定，在横梁中部还设置有全桥通长的小纵梁，同时中部小纵梁为混凝土桥面板现浇缝提供模板作用。

斜拉索在钢纵梁上的锚固形式采用构造简单的锚拉板结构形式（图6-36），锚拉板直接焊接于主纵梁上翼板中间，要求锚拉板范围内钢纵梁上翼板具备 Z 向受力性能。锚拉板厚度根据斜拉索索力大小不同变化范围为28 ~50 mm。

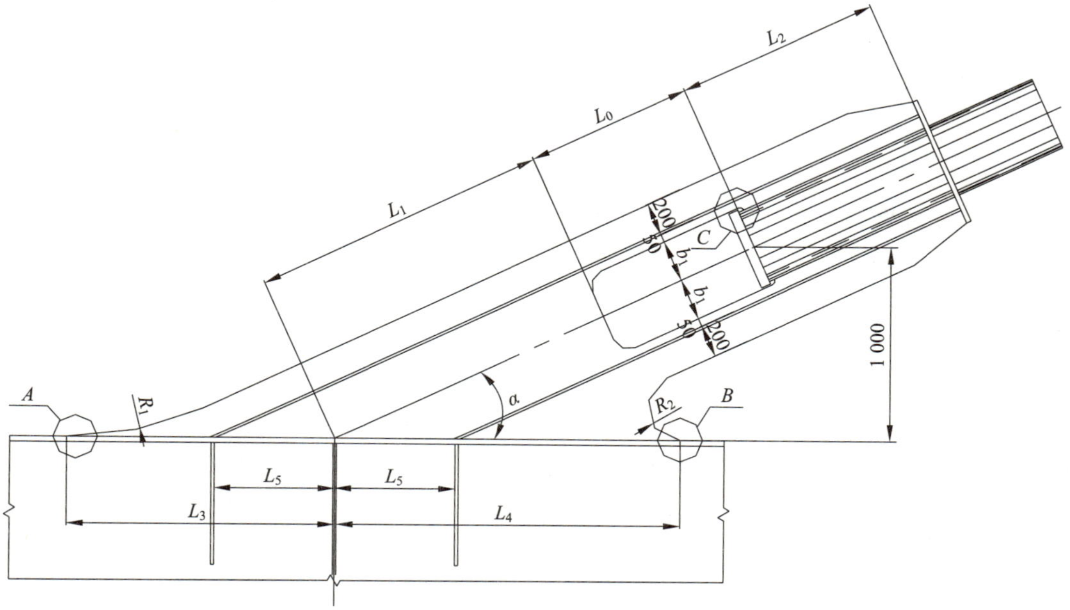

图6-36　斜拉索和主梁锚固（单位：mm）

桥面板厚度为0.26 m，在钢纵、横梁间采用预制方式，在钢梁顶面以及桥面边缘伸臂范围采用现浇方式，桥面板通过布置在钢主纵梁及钢横梁顶面的剪力钉与钢梁结合，预制板与钢梁边缘接触部位设置橡胶条防止水气进入钢梁顶面及砂浆溢出。剪力钉采用 ϕ22 圆头焊钉。

两端的预应力混凝土梁结构为纵横梁结构，横梁基本间距为4 m。边主梁宽2.5 m，顶板厚0.3 m，横梁厚0.35 m。两片主纵梁的底板内布置有预应力钢绞线，横梁也为预应力混凝土结构。

两端的预应力混凝土梁采用支架法施工；结合梁采用悬臂拼装法施工。

4. 斜拉索

考虑到其耐久性与运营条件下换索时对交通的影响因素，选择具有多层防护且可实现在不影响交通条件下进行单根钢绞线更换的无粘结钢绞线体系。每塔布置22 对斜拉索，斜拉索规格由37 ~79 束钢绞线组成，斜拉索长最长336 m。

5. 主塔

三塔等高布置，总高为206 m，外形为花瓶形，设计为钢筋混凝土结构，混凝土采用

C50 级。

三塔斜拉结构提高整体刚度的措施之一是加大中塔的刚度，二七长江大桥中、边塔在尺寸上的区别体现在顺桥向塔柱宽度：中塔在顺桥向宽度从上至下为 8～16 m，而边塔在顺桥向宽度从上至下为 7～8.8 m，横桥向轮廓尺寸相同。主塔结构布置如图 6-37 所示。

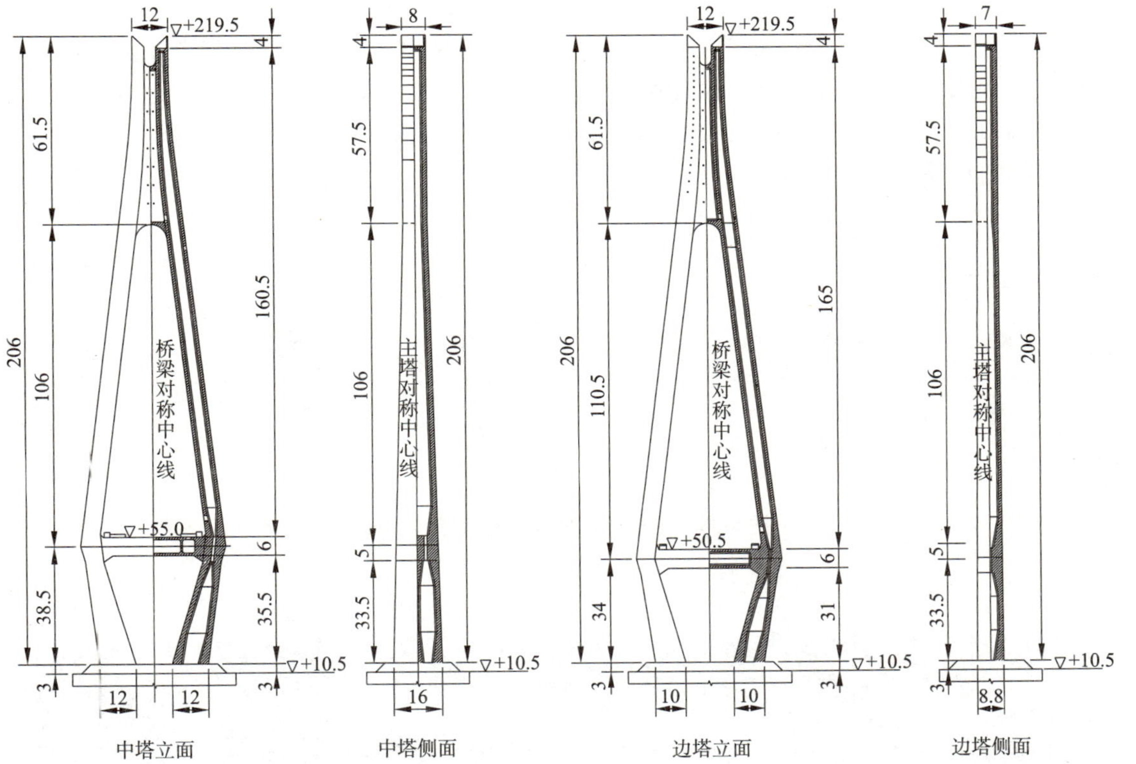

图 6-37　二七长江大桥主塔结构布置（单位：m）

桥塔结构由下、中、上塔柱及横梁四部分组成。中、上塔柱采用曲线连接，内外曲线均为圆曲线，半径分别为 280 m 和 320 m，两塔柱在顶端微合，中间以弧形板相连，上、下圆弧均与塔柱内侧直、曲线相切。上塔柱内设有斜拉索锚块，上塔柱顶设有 4 m 高的装饰段。

塔柱及横梁均设计为箱形截面，除中塔横梁及其下塔柱截面为单箱双室截面外，其余部分截面均设计为单箱单室截面。

边塔下塔柱轮廓尺寸由上至下横桥向宽 6～10 m、顺桥向宽 8.376～8.8 m、壁厚 1.5 m；中塔柱轮廓尺寸由上至下横桥向宽 6 m、顺桥向宽 7～8.376 m、壁厚 1 m；上塔柱轮廓尺寸由上至下横桥向宽 4～6 m、顺桥向宽 7 m，壁厚横桥向 1.5 m、顺桥向 1 m；横梁高 6 m、宽 7 m、壁厚为 0.8 m。

中塔下塔柱轮廓尺寸由上至下横桥向宽 6～12 m、顺桥向宽 14.14～16 m、壁厚 1.5 m；中塔柱轮廓尺寸由上至下横桥向宽 6 m、顺桥向宽 8～14.14 m，壁厚顺桥向 1 m、横桥向 1.5 m；上塔柱轮廓尺寸由上至下横桥向宽 4～6 m、顺桥向宽 8 m，壁厚横桥向 1.5 m、顺桥向 1 m；横梁高 6 m、宽 13 m、壁厚为 0.8 m。

6.8 嘉绍大桥

钱塘江河口段的嘉绍大桥是嘉兴至绍兴跨江公路桥梁，它的东面 50 km 是杭州湾大桥，西面 60 km 是杭州下沙大桥（钱江六桥），北起海宁凤凰山脚的尖山围垦区，南接上虞九六丘围垦区，总长 10.207 km。直接连接浙江省嘉兴、绍兴两市以及苏锡常和浙东南地区。设计标准为双向八车道高速公路，设计速度为 100 km/h。其中主航道桥为 70 m + 200 m + 5 × 428 m + 200 m + 70 m = 2 680 m 的六塔斜拉桥。采用分幅桥面布置，每幅各布置四个车道。桥型布置如图 6-38 所示，效果图如图 6-39 所示。

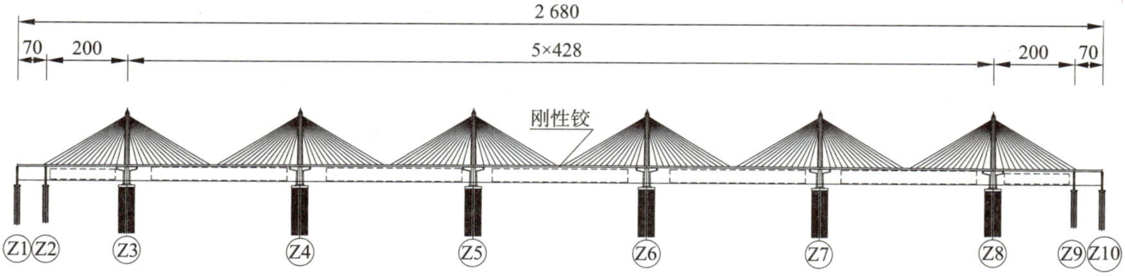

图 6-38　主航道桥桥型布置（单位：m）

图 6-39　主航道桥效果图

1. 结构支承体系

主航道桥为分幅六塔斜拉桥，为释放主梁纵向温度变形，两幅主梁在全桥跨中处各设置一个刚性铰。刚性铰可承受主梁竖向弯矩、侧向弯矩和扭转荷载，但释放刚性铰两端的主梁纵向相对变形和轴力。刚性铰上方设有位移量为 1 120 mm 的伸缩缝将主梁分为两联，每联为一个三塔斜拉桥。伸缩缝下方不设过渡墩。两幅主梁横向在各跨设有横系梁，用于抵消斜拉索作用在主梁上的横向不平衡力。

两幅主梁横桥向各设置一个双向滑动支座，纵向在各索塔两侧设置两排支座，形成间距 46 m 的双支座以约束主梁和索塔之间的相对转动变形，其核心目标是提高主梁刚度，减小塔柱和基础受力。索塔两侧与两幅主梁之间横向各设置一个横向抗风支座。

单个索塔共有2 ×2 =4 个双向滑动支座，两个抗风支座。两幅主梁之间在索塔纵向两侧以及支座附近均设有横系梁，索塔横梁与主梁纵桥向设置有带限位功能的纵向限位阻尼器，以提高结构的纵向稳定性，改善结构动力性能。单个索塔处的结构体系布置如图 6-40 所示。单幅主梁在过渡墩和辅助墩处各设置一个竖向支座，一端为双向支座，另一端为单向支座。

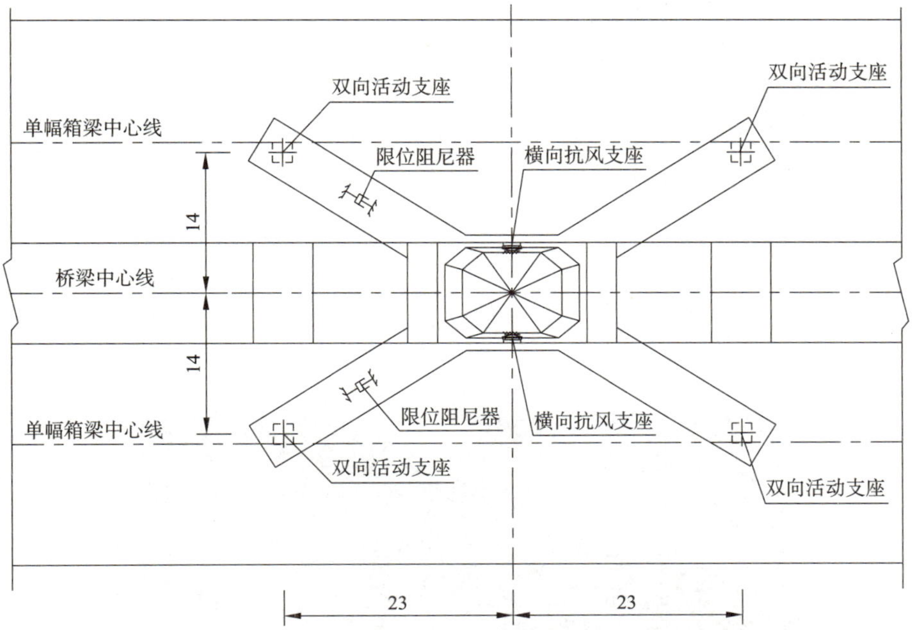

图 6-40　主航道桥索塔处的结构体系布置示意（单位：m）

2. 索塔

索塔为独柱形，材料为 C50 钢筋混凝土结构。结构体系上要求主梁在索塔处设置纵向双排支座，因此，两幅主梁的横向加纵向在索塔处共需设置四个竖向支承点，同时这四个竖向支承点还要具备一定的刚度。为满足上述体系受力要求，下塔柱顶部需要设置支承托架。

X 字形下塔柱主梁混凝土托架方案如图 6-41 所示。该方案由塔柱中心向四个方向与桥轴线成 31°夹角伸出四个 22 m 长的变截面悬臂梁，悬臂梁端部提供主梁的四个竖向支撑点，悬臂梁根部梁高 10 m，端部梁高 6 m。四个悬臂梁均设置预应力钢束。

索塔一般构造如图 6-42 所示。其中上、下塔柱的断面为四周带倒角的矩形断面，上塔柱顶部断面尺寸横桥向 8. 0 m、顺桥向 10. 0 m，底部断面尺寸横桥向 9. 0 m、顺桥向 13. 5 m；下塔柱顶部断面尺寸横桥向 11. 5 m、顺桥向 16. 0 m，底部断面尺寸横桥向 14. 0 m、顺桥向 18. 0 m。塔柱由上至下为直线变化。索塔高度为 172. 524 ~ 175. 948 m。斜拉索的四个索面均锚固在一个塔柱上，斜拉索塔端锚固方式采用钢锚箱构造。

3. 主梁

主梁采用分幅形式，单幅主梁为封闭式钢箱梁，两幅主梁中心间距 30 m，主梁钢材选用 Q345C。

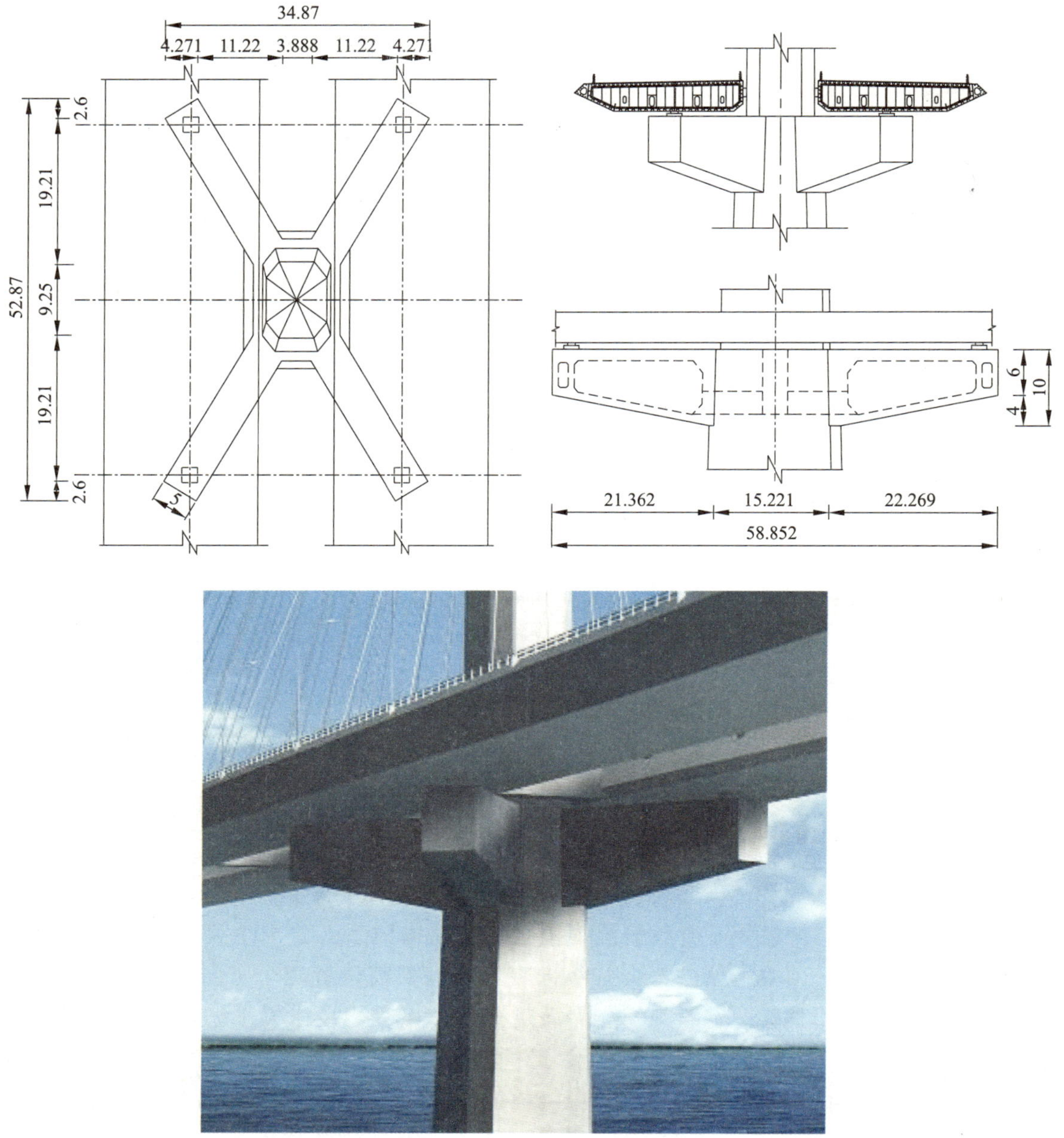

图 6-41　混凝土下塔柱支承托架（单位：m）

主梁高 4 m，单幅主梁全宽 22. 2 m（含风嘴）。主梁采用正交异性钢桥面板，顶、底板均采用 U 形肋加劲。箱梁内设一道实腹式纵隔板，在外侧设置风嘴和斜腹板，在与另一幅主梁相邻的内侧采用直腹板，不设风嘴。斜拉索采用钢锚箱方式锚固于主梁内。主梁横断面如图 6-43 所示，效果图如图 6-44 所示。

主梁每隔 60 m 设置一道高 4 m、宽 3. 75 m 的横梁。

主梁标准板厚如下：桥面板 16 mm、20 mm（用于辅助墩墩顶、索塔附近局部区段），其 U 形肋加劲板厚 8 mm；底板 12 mm，其 U 形肋加劲板厚 6 mm；底板 16 mm（用于辅助墩墩顶、索塔附近局部区段)，其 U 形肋加劲板厚 8 mm；边纵腹板 30 mm；纵隔板 14 mm、20 mm、30 mm；横隔板 10 mm（有拉索处加厚至 12 mm，拉索附近局部加厚）；主梁横系梁顶底板厚 20 mm，腹板厚 16 mm。

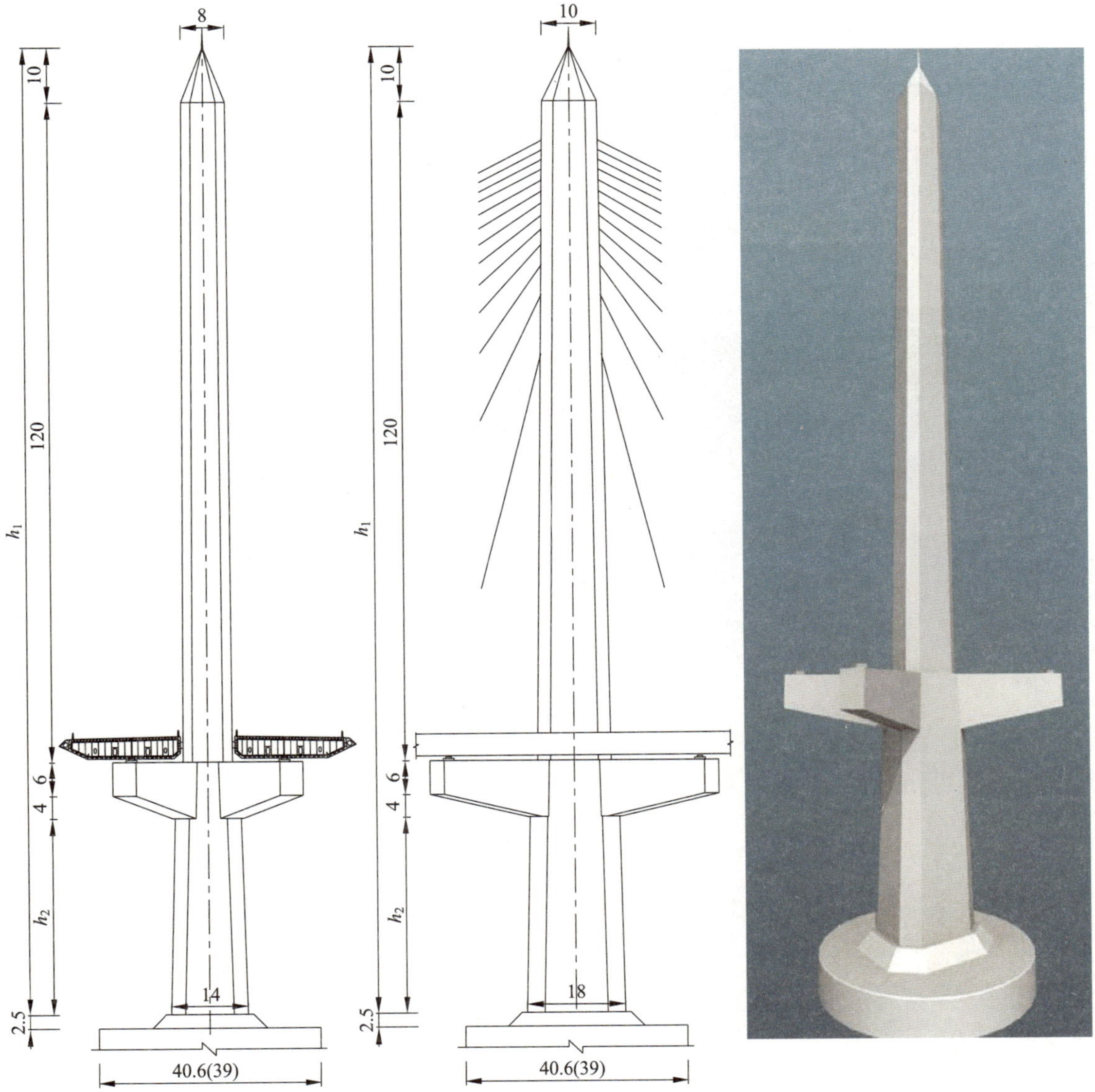

图 6-42　主航道桥索塔构造（单位：m）

主梁在每个主跨跨中位置设置一个刚性铰。刚性铰构造上类似一个“抽屉”，以原钢箱梁（以下称大箱梁）为外壳，内部设置小箱梁在大箱梁内部滑动，它可承受主梁竖向弯矩、侧向弯矩和扭转荷载，但释放刚性铰两端的主梁纵向相对变形和轴力。刚性铰顶面设有伸缩缝，两侧面和底面设置密封装置。

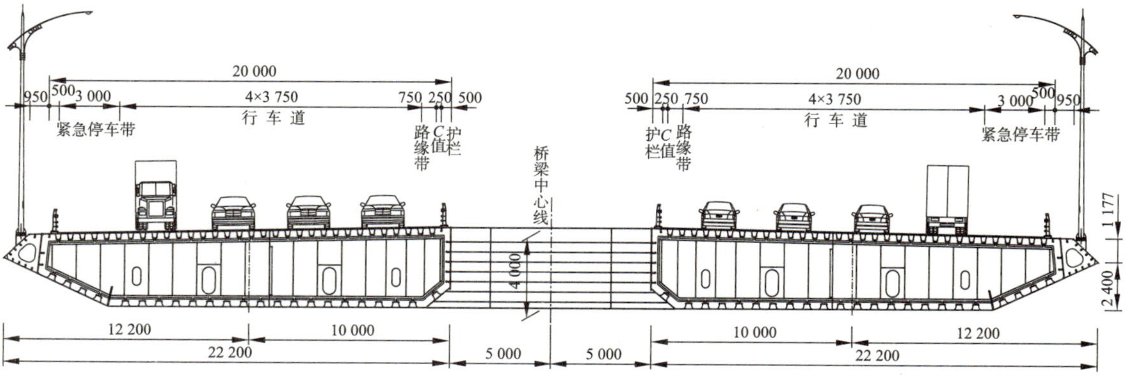

图 6-43　主梁横断面（单位：mm）

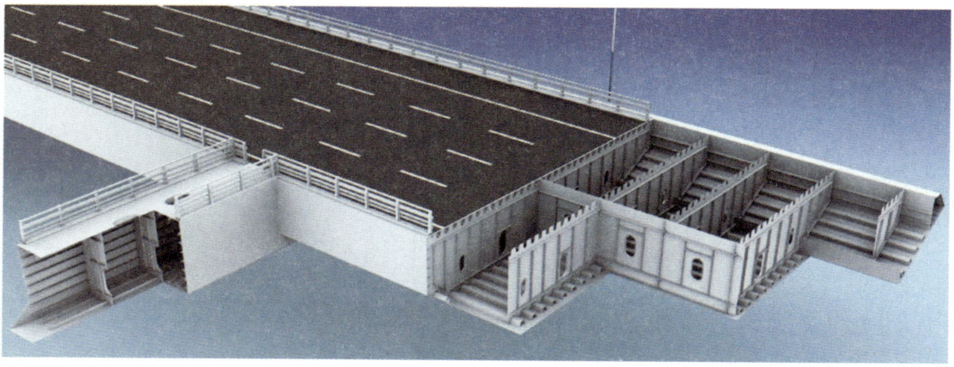

图 6-44　主梁效果图

6.9　英国福斯三桥

福斯三桥又称福斯替换桥，或福斯公路二桥，它跨越苏格兰福斯湾，旨在维持并进一步增强区域的重要运输通道。该桥以两个 650 m 主跨、三塔斜拉桥的方式跨越宽广的福斯湾入海口。为提高中塔稳定性，斜拉索在主跨中部重叠，这是它区别于同等规模其他桥梁最主要的特点。

福斯湾是个引人注目的入海口，它把苏格兰首府爱丁堡与法伊夫分开。这里已有两座均具历史意义的桥梁跨越湾口，如图 6-45 所示。其一为建于 19 世纪 80 年代的铁路悬臂梁桥；其二为 1964 年通车的公路悬索桥，它是英国第一座大跨悬索桥。

图 6-45　福斯湾三座世纪性工程效果图

尽管福斯公路桥建造投资巨大，而且在使用期间养护费用惊人，但受气候和日益增长的交通量影响，还是逐渐显现出“老态”。2005 年检查发现，主缆已严重腐蚀，如任其自由发展，大桥可能在 2014 年就要限行重载货车，在 2019 年就会退出使用。法伊夫、爱丁堡及苏格兰东部沿海地区的经济发展会带来交通流量增加的需求，对这一未来需求的全面分析显示，必须修建福斯公路桥的替代桥梁，以维持这一重要运输线路的通畅。

福斯三桥紧邻两座既有桥，它充分利用福斯河中央自然的花岗岩隆起地形，用两个连续的 650 m 主跨斜拉桥的方式跨越水域，并在宽阔的湾口提供两条航行通道，如图 6-46 所示。这一设计方案以其对环境影响最小而被选中。尽管总体布置上分为斜拉桥和南引桥两部分，但两桥台之间的结构是连续的，中间不设任何伸缩缝。全桥的支撑在纵向依靠中塔与梁固结来提供，在横向则由所有塔、墩分摊。

斜拉桥主塔位于梁体中央，是钢筋混凝土独柱结构。

图 6-46　通航条件

第 7 章　多塔悬索桥工程实践

7.1　泰州长江大桥

泰州长江大桥位于长江下游的江苏省，江阴大桥和润扬大桥之间，北接泰州市，南连镇江市和常州市。大桥于 2007 年 12 月 26 日开工建设，2012 年 11 月 25 日建成通车。是世界首座千米级跨度的三塔悬索桥。

主桥采用三塔两跨悬索桥结构，主跨跨度 2 ×1 080 m，边跨缆索跨度 390 m，中塔比边塔高 20 m，如图 7-1 所示。主跨为带风嘴的钢箱梁，两边引桥为预应力混凝土连续箱梁。设计荷载为公路—Ⅰ级汽车荷载，按双向六车道高速公路设计，设计速度为 100 km/h，抗震设防标准为主桥 100 年超越概率 10% 地表水平地震加速度为 0. 159*g*，100 年超越概率 4% 地表水平加速度为 0. 207*g*。

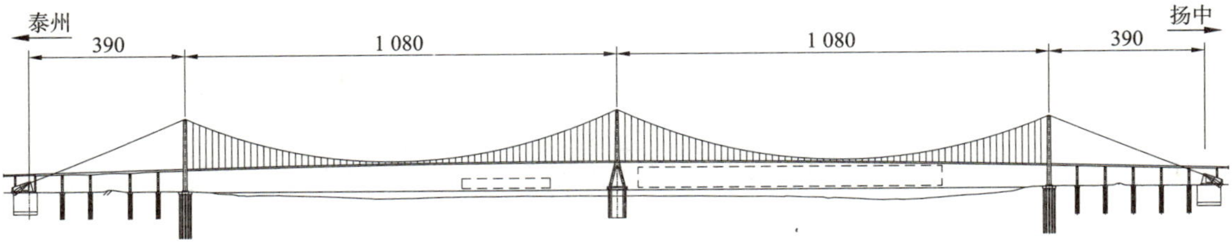

图 7-1　泰州长江大桥桥型（单位：m）

该桥的结构支承体系：中塔处加劲梁纵向受弹性索约束，竖向受限位挡块约束，横向受抗风支座约束；边塔处加劲梁竖向受拉压支座约束，横向受抗风支座约束，扭转受上下游竖向拉压支座联合约束。

1. 桥塔

边塔采用混凝土刚构式塔架，包括上塔柱、下塔柱和上横梁、下横梁，采用 C50 混凝土。南北塔柱顶高程 180. 0 m，塔柱底高程 8. 3 m，塔底设 4. 0 m 高的塔座。左右塔柱中心间距塔顶为 34. 8 m，塔底为 42. 73 m。南北塔柱除起始段外均采用爬升模板法逐段连续施工。根据地形、地质、水文和环境等自然因素以及地层情况，南北索塔采用群桩基础，单桩直径为 ϕ2. 8 m。承台下顺桥向布设 5 排，每排 8 到 10 根桩，共 46 根，按摩擦桩设计。南北塔承台为哑铃形，在每个塔柱下承台平面尺寸为 32. 6 m ×32. 556 m，厚度为 6 m。两承台之间采用 12. 221 m ×23. 0 m 系梁相连，系梁的厚度为 6 m。南塔基础桩长 98 m，北塔基础桩长 103 m。边塔及基础构造如图 7-2(a)、(b)所示。

中塔为纵向倒 Y 形结构，塔顶高程为 +200. 00 m，塔底中心处高程为 +8. 50 m，塔柱高 191. 5 m。塔柱两条斜腿中心交点的高程为 +78. 0 m，交点以上塔柱高 122. 0 m，交点以下塔柱高 69. 5 m。两斜腿在塔底的叉开量为 34. 75 m，斜腿段倾斜度为 1∶4。塔柱纵向从下到上共分

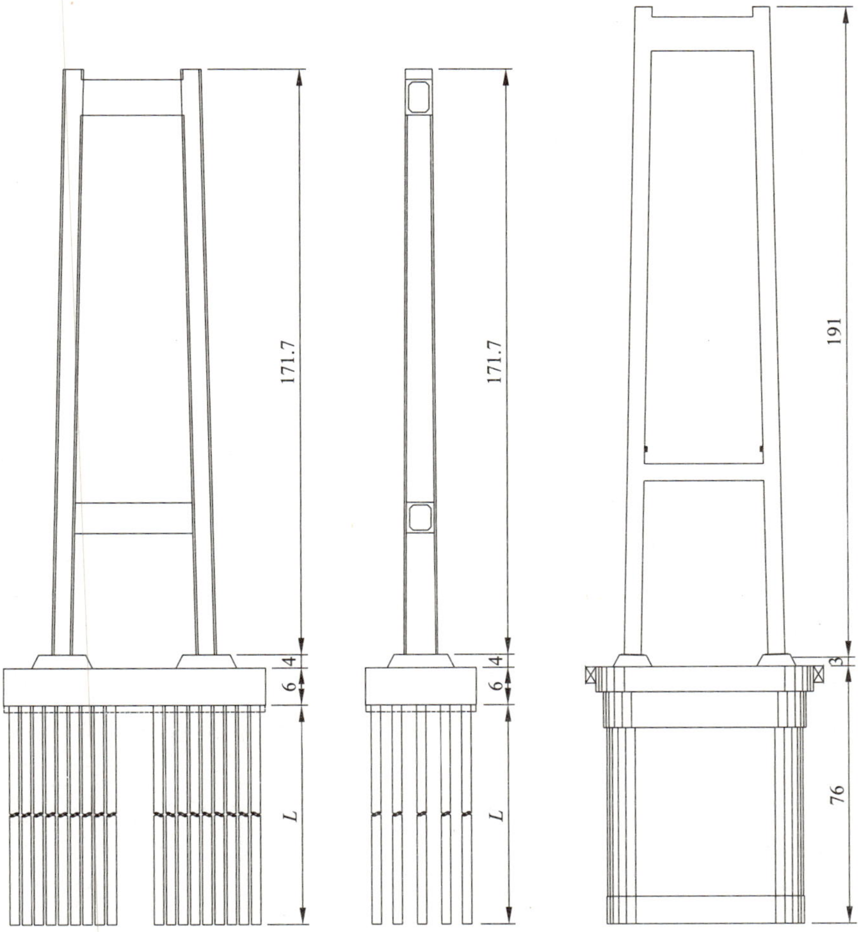

图 7-2　桥塔构造（单位：m）

为三个区段：下部斜腿段、交点附近的曲线过渡段及上部直线段。直线段与斜腿段按圆曲线过渡，曲线半径为 100 m，其中曲线过渡段的高度为 22. 587 m。索塔横向为门式框架结构，两倒 Y 形塔柱间的横向中心距：在塔顶处为 34. 8 m，塔底处为 42. 579 6 m，坡度为3. 9∶192。塔柱共设置两道横梁，上横梁顶高程为 + 197. 0 m，下横梁顶高程为 + 65. 9 m。钢塔柱主体结构按塔柱受力分别采用 Q370qD、Q420qD 钢。

中塔柱断面为单箱多室布置，由四周壁板和两道腹板构成，根据受力要求，位于塔顶段和斜腿交叉点以上局部范围内增加了一块中腹板。为了减小塔柱截面风阻系数，改善涡振性能，把塔柱外侧角点处切去 0. 6 m × 0. 6 m 的面积，将截面进行钝化。塔柱横桥向尺寸自塔顶至塔底等宽为 5. 0 m；纵桥向尺寸：直线段从塔顶的 6. 6 m 变化到 10. 6 m，曲线过渡段从 10. 6 m 变到 15. 54 m；斜腿段（垂直塔柱）等高为 6. 0 m。塔柱壁板厚度为 50 ~ 60 mm，腹板厚度为 44 ~ 60 mm；均采用板式加劲肋，加劲肋板厚为 40 mm 与 48 mm；横隔板的间距为 3 m 与 2. 5 m 两种，横隔板厚一般为 16 mm，特殊受力部位为 24 mm 或 32 mm。

中主塔上横梁外形为横置的 K 形，连于塔柱顶部的直线段内，为与塔柱截面相协调，上横梁横截面呈梯形，K 形横梁在桥中心线处的梁高为 3. 588 m，近塔柱处的梁高为 10 m，斜率为1∶2.3329。顶面宽6698.4 mm，底面宽6818.0～7000.8 mm。顶板、底板及腹板的板厚均为24 mm，顶、底板采用宽250 mm、厚20 mm的板式加劲肋加劲，腹板采用宽300 mm、厚24 mm的板式加劲肋加劲。横梁内每隔3 m距离设置一道横隔板，隔板厚20 mm。下横梁连于塔柱曲线过渡段内，截面呈梯形，高5 m，顶面宽13033.4 mm，底面宽14851.8 mm。顶、底板厚为32 mm，均采用宽250 mm、厚20 mm的板式加劲肋加劲。腹板厚32 mm，上下各设置一道水平加劲肋。横梁内每隔3 m设一道横隔板，隔板厚为16 mm。

为方便维修人员通行，在塔柱断面中室内设置1.5 m×2.0 m的电梯通道及1.5 m×0.8 m的人行爬梯通道。电梯从桥面处可分别直达塔顶上横梁和塔底，并在两边室内设置了人行竖梯。塔柱壁板及腹板上设若干人孔，可供维修人员从桥面部位进入塔内，以及在塔内部各个室之间相互穿越。

中塔柱共划分为21个节段，节段长度除D0外，其余为7.5～15.0 m不等，其中D0节段为底段，D1～D3节段位于斜腿段内，D4～D5节段位于曲线过渡段内，其余节段均在直线段上。D4～D5间接头采用焊接接头，即该接头塔柱壁板采用全熔透焊接，而腹板与加劲肋采用栓接。吊重最大节段D5质量约为496.8 t。下塔柱节段(D0～D5)采用浮式起重机安装，上塔柱节段(D6～D20)采用塔式起重机安装。对于上塔柱节段中D6～D17节段，为增加节段长度，减少横向拼接缝，设计采用了竖向分块方案，将D6～D17节段纵向分成两块在工厂加工制造，经预拼合格后，在现场对接拼装成完整的竖向节段。为增加景观效果，将竖向拼接缝设于中腹板处。上塔柱节段最大吊装质量控制在123 t(未含拼接板及塔内爬梯质量)以内。

中塔柱节段连接传力形式，设计采用高强度螺栓传力与端面金属间接触传力相结合的方法。传递压力情况时，高强度螺栓与端面接触板各按50%考虑；当出现拉力情况则全部按高强度螺栓传递考虑。为便于金属接触面的密贴检查，在拼接板的接缝位置处设置了ϕ20 mm的检查孔。考虑到索塔安装中误差的调整，设计在J1、J4、J6、J16四个拼缝处设置了调整接头，即高强度螺栓传递100%内力。索塔上下横梁的拼接亦采用高强度螺栓。

中塔柱根部的压应力主要通过塔柱底板传递到承台混凝土中，而拉应力则通过锚固螺栓传递到基础中。由于中塔在主梁单跨满载作用下，非加载侧塔柱底部固端弯矩引起塔柱内侧拉应力，设计在塔柱底部混凝土内预埋锚固螺栓，并给螺栓施加了预拉力，预拉力的数值根据工作状态下塔底截面无拉力出现状况（底板不出现缝隙）来控制。中塔及中塔基础如图7-2(c)、(d)所示。

中塔采用沉井基础，顶部平面尺寸纵向50.4 m，横向64.4 m，四角倒圆半径11.20 m，承台厚度6 m。沉井标准节段平面尺寸纵向44 m，横向58 m，四角倒圆半径8 m。第一节平面尺寸较标准节段每侧加大0.2 m。标准段沉井壁厚1.6 m，考虑到防船舶撞击需要，承台底以下到－12 m沉井壁厚向外加厚到2.6 m。钢沉井高度采用44 m，混凝土沉井高度采用32 m，沉井总高度76 m。

沉井在平面上布置12个方形井孔，为了更好地承受水平力，四周井孔以6.4 m半径倒圆，对外形成连拱。

2. 主缆与吊索

主缆矢跨比为1/9，两根主缆的中心间距为34.8 m。主缆采用预制平行钢丝索股，每股由91根直径为5.2 mm镀锌高强钢丝组成，钢丝标准抗拉强度不小于1670 MPa，单根索股长约 3 100 m，质量 47 t。全桥共两根主缆，每根主缆由 169 根索股组成。主缆直径为 721 mm（索夹外）/712 mm（索夹内），主缆横断面如图 7-3 所示。

吊索采用销接式，吊索上端通过叉形耳板与索夹连接，下端通过叉形耳板与钢箱梁上的锚板连接。吊索采用预制平行钢丝束，钢丝束外包 8.0 mm 厚双护层 PE 进行防护，PE 内层为黑色，外层为彩色。吊索分为为普通吊索和特殊吊索，钢丝均采用 ϕ5.0 mm 镀锌高强钢丝，钢丝标准抗拉强度不小于 1 670 MPa，每根普通吊索由 121 根钢丝组成，每根特殊吊索由 187 根钢丝组成。吊点标准间距为 16 m，索塔中心线至近吊点间距为 20 m。

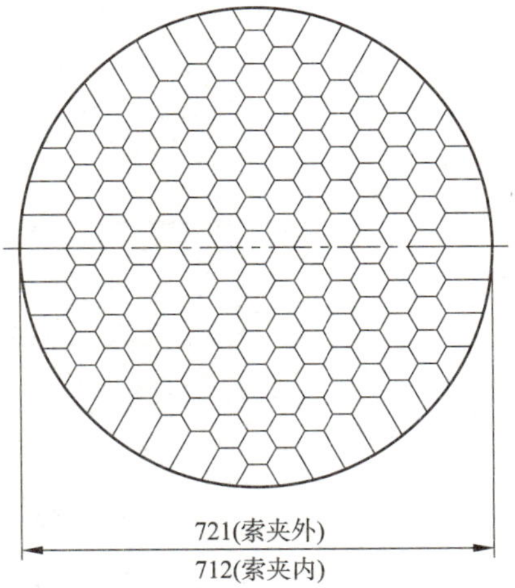

图 7-3　主缆横断面（单位：mm）

3. 索鞍与索夹

中塔顶主鞍采用铸焊结合型外壳传力结构，鞍头部分铸造，纵向壁板、底板及横向肋板均采用焊接。为增加主缆与鞍槽间的摩阻力，鞍槽内设竖向 2 道隔墙，每道厚 60 mm。为减轻吊装、运输重量，鞍体分两半制造，吊至塔顶后用高强度螺栓拼接。鞍体单件吊装质量不超过 50 t。

边塔顶主鞍采用全铸型结构，鞍体下设不锈钢板-聚四氟乙烯板滑动副，以适应施工中的相对位移。塔顶设有格栅，以安装主鞍。顶推架与格栅连接为一个整体，以便安装控制边塔顶主鞍座移动的千斤顶。为减轻吊装、运输重量，鞍体分两半制造，吊至塔顶后用高强螺栓拼接。

散索鞍为摆轴式结构，采用铸焊结合的形式，鞍槽用铸钢铸造，鞍体由钢板焊成。理论散索点到散索鞍底混凝土面的距离为 5. 2 m。鞍槽底竖弯半径从边跨向锚跨分三次变化。为增加主缆与鞍槽间的摩阻力，并方便索股定位，鞍槽内设竖向隔板，在索股全部就位并调股后，在顶部用锌块填平，上紧压板及楔形块等压紧设施，再将鞍槽侧壁用螺杆夹紧。

索夹分为有吊索索夹和无吊索索夹，采用铸钢铸造，与吊索对应，中跨有吊索索夹采用销接式。除位于主鞍座两侧及主缆进入锚室的封闭索夹外，其他索夹采用上下两半的结构形式，用高强螺杆连接紧固。为保证在预紧高强螺杆作用下索夹能紧抱主缆，在两半索夹间留有适当的缝隙，接缝处嵌填橡胶防水条防水。

4. 加劲梁

加劲梁采用扁平流线形钢箱梁，梁高 3. 5 m、总宽 39. 1 m，其中桥面宽度 33 m，两根主缆横向间距为 34. 8 m，吊索顺桥向标准间距为 16 m，桥面纵坡设 2. 5% 双向纵坡，中跨处于 R = 43 200 m 的凸形竖曲线上，加劲梁标准横断面如图 7-4 所示。箱梁标准梁段长 16 m，吊索与耳板为销接。全桥共划分 136 个制造梁段，标准吊装节段长度 16 m，全桥钢箱梁总质量 3. 3 万 t。

5. 主缆架设

三塔悬索桥相对两塔悬索桥多了一个主跨，是一个全新的桥梁结构形式。其主缆架设要经过三个主塔，各工序均要复杂很多。牵引系统是悬索桥上部结构安装施工的重要组成部分，牵引系统的设计将直接影响主缆索股牵引施工质量及施工效率。

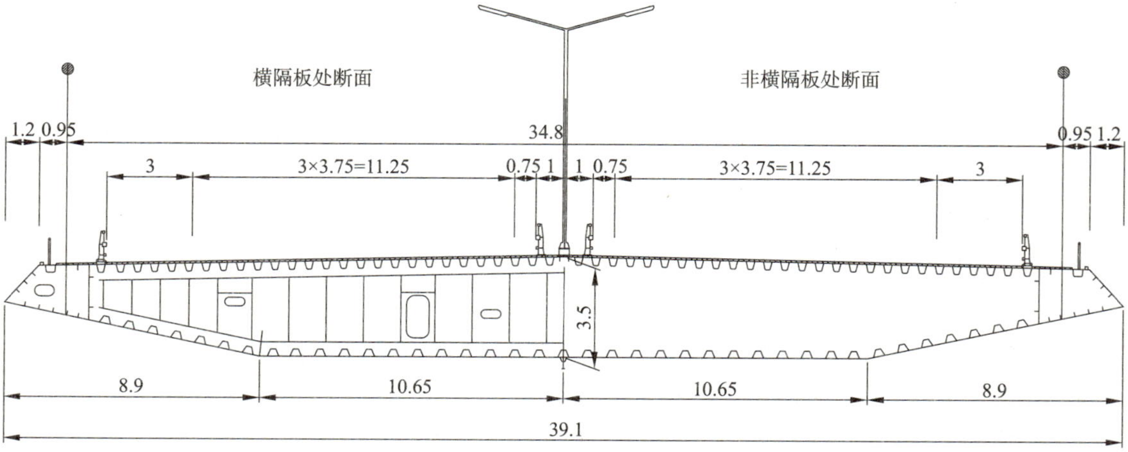

图 7-4 加劲梁标准横断面（单位：m）

泰州长江大桥的索股牵引距离长达 2 940 m，并且索股施工时需穿越三个塔顶。经过多种方案比选，最终，主缆牵引采用了双线往复式牵引系统和门架拽拉牵引方式。该系统具备以下特点：

1）双线往复式牵引系统因牵引索往返没有空行程，牵引效率高。

2）牵引索由一定间距布置的猫道门架导轮组支撑，索股牵引全程范围内，牵引索垂度变化较小，锚头和拽拉器与猫道距离保持一致。

3）采用门架拽拉牵引方式，可实现全程连续牵引，能够快速、顺畅通过塔顶、鞍部门架，不需转换。索股架设速度高，特别适合长距离施工。

4）通过被动放索机构给索盘提供相应的反张力，保证放索速度和牵引速度一致，最大限度地减少了索股产生“呼啦圈”等现象。

主缆施工过程中控制的关键点如下：

1）索股牵引。根据对牵引系统计算的牵引力变化情况分析，每当索股通过塔顶时，牵引力都会发生突变，在索股通过塔顶之前牵引力逐渐增大，到达塔顶时，牵引力最大，穿越塔顶之后，牵引力逐渐变小，到达跨中时最小。随着牵引力的不断变化，索股本身的内力也随之不断变化，这就决定其截面面积也在不断地发生变化。索股截面面积的频繁改变，极易引起绑扎带的断裂，造成索股散丝、刮伤、鼓丝和扭转等现象的出现。由于索股牵引要经过三个主塔，所以索股的内力变化更为频繁，这对防止散丝、鼓丝及扭转产生极大的不利影响。因此，在三塔悬索桥主缆索股牵引过程中对散丝、鼓丝及扭转的控制更为困难。

根据以往的大跨悬索桥主缆施工经验：索股绑扎带的断裂是引起散丝、鼓丝的最主要原因，索股散丝极易造成散乱的丝被刮伤甚至刮断的严重后果。绑扎带的断裂主要是由于牵引过程中索股自身截面的变化和接触物的磨损所造成，想要完全避免其断裂是很难做到的。索股发生扭转后，要安排专人进行理顺，由于悬索桥跨径大，猫道行走不便，所以理顺索股费时费力，严重影响施工进度。

泰州长江大桥在以往经验的基础上又在索股上安装特制夹具，内断面与索股断面一致，每隔 200 m 一个，安排一名工人跟踪控制，当有扭转发生时，及时通过特制夹进行调整；在索股牵引过程中，施工人员在一旁监控，分段定员跟踪检查索股运行情况，遇绑扎带断裂应及时补充。最终，泰州长江大桥索股全部顺利、高效地牵引完成，散丝、鼓丝现象很少，没有出现索股刮伤现象，扭转现象也得到很好的控制。

2）索股的横移、整形、入鞍。索股入鞍的顺序为先中塔主索鞍，再边塔主索鞍，后锚碇散索鞍，南、北对称施工。当索股牵引到位后，在距主索鞍前后各 20 m 及散索鞍前 20 m、后 10 m 处安装握索器，利用门架顶部卷扬机提升索股，使其完全脱离猫道托辊轮，同时利用门架上倒挂的手拉葫芦配合将索股横移至对应鞍槽的上方，此时，主、散索鞍前后两握索器之间的索股呈无应力状态。

由于索鞍的鞍槽为矩形，而索股断面为六边形，入鞍前需将该部分索股断面整形为 46. 8 mm ×50. 2 mm 的矩形。在距离索鞍前后各 3 m 的地方安装六边形鱼雷夹具，解除两夹具间索股的绑扎带，同时人工用木锤敲打索股，并用钢片梳进行断面整理，使其由六边形变成四边形（图 7-5），此时需加入三根与索股材质规格相同的填充丝，整理成规则断面后，用专用四边形夹具夹紧，并用绑扎带绑扎。待主、散索鞍处索股全部整形完毕后，将索股置入散索鞍相应的鞍槽内。

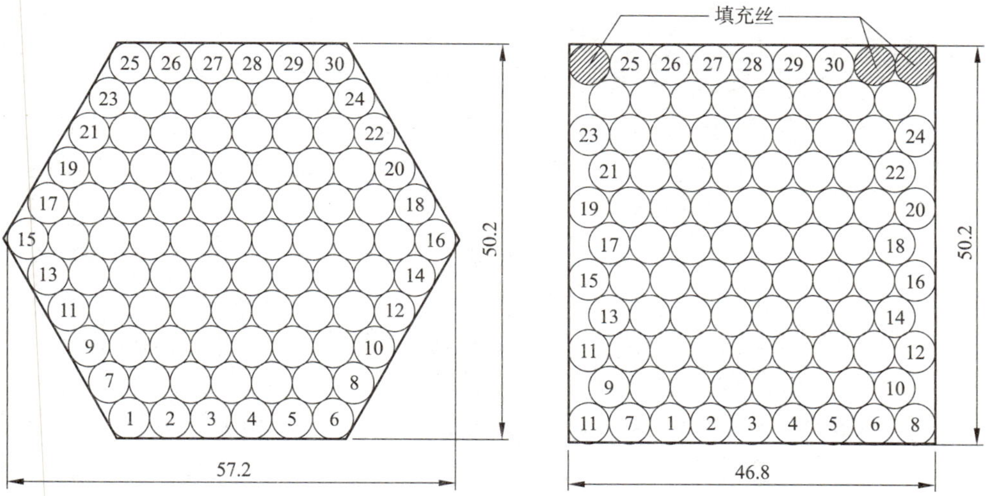

图 7-5　索股整形（单位：mm）

3）索股垂度调整。大跨径悬索桥的主缆一旦形成，施工过程中不可能靠施工阶段的跟踪调整来实现设计的主缆线形，即无法对主缆线形进行调整。因此在架设每根主缆索股时，其垂度的调整精度都至关重要，将直接影响主缆的结构线形。

三塔悬索桥索股垂度调整应对称施工，以避免中塔处索股受力不平衡，造成两主跨间互相干扰，影响施工精度。泰州长江大桥主缆索股调整分为基准索股垂度调整和一般索股垂度调整，以设计编号 1 号和 29 号为基准索股，其余为一般索股。基准索股的垂度调整采用绝对高程法，一般索股垂度调整采用相对基准索股进行垂度调整。为保证一般索股调整时所用的基准索股始终处于自由漂浮状态，泰州长江大桥采用主缆各层外侧一根一般索股作为相对基准索股（2 号、4 号、7 号等）。其垂度依靠 1 号基准索股进行传递，然后利用各层相对基准索股调整同一层一般索股和上一层相对基准索股的垂度，以达到主缆线形调整的目的。为了消除误差的积累，每根相对基准索股的调整误差均进行传递，即调整下一根相对基准索股时，它们之间的理论相对垂度值中要减去当前相对索股的调整误差值，以确保每一根索股相对基准索股的误差值满足要求。当 29 号索股架设后，用全站仪对 29 号索股进行绝对垂度检测，将基准索股调整为 29 号索股。索股调整的顺序为先主跨、后边跨。主缆结构形成后，测量泰州长江大桥主缆索股的实际垂度与设计垂度差和上下游主缆垂度差均在 12 mm 以内，施工精度达到了相当高的水平。

4）索股锚跨张力调整。锚跨是指悬索桥主缆索股从散索鞍散出到在锚面锚固这一范围，虽然锚跨在悬索桥整个结构中只占很小一部分，但由于索股架设时的张力关系到成桥后结构受力状态、锚固体系的安全、主缆的线形及安全系数，也影响到桥梁的美观，因此，精确控制锚跨张力尤为重要。三塔悬索桥与两塔悬索桥锚跨张力调整采用的工艺是一样的。

5）主缆紧缆施工工艺。紧缆主要目的是保持主缆索股的形状规则，主缆直径、孔隙率等满足要求，保证后续索夹能够顺利安装并且提供可靠的摩擦力。大跨径悬索桥从主缆正式紧缆开始到索夹安装，一般要经过一个月左右的时间，在此时间内，已完成紧缆的主缆回弹在所难免，为了能够准确测得主缆索夹安装时的主缆直径、孔隙率及不圆度（主缆横径与竖径差与主缆设计直径的比值），要进行主缆回弹试验，以确定主缆的回弹率，即测量主缆完成紧缆时的孔隙率与经过回弹后的孔隙率，比较孔隙率的差便得出主缆回弹率。

主缆不圆度的不合格是影响索夹顺利安装的主要原因，从以往大跨悬索桥的施工来看，不圆度很难达到设计要求，这主要是因为大跨悬索桥的索股长，自重大，在自重作用下，主缆的横径一定会大于竖径。在紧缆前没有做好紧缆准备工作，得到的回弹率试验结果不准确，不能用于指导施工。因此，只能在索夹安装时利用千斤顶辅助控制主缆的不圆度，费时费力，给正常施工造成极大的影响。

泰州长江大桥在正式紧缆前做了充分的准备工作，在南主跨距南塔 10 m 处，南主跨跨中，南主跨距中塔 10 m 处均进行 5 道正式紧缆，取其中间一道每隔 8 h 进行一次测量，测得主缆周长、横径、竖径等指标的变化情况进行分析。分析结果显示：在紧缆后 48 h 内主缆的回弹量呈递减变化，经过了 48 h 的回弹，主缆的各项指标变化量趋于稳定。最后，泰州长江大桥采用经过 48 h 回弹后的孔隙率的平均值作为主缆的回弹率。根据主缆的设计直径与该回弹率综合控制紧缆的各项指标，最终紧缆完成后，抽检主缆孔隙率、不圆度等各项指标均满足要求，保证了索夹的顺利安装。

6. 加劲梁架设

泰州长江大桥为三塔两跨悬索桥结构，相对中塔南北完全对称（除中塔特殊梁段外）。为保证桥塔稳定性及其应力不超限，在钢箱梁吊装过程中必须采用适当的纠偏方式使塔顶复位，本桥南、北索塔的纠偏方式是在基准索股架设前，将边主索鞍向岸侧设置一定预偏量，并将散索鞍向锚后预偏一定角度，在钢箱梁吊装过程中及时地顶推边主索鞍，使索塔恢复竖直状态。由于主缆在中塔主索鞍内不能自由移动，且中塔主索鞍已固定，为使钢箱梁的吊装给中塔带来的影响最小，本桥采用南北两主跨钢箱梁同步对称吊装施工，最大限度地减少中塔的偏载。钢箱梁除跨中两对吊索对应梁段（梁段长 32 m）整体作为一个吊装梁段外，其余采用小节段吊装方案，每个制造梁段为一个吊装节段，梁段布置如图 7-6 所示。全桥共 134 个吊装节段，标准吊装节段长 16 m。

钢箱梁安装的总体吊装顺序是从南北两主跨跨中 33 号、34 号吊索梁段开始，同时向索塔方向分 4 个工作面对称进行吊装施工，在中塔两侧和边塔附近分别设置合龙段，全桥共设 4 个合龙段。合龙段选择在靠近索塔位置且满足从运梁船上垂直起吊安装的梁段，根据本桥地形水位情况，合龙段选择两个主跨的 3 号、61 号吊索对应梁段。中塔无索区 D、E 两个梁段和边塔附近的 F 梁段及 62 号、63 号、64 号、65 号、66 号吊索对应的 5 个 A 梁段，由于结构设计需要及地形水位限制，在三个主塔位置处设置钢箱梁支架，通过跨缆起重机起吊荡移 + 支架的方法施工，合龙段采用预偏合龙方案安装。

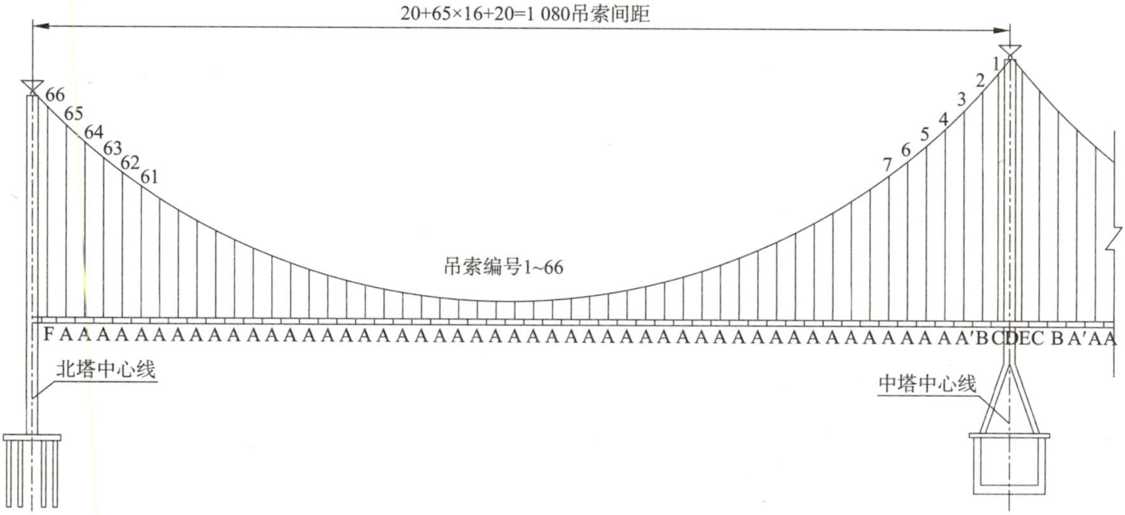

图 7-6　钢箱梁梁段布置（单位：m）

（1）全桥钢箱梁总体安装流程

1）第 1 步：跨中起始梁段吊装。4 台跨缆起重机分别在跨中 33 号、34 号索夹处固定，由先南主跨后北主跨的顺序，跨中 33 号、34 号吊索对应的 32 m 大节段梁段通过 2 台跨缆起重机抬吊垂直吊装到位，并连接好吊索。

2）第 2 步：跨中一般梁段垂直吊装。4 台跨缆起重机在两主跨分别从跨中 32 号、35 号吊索对应梁段开始向索塔方向采用小节段吊装方案逐段垂直吊装 32 ~ 4 号、35 ~ 60 号吊索对应梁段，并连接好吊索，梁段间采用临时连接件连接。

3）第 3 步：索塔附近梁段荡移吊装。边塔侧跨缆起重机从边塔开始向中塔方向荡移吊装 F 梁段和 66 ~ 62 号吊索对应梁段；中塔侧跨缆起重机按 E→D→C→C′→南侧 B→北侧 B 的顺序荡移吊装中塔附近特殊梁段。

4）第 4 步：合龙段吊装。采用牵引预偏措施，跨缆起重机在 3 号、61 号索夹位置垂直起吊合龙段。

（2）钢箱梁吊装及控制要点

1）索鞍顶推施工。为保证桥塔的稳定性和应力不超限，在吊装加劲梁及二期恒载施工过程中，先计算出各个吊装阶段的控制数据，再按计算出的边塔主索鞍顶推各阶段的顶推量对索鞍进行多次顶推。施工中在每个边塔主索鞍顶推位置准备 2 个 YSD5000 型千斤顶，最大顶推力 5 000 kN，全桥共 8 个。钢箱梁吊装开始后，分次分量对边主索鞍进行顶推。

在主跨加劲梁的吊装施工过程中，主缆水平力差值累积越来越大，为防止边主索鞍的滑动，将索鞍的鞍体与鞍座由螺杆临时固结。考虑在加劲梁吊装施工初期，由于索鞍的鞍座与鞍体间静摩擦力较大，索鞍会在千斤顶施加顶推力破坏静摩擦力的瞬间发生较大滑移，甚至可能产生不可控的惯性力，并对桥塔及锚碇的受力产生一定的冲击，对桥梁的安全很不利。综合以上因素，本桥采用每次顶推量分级顶推，严格控制每级顶推量小于30 mm，并且在顶推第一分级时采用尽可能小的加载量级，待同一桥塔上下游主索鞍均完成同级顶推后再进行下一级顶推。截止泰州长江大桥钢箱梁吊装完成，边主索鞍共顺利完成10次顶推施工，钢箱梁吊装过程中监测中塔、边塔偏移量均满足要求。

2）首节钢箱梁的吊装。首先起吊跨中33号、34号吊索对应的32 m大节段梁段为全桥最重的梁段，质量达500 t，由两台跨缆起重机同时起吊，起吊前的吊具安装经反复调整，确保各吊点的吊具受力均匀。主缆在吊装钢箱梁之前只承受自身重力，处于无外力状态，在跨中承受500 t的力，一定会造成主缆跨中的下沉。此外，再考虑中塔、边塔的偏位，其中由于中塔塔顶缺乏有效的纵向约束，其偏位将数倍于边塔的偏位，主缆跨中的下沉量相对于两塔悬索桥会大很多。为避免主缆的突然下沉量过大造成危险，泰州长江大桥第一片钢箱梁吊装，跨缆起重机采用多次少量逐级加载的方式，避免了主缆短时间内承受过大的荷载而造成突然下沉的现象，也避免了中塔及边塔突然承受过大的力而产生过大的变形。钢箱梁吊装前，猫道承重索已全部改吊至主缆，同时，将猫道承重索两端锚固处留出足够的富余量，确保猫道与主缆的线形一致。避免发生主缆变形下沉而猫道由于锚固端的原因无法随之下沉，造成主缆压在猫道上的危险情况。泰州长江大桥第一片钢箱梁吊装时，主缆在钢箱梁脱离支撑的瞬间，下沉约1.5 m，由于事先猫道已改吊至主缆并预留了猫道下沉的空间，很好地保持了与主缆的线形一致性，顺利地完成了泰州长江大桥第一片钢箱梁的吊装工作。

3）特殊梁段吊装施工。由于结构设计需要及地形水位限制，中塔附近有B、B′、C、C′、D、E共6个特殊梁段，边塔附近有F梁段及62号、63号、64号、65号、66号吊索对应的5个A梁段不具备垂直起吊的条件，需要采用跨缆起重机牵引荡移吊装。本桥采用在三个主塔位置处设置钢箱梁支架，通过跨缆起重机起吊荡移+支架的方法完成中塔无索区D、E两个梁段和边塔附近的F梁段的施工，通过荡移吊装B、B′、C、C′共四个梁段，通过荡移至移梁栈桥后垂直吊装62号、63号、64号、65号、66号吊索对应的5个A梁段。

4）主桥合龙。全桥共有四个合龙段，分别位于3号吊索对应的S4、N4钢箱梁和61号吊索对应的S62、N62钢箱梁，均采用牵引预偏措施施工增加钢箱梁合龙的吊装空间，顺利完成了钢箱梁合龙吊装。

7.2 马鞍山长江大桥

马鞍山长江大桥位于安徽省东部，连接马鞍山和巢湖两市。大桥于2008年12月28日开工建设，2013年12月31日建成通车，是继泰州长江大桥之后再次建造的千米级三塔悬索桥。

主桥采用三塔两跨悬索桥结构，主跨跨度2×1 080 m，边跨主缆跨度360 m，三个桥塔塔顶高程相等，如图7-7所示，主跨为带风嘴的钢箱梁，两边引桥为预应力混凝土连续箱梁。该桥设计荷载为公路—Ⅰ级汽车荷载，按双向六车道高速公路设计，设计速度为100 km/h，该地区地震基本烈度值为Ⅵ度。

结构支承体系：加劲梁与中塔柱及下横梁采取固结方式，在两边主塔上设竖向支座，在边主塔的下横梁上加设有纵向液压阻尼装置；在边塔下横梁处主梁两侧设置2个横向抗风支座。

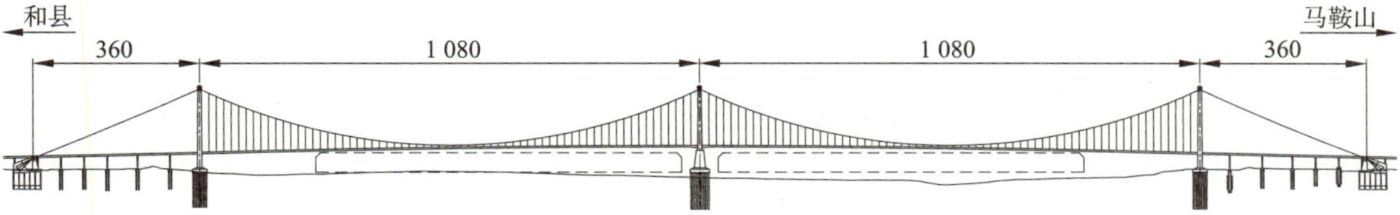

图 7-7　马鞍山长江大桥桥型（单位：m）

1. 桥塔

三个主塔均为门形结构，其中两个边塔为钢筋混凝土结构，中塔为钢-混凝土组合结构，主塔及基础构造图如图 7-8 所示。由于边塔设计与常见的两塔悬索桥类似，以下仅介绍中塔的设计。

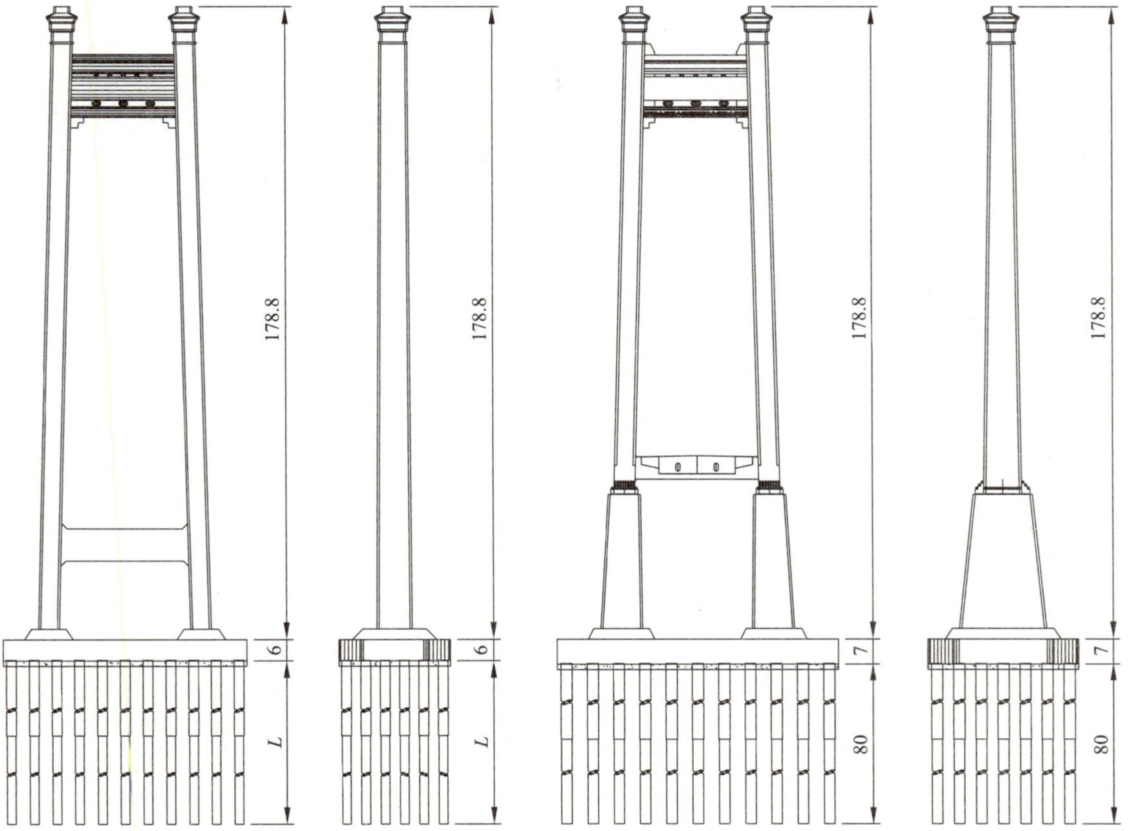

(a) 边桥塔正立面　　(b) 边桥塔侧立面　　(c) 中桥塔正立面　　(d) 中桥塔侧立面

图 7-8　桥塔构造（单位：m）

中塔总高 178. 8 m，其中下塔柱为预应力混凝土结构，上塔柱、塔顶装饰及上、下横梁为钢结构。钢结构的上塔柱为单箱多室截面，由四周壁板和两道腹板构成，根据受力要求，位于塔顶段局部范围内增加了数道腹板。为了减小塔柱截面风阻系数，改善涡振性能，塔柱截面四角切去 0. 7 m × 0. 7 m 四个矩形，将截面进行钝化。在塔柱断面中室内设置 1. 5 m × 2. 0 m 的电梯通道及人行爬梯，电力管线也从该通道进入。钢塔柱主体结构按塔柱受力分别采用 Q345D、Q370qE、Q420qE 钢。上塔柱壁板最大厚度为 60 mm，腹板最大厚度为 48 mm，均采用板式加劲肋。中塔下横梁为塔、梁固结的一部分，梁高 6. 5 m。

上塔柱共划分为 21 个节段，T1 ~ T21，20 个拼接接缝，J1 ~ J20；节段长度 5. 0 ~ 9. 55 m，标准节段长度为 6 m。其中 T1 节段最重，约 590 t。塔柱节段连接传力形式，设计采用高强度螺栓与端面接触传力相结合的方法。

钢结构的上塔柱底部的压力主要通过底座板传递到其下部的混凝土塔柱中，而拉力则通过无粘结预应力钢绞线传递到混凝土塔柱中。中塔在主梁单跨满载工况下为最不利，设计以该工况下结合面无拉应力出现来控制设计。

主塔上横梁设计为具有徽派建筑特色的结构，上横梁由上、中、下梁三部分组成。上梁与中梁之间用 5 个有圆柱造型的结构连接，中梁与下梁之间用三个有灯笼造型的结构连接。

2. 锚碇

锚碇及锚碇基础如图 7-9 所示，采用沉井基础。整个锚体在平面上呈 K 形，尾部横向宽 53. 4 m，前端分离，每侧横向宽为 5. 94 m，锚体顺桥向全长 54. 13 m。锚体为大体积混凝土结构，包括锚块一、锚块二、鞍部及压重块，同时为架设定位架，将沉井井盖分为三部分，每块分层浇筑。主缆索股锚固采用由后锚梁和前锚杆组成的钢支架体系锚固系统。锚碇沉井长和宽分别为 60. 2 m 和 55. 4 m，北锚碇基础沉井高 41 m，南锚碇基础沉井高 48 m。北锚沉井共分 8 节，第 1 节为钢壳混凝土沉井，高 8 m；第 2 ~ 8 节均为钢筋混凝土沉井，其中 2 ~ 6 节为 5 m 高，第 7 节为 3. 5 m，第 8 节为 4. 5 m。沉井封底混凝土厚为 8 m，基底置于中密的中砂层。南锚沉井共分 9 节，第 1 节为钢壳混凝土沉井，高 8 m；第 2 ~ 9 节均为钢筋混凝土沉井，其中 2 ~ 7 节为 5 m 高，第 8 节为 5. 5 m，第 9 节为 4. 5 m。沉井封底混凝土厚为 8 m，基底置于圆砾土层顶面。

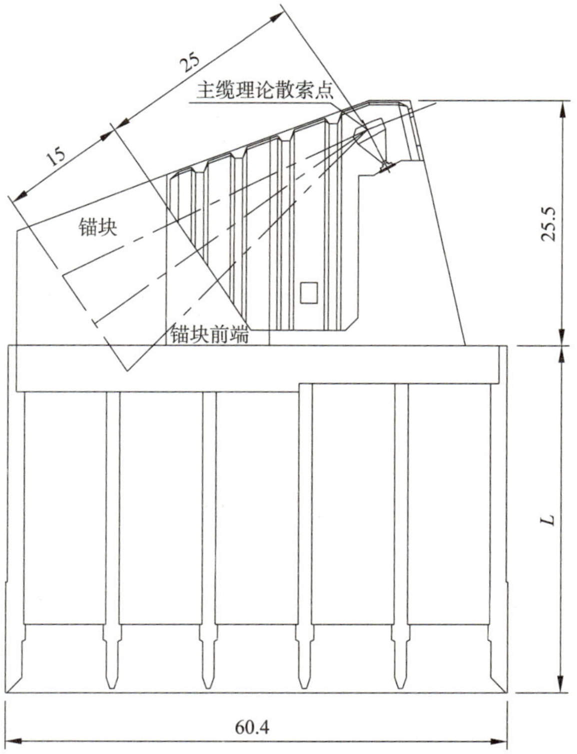

图 7-9　锚碇构造（单位：m）

3. 主缆与吊索

该桥主缆矢跨比为 1/9，两根主缆横桥向的中心间距为 35 m。主缆采用预制平行钢丝索股，每股由 91 根直径为 5. 2 mm 镀锌高强钢丝组成，钢丝标准抗拉强度不小于 1 770 MPa，单根索股无应力长约 3 045. 5 m，质量 46. 2 t。全桥共两根主缆，每根主缆由 154 股索股组成。主缆直径为 688 mm（索夹外）/680 mm（索夹内），主缆横断面如图 7-10 所示。

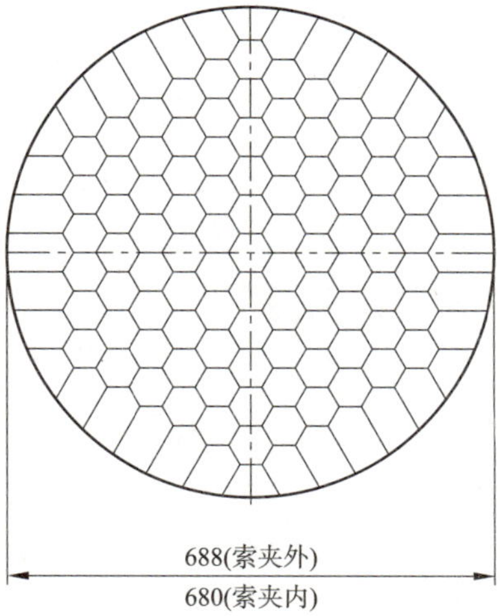

图 7-10　主缆横断面（单位：mm）

该桥吊索采用销接式，吊索上端通过叉形耳板与索夹连接，下端通过叉形耳板与钢箱梁上的锚板连接。吊索采用预制平行钢丝束，钢丝束外挤包 8. 0 mm 厚双护层 PE 进行防护，PE 内层为黑色，外层为彩色。吊索分为普通吊索和特殊吊索，钢丝均采用 ϕ5. 0 mm 镀锌高强钢丝，钢丝标准抗拉强度不小于 1 670 MPa，每根普通吊索由 109 根钢丝组成，每根特殊吊索由 121 或 163 根钢丝组成。吊点标准间距为 16 m，索塔中心线至最近吊点间距为 20 m。

4. 索鞍与索夹

中塔顶鞍座采用铸焊结合式外壳传力结构，鞍头部分铸造，纵向壁板、底板及横向肋板均采用钢板焊接。中塔顶鞍座不设预偏量，鞍座不需设置滑动副。为增加主缆与鞍槽间的摩阻力，鞍槽内设竖向 2 道隔墙，每道厚 60 mm。主鞍体鞍头部分为铸钢，主鞍体其他部分为钢板。为减轻吊装、运输重量，鞍体分两半制造，吊至塔顶后用高强度螺栓拼接。鞍体单件吊装质量不超过 60 t。

边塔顶鞍座采用全铸式结构，鞍体底面与座板顶面涂耐磨减摩擦材料，降低抗滑移系数，便于鞍座顶推施工，以适应施工中的相对位移，座板顶面中央设有纵向导向肋，保证鞍座顶推不发生偏转。塔顶设有鞍座座板，用锚栓与塔顶紧紧锚固在一起；鞍座顶推到位调整好后，用成桥锁定板将鞍体与座板锁死。为顶推鞍座设置的反力架，用预应力钢绞线紧紧锚固在塔顶，并通过角钢与垫块支撑在塔壁上。为减轻吊装、运输重量，鞍体分两半制造，吊至塔顶后用高强度螺栓拼接。鞍体单件吊装质量不超过 60 t。考虑到边塔顶鞍座预偏量大，边塔施工时，在塔顶靠主跨侧中间处，留一槽口混凝土后浇，以便于主缆能顺利通过，待鞍座顶推一定位移及主缆离开塔顶边缘后再浇筑。

散索鞍为摆轴式结构，采用铸焊结合的形式，鞍槽用铸钢铸造，鞍体由钢板焊成。理论散索点到散索鞍底混凝土面的距离为 5. 2 m。鞍槽底最低处竖弯半径从边跨向锚跨分三次变化。为增加主缆与鞍槽间的摩阻力，并方便索股定位，鞍槽内设竖向隔板，在索股全部就位并调股后，在顶部用锌块填平，然后上紧压板及楔形块等压紧设施，最后将鞍槽侧壁用螺杆夹紧。

索夹分为有吊索索夹和无吊索索夹。与吊索对应，中跨有吊索索夹采用销接式连接。所有索夹均采用上下对合型结构形式，用高强螺杆连接紧固，为保证在预紧高强螺杆作用下索夹能紧抱主缆，在两半索夹间留有适当的缝隙，接缝处嵌填氯丁橡胶防水条防水。

5. 加劲梁

加劲梁采用扁平流线形钢箱梁，全宽 38. 5 m（含风嘴）。线路中心线处标准段梁高为

3.5 m，中塔塔梁固结处主梁受力较大，梁高采用 5.0 m，梁高在中塔两侧通过 $L=16.0$ m 的区段进行线性变化，变化坡度为 1∶10.67。主梁横向沿线路中心线设 2.0% 的双向横坡。加劲梁标准横断面如图 7-11 所示。

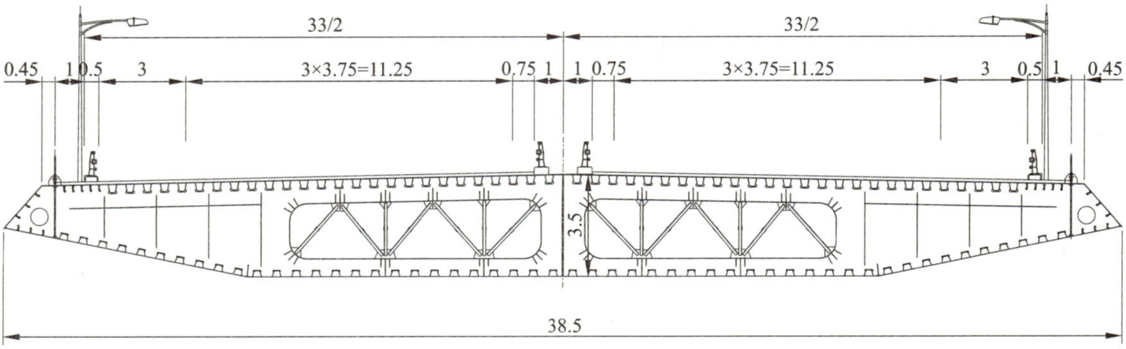

图 7-11　加劲梁标准横断面（单位：m）

标准段箱梁顶板厚 14 mm，底板厚 10 mm。顶、底板均采用 U 形加劲肋，其中顶板 U 形肋厚 8 mm、高 280 mm，上口宽 300 mm，下口宽 200 mm，间距为 600 mm；底板及斜底板 U 形肋厚 6 mm、高 200 mm，上口宽 320 mm，下口宽 200 mm，间距为 680 mm。

靠近中塔梁高 3.5 ~ 5.0 m 变化段箱梁顶板厚 14 mm，底板厚度由 10 mm 变化至 14 mm，顶、底板采用 U 形加劲肋加劲，布置与标准段相同。

在钢箱梁底板厚度变化处，U 形肋保持高度不变，随着底板厚度的变化而相应变化；在顶板厚度变化处，U 形加劲肋采取保持底缘平齐，变化其高度的处理方式以适应相邻板厚差别。

为保持桥面连续，塔梁固结处箱梁顶板即横梁顶板板厚 36 mm，底板厚 14 mm，顶、底板 U 形加劲肋布置与标准段相同。为保证主塔下横梁腹板的整体性，箱梁底板与主塔下横梁相交处采取底板断开、焊在横梁腹板上的连接方式。底板 U 形肋也先断开，再与横梁腹板焊接，顶板 U 形肋则采取在横梁腹板上开 U 形槽口连续通过方式。

主梁纵向每隔 3.2 m 设一道横梁（或横隔板）。为了减轻上部结构重量，改善主梁内的通风状况，便于养护人员出入，标准段横梁除两端因剪力较大采用实腹板结构外，中间部分采用空腹式桁架结构，由∟100 mm × 80 mm × 10 mm 角钢通过与节点板焊接形成，横梁锚点处为局部传力构件，做了适当加强。边塔支座处横隔板及中塔塔梁固结处横梁则采用实腹板式结构，支座处横隔板板厚分两种，分别为 28 mm 和 24 mm。塔梁固结处横梁高 6.5 m，顶板厚 36 mm，底板厚 36 mm，腹板共四道，其中外侧腹板受力较大，板厚采用 36 mm，内侧腹板受力相对较小，板厚采用 20 mm。

主梁断面设 3 道纵向腹板，两边腹板为实腹板式结构，位置与吊索锚拉板对应，板厚 14 mm，中间腹板为空腹式桁架结构，通过角钢与板式纵联焊接形成。中间腹板在梁端，即边塔支座附近 6.05 m 范围内为实腹板式结构。

主梁采取分段制造安装，全桥梁段划分成对称布置。分 A、B、C、D、E、F、G、H 共八种类型，135 个节段。梁段 A 为主梁端部梁段，节段长 10.5 m，B、C、D、E、F 为中间梁段，节段长 16 m，G 为中塔附近变高度梁段，节段长 19.3 m，H 为塔梁固结梁段，节段长

18.2 m，节段 A′～G′沿中塔中心线与 A～G 节段对称。

加劲梁与吊索锚固，采用耳板构造，吊索与耳板为销接。吊索锚拉板与边侧纵腹板为一体，并在吊索附近加厚。吊索处纵腹板局部伸出顶板形成耳板，纵腹板与顶板通过角焊缝连接，并在两侧对称设置 5 对加劲肋进行加劲，以保护顶板与纵腹板之间的连接焊缝。根据吊索索力不同，吊索锚箱分为标准梁段锚箱和特殊梁段锚箱两类。

梁段之间的连接在顶板、底板、风嘴、斜底板部位采用焊接方式，边侧竖腹板及中间纵联采用 M24 高强度螺栓拼接；节段间除顶板 U 形加劲肋采用高强度螺栓进行连接外，其余加劲肋均采用焊接方式连接。

中塔塔梁固结处横梁顶、底、腹板与钢塔柱连接采用高强度螺栓进行连接。

加劲梁端部设置横向抗风支座、竖向拉压支座及纵向液压阻尼装置。其中，横向抗风支座设置在箱梁两侧斜底板处，支承在边主塔横梁上的混凝土挡块；竖向支座设置在底板上，距离底板顺桥向中心线 9.86 m 成对称设置，支座处加劲梁局部结构均做加强以抵抗支座反力。

7.3　鹦鹉洲长江大桥

鹦鹉洲长江大桥位于武汉市中心城区，连接汉阳的马鹦路和武昌的复兴路，和二七长江大桥一起，组成武汉市二环线的两座跨江桥梁。大桥于 2010 年 8 月开工建设，2014 年 12 月建成通车。是继泰州长江大桥和马鞍山长江大桥后，我国再次建造的第三座大跨度三塔悬索桥。

桥址位于武汉长江大桥上游 2.0 km。大桥所处区域自然和人文景观十分丰富，有江南第一名楼之称的黄鹤楼、万里长江第一桥——武汉长江大桥、武昌起义首义之地——起义门、俞伯牙摔琴谢知音的古琴台、纪念大禹治水的晴川阁、千古名刹归元寺，有南北对望的龟山和蛇山。两岸均为武汉市中心城区，50 余层的高层建筑密布。选择三塔悬索桥，其主塔高度 152 m 和两岸山体、错落有致的高层建筑建立的天际线十分协调，如图 7-12 所示。而且，正好利用长江之中的一道顺江潜坝来设置中塔基础，这道潜坝是为了保持长江的河道稳定而人工建筑的。

图 7-12　鹦鹉洲长江大桥与周边环境效果

与泰州长江大桥和马鞍山长江大桥的三塔两跨不同的是，鹦鹉洲大桥采用三塔四跨悬吊结构，目的是避免两个边跨设置桥墩而破坏了两岸优美的江滩公园景致，并使桥墩远离长江防洪墙。

主跨采用两个850 m跨度，两个边塔位于岸坡脚下；边跨主缆跨度225 m，加劲梁跨度200 m，中塔塔顶比南北两侧的边塔高出18 m，如图7-13所示，加劲梁为带风嘴的钢-混凝土结合梁。设计荷载为公路—Ⅰ级汽车荷载，按双向八车道城市快速路设计，设计速度为60 km/h，两侧设观光人行道。

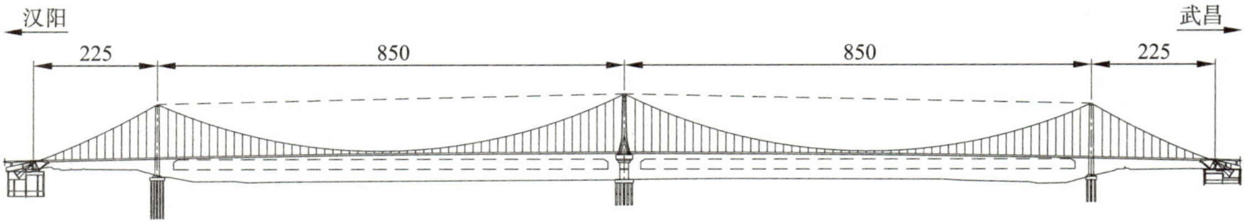

图7-13　鹦鹉洲长江大桥桥型（单位：m）

加劲梁的支承体系：四跨均为简支体系，加劲梁在边、中塔及边墩处均设上、下游竖向拉压支座，约束主塔、主墩处加劲梁的竖向位移，并通过上、下游竖向支座的联合作用，约束加劲梁的扭转；加劲梁在边、中主塔及边墩处均设侧向抗风支座；加劲梁在中塔、边墩处设纵向固定支座，约束加劲梁在活载作用下的纵向位移，进而改善加劲梁的受力和边、中塔处加劲梁的行车条件。

1. 桥塔

边塔采用钢筋混凝土框架结构。南、北边塔结构完全一致，高126.2 m，两塔柱间的横向中心间距，塔顶为36.0 m，塔底为39.0 m，横向呈1∶84.13的坡度。塔柱为箱形截面，横桥向尺寸为5.0 m，纵桥向尺寸从顶面7.0 m变化到塔底9.0 m。塔柱为钢筋混凝土结构，上、下横梁为预应力混凝土结构。

北边塔基础采用44根ϕ2.0 m钻孔灌注桩，桩长75 m；南边塔基础采用20根ϕ2.8 m钻孔灌注桩，桩长为23.0 m。

桥塔及基础构造如图7-14所示。

中塔的下塔柱及下横梁为预应力混凝土结构，上塔柱及上横梁为钢结构，塔高152 m，其中上塔柱钢结构高105.7 m，混凝土塔柱高45 m，塔座高1.3 m。塔柱间中心距：在塔顶处36 m，承台顶处40 m，上塔柱斜率1∶53.5，混凝土下塔柱竖直。

中塔的上塔柱纵向呈倒Y形，高105.7 m，交点以上塔柱高71.7 m，交点以下塔柱高34 m。两斜腿在塔底的叉开量为17 m，斜腿段倾斜度为1∶4。直线段与斜腿段按圆曲线过渡，钢塔采用Q345D、Q370qD钢。

中塔的钢结构塔柱共划分为15个节段，T1～T15，14个拼接接缝，J1～J14；节段长度3.8～11.5 m。其中T3节段最重，约392.7 t，采用浮式起重机吊装，其余节段均采用塔式起重机吊装，塔式起重机吊装最重节段为T15，质量200.8 t。塔柱节段连接传力形式，设计采用高强度螺栓传力与端面接触传力相结合的方法。传递压力情况时，高强度螺栓与端面金属接触壁板、腹板均按50%考虑，而加劲肋传递压力时，高强螺栓按60%考虑，端面接触按40%计；当出现拉力情况则全部按高强度螺栓传递考虑。螺栓均采用摩擦型高强度螺栓。为

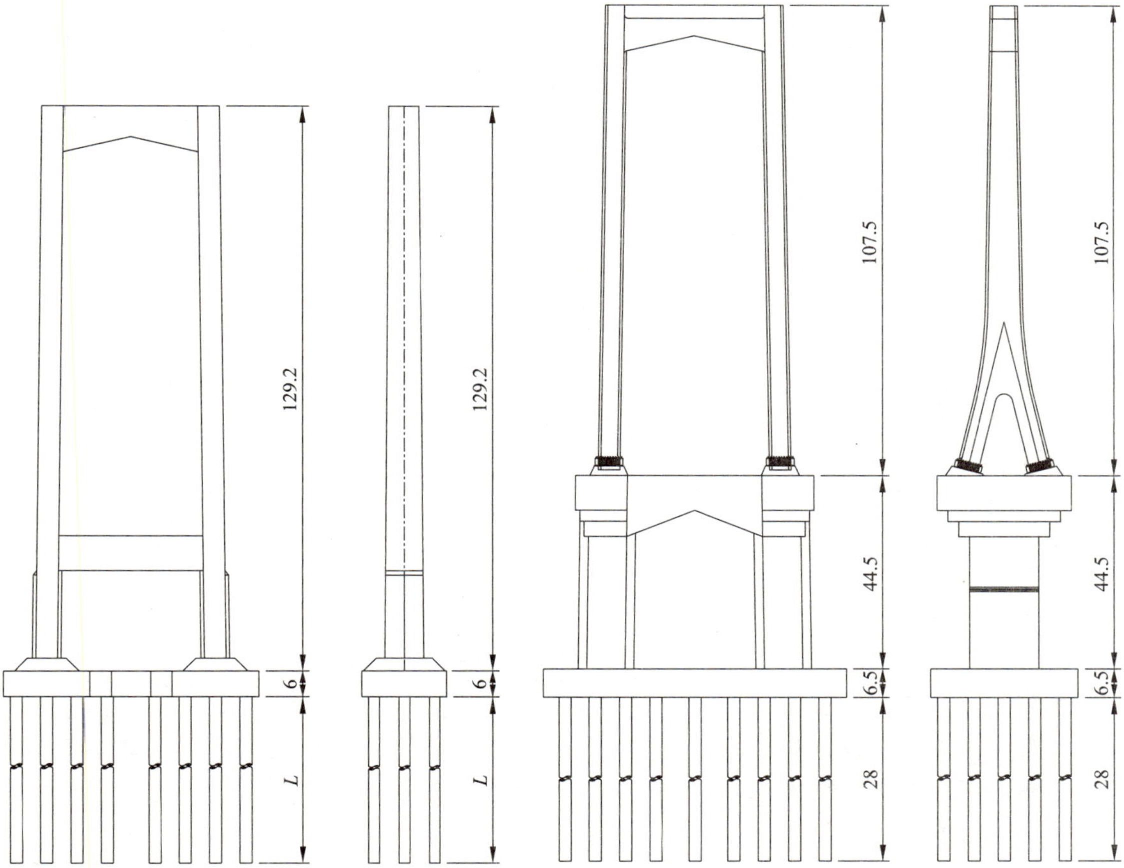

(a) 边桥塔正立面　(b) 边桥塔侧立面　(c) 中桥塔正立面　(d) 中桥塔侧立面

图 7-14　桥塔构造（单位：m）

便于金属接触面的密贴检查，在拼接板的接缝位置处设置了 ϕ20 mm 的检查孔。考虑到索塔安装中误差的调整，设计在 J1、J2、J3、J8、J13 五处设置调整接头，即高强度螺栓传递 100% 内力。

中塔上横梁分两段吊装，最大吊重为 159. 4 t；在横梁中部设置一拼接接缝，拼接高强度螺栓。中塔柱的设计金属接触率：对壁板、腹板≥50%；对加劲肋≥40%。

中塔上塔柱底部的压力主要通过塔柱底板传递到下塔柱混凝土中，而拉应力则通过锚固螺杆传递到基础中。由于中塔在主梁一侧满载作用下，非加载侧塔柱底部固端弯矩引起塔柱内侧拉应力，设计在塔柱底部混凝土内预埋锚固螺杆，并给螺栓施加了预拉力，预拉力的数值根据工作状态下塔底截面无拉力出现状况来控制，按此原则，在塔底截面布置 28 根直径为 110 mm 的锚杆，并施加预拉力。单个锚杆预拉力大小为 2 500 kN，施工时需考虑张拉力损失的影响。

中塔基础采用 39 根 ϕ2. 8 m 钻孔灌注桩，承台为圆端形，平面尺寸为 70 m × 34 m。

2. 锚碇

锚碇及锚碇基础如图 7-15 所示。北锚采用沉井基础，南锚采用地下连续墙构筑锚碇基础。整个锚体在平面上呈 K 形，前端分离，锚体均为大体积混凝土结构，包括锚块、鞍部及压重块，主缆索股锚固采用由后锚梁和前锚杆组成的钢支架体系锚固系统。

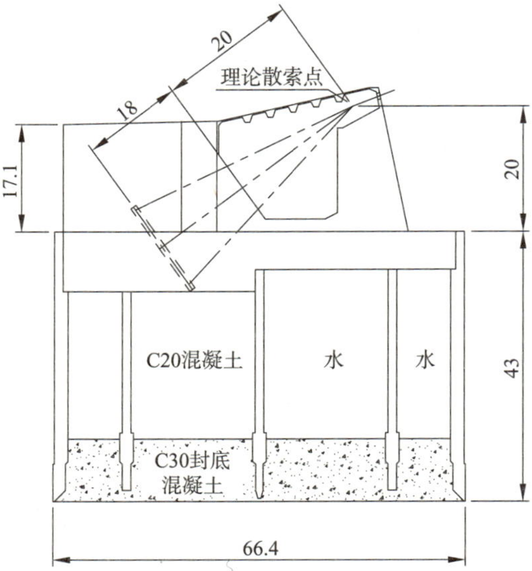

(a) 汉阳侧锚碇

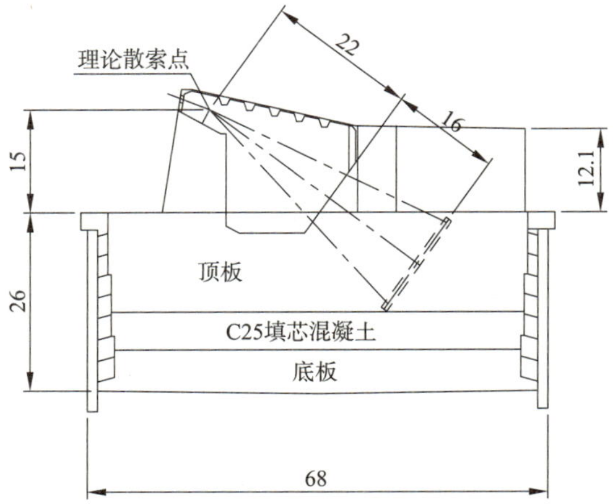

(b) 武昌侧锚碇

图 7-15　锚碇构造（单位：m）

北锚沉井截面为圆环形，中间圆孔内设置十字形隔墙；圆环内沿圆周均布有小直径井孔。沉井总高 43 m，共分 8 节，第 1 节为高 6 m 的钢壳混凝土沉井，第 2 ~ 8 节均为钢筋混凝土结构。沉井外径为 66 m，内径 41. 4 m，周边均匀布置的 16 个小圆孔，圆孔直径 8. 7 m。沉井封底混凝土厚 10 m。

南锚碇基础采用外径 68 m、壁厚 1. 5 m 的圆形地下连续墙加环形钢筋混凝土内衬支护结构。锚碇基础底面置于基岩面上，基础深 26. 00 m。圆形地下连续墙轴线直径为 66. 5 m，采用铣接法作为地下连续墙槽段连接方式。为保证地下连续墙开挖阶段受力及刚度的需要，在地下连续墙顶部设置刚度较大的帽梁。

3. 主缆与吊索

该桥主缆矢跨比为 1/9，横向两根主缆的中心间距 36. 0 m。主缆采用预制平行钢丝索股，每束由 127 根直径为 5. 25 mm 高强钢丝组成，钢丝标准抗拉强度不小于 1 770 MPa，单根索股无应力长约 2 285. 4 m，质量 49. 3 t。全桥共两根主缆，每根主缆由 114 根索股组成，主缆直径为 706. 3 mm（索夹外）/697. 6 mm（索夹内），主缆横断面如图 7-16 所示。

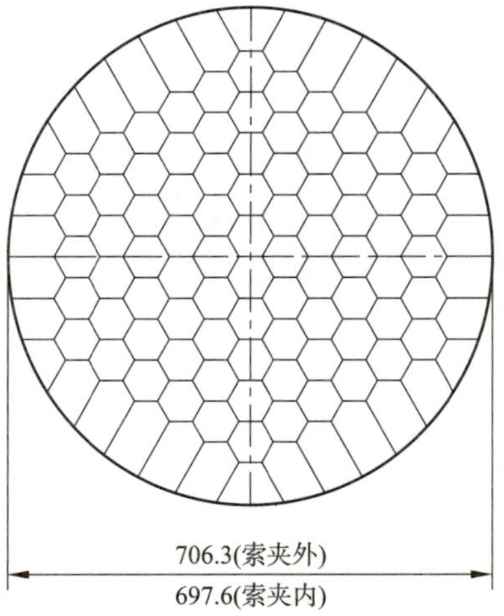

图 7-16　主缆横断面（单位：mm）

吊索采用销接式，吊索上端通过耳板与索夹连接，下端通过叉形耳板与钢梁上的锚板连接。吊索采用预制平行钢丝束，钢丝束外挤包双护层 PE 进行防护，PE 内层为黑色，外层为彩色。吊索分为为普通吊索和特殊吊索，钢丝均采用 ϕ5. 0 mm 镀锌高强钢丝，钢丝标准抗拉强度不小于 1 770 MPa，每根普通吊索由 151 根钢丝组成，每根特殊吊索由 211 根钢丝组成。吊点标准间距为 15 m，索塔中心线至近吊点间距为 20 m。

4. 索鞍与索夹

中塔顶主鞍采用铸焊结合型外壳传力结构，鞍头部分铸造，纵向壁板、底板及横向肋板均采用焊接。中塔顶主鞍座不设预偏量，鞍座不需设滑动副。主鞍体鞍头部分铸钢件材料牌号为 ZG270-480H，主鞍体其他部分钢板采用 Q345R。为减轻吊装、运输重量，鞍体分两半制造，吊至塔顶后用高强度螺栓拼接。鞍体单件吊装质量不超过 50 t。

边塔顶鞍座采用全铸式结构，鞍体底面与座板顶面涂耐磨减摩擦材料，降低鞍体与底座板间的摩擦系数，便于施工期间的鞍座顶推，座板顶面中央设有纵向导向肋，避免鞍座顶推时发生偏转。鞍体铸钢件材料牌号为 ZG270-480H。边塔为混凝土结构，塔顶设有鞍座座板，用锚栓与塔顶紧紧锚固在一起；鞍座顶推到位调整好后，用成桥锁定板将鞍体与座板锁死。为顶推鞍座设置的反力架，用预应力钢绞线紧紧锚固在塔顶，并通过角钢与垫块支撑在塔壁上。为减轻吊装、运输重量，鞍体分两半制造，吊至塔顶后用高强度螺栓拼接起来。鞍体单件最大吊装质量约 56 t。

散索鞍为底座式结构，由上部的鞍体和下部的特制大吨位柱面钢支座组成。鞍体用铸钢铸造，材料牌号为 ZG270-480H，特制大吨位柱面钢支座的上支座板、柱面衬板、下支座板均用铸钢铸造，材料牌号为 ZG20 Mn，上支座板与柱面衬板间的球面滑板、球面衬板与下支座板间的平面滑板均为改性超高分子量聚乙烯，下支座板与底座板通过底脚螺栓固定于锚室混凝土前墙。理论散索点到散索鞍底混凝土面的距离为 2. 3 m。鞍槽底最低处竖弯半径从边跨向锚跨分三次变化。为增加主缆与鞍槽间的摩阻力，并方便索股定位，鞍槽内设竖向隔板，待索股全部就位并调股后，在顶部用锌块填平，上紧压板及楔形块等压紧设施，再将鞍槽侧壁用螺杆夹紧。

索夹分为有吊索索夹和无吊索索夹，采用 ZG20 Mn 铸钢铸造，与吊索对应，边、中跨有吊索索夹采用销接式。所有索夹均采用左右两半的结构形式，用高强螺杆连接紧固，为保证在预紧高强螺杆作用下索夹能紧抱主缆，在两半索夹间留有适当的缝隙，接缝处嵌填橡胶防水条防水。索夹壁厚均为 35 mm。索夹螺杆做成缩腰形，以避免在螺纹处断裂。索夹均采用 M42 螺杆张拉夹紧。

5. 加劲梁

为提高桥面铺装的耐用性，加劲梁采用钢-混凝土结合梁，梁高 3. 0 m，由钢纵梁、钢横梁和混凝土桥面板组成。其中钢纵梁梁高 2. 423 m，钢横梁梁高 2. 735 m，混凝土桥面板厚 0. 2 m，加劲梁标准节段长 15 m。为改善加劲梁抗风性能，主梁外侧设置风嘴。吊索横向间距为 36 m，吊索锚点设在主梁外侧的风嘴上。纵向每隔 3 m 设置一道横梁，桥面设 2% 双向横坡，桥面横坡通过变横梁梁高实现，加劲梁标准横断面如图 7-17 所示。混凝土桥面板通过布置在钢纵梁、钢横梁及小纵梁顶板上的剪力钉与钢梁结合。全桥钢梁共划分 143 个制造梁段。

为减少桥面大位移伸缩缝数量，加劲梁活动端设在两边塔处，边墩和中塔处设置固定支座。考虑到两主跨在中塔处梁端转角较大，为改善桥面行车条件，在中塔下横梁顶两主跨间设一 5. 5 m 长过渡梁。为抵抗横向风力和纵、横向地震力，加劲梁在中塔及边塔处均设置有纵、横向抗震挡块，边墩则设纵向抗震支座和横向抗震挡块。

建成后的鹦鹉洲长江大桥如图 7-18 所示。

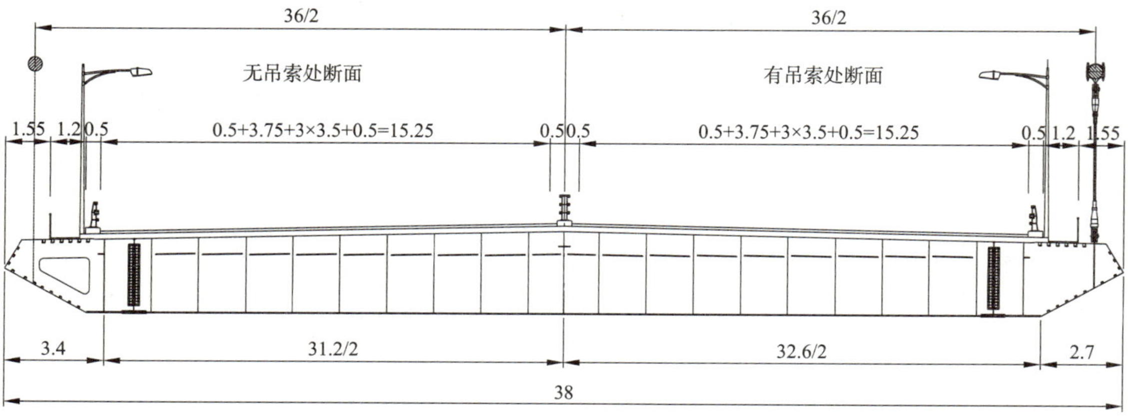

图 7-17　加劲梁标准横断面（单位：m）

图 7-18　鹦鹉洲长江大桥

7.4　温州瓯江北口大桥

浙江省甬台温复线高速公路和南金公路均在瓯江入海口区域跨越瓯江，该区域航运繁忙，船舶制造厂、港口、码头多，通道资源较为稀缺，为了充分利用资源，降低工程造价，上述两条公路采用合建桥梁跨越瓯江北口。大桥距离入海口约 2. 5 km，距离温州龙湾国际机场约 8. 5 km。

桥梁建筑总高度受民航飞行净空限制，桥面高度由瓯江通行万吨级海轮的通航高度确定，综合考虑经济性后，主桥采用主跨 2 × 800 m 三塔钢桁梁悬索桥，上层通行甬台温复线高速公路，下层通行南金一级公路。

主缆的跨度布置为（230＋800＋800＋348）m，主缆矢跨比为 1/10，加劲梁的跨度布置为（215＋800＋800＋275）m，四跨悬吊。主桥立面总布置图如图 7-19 所示。

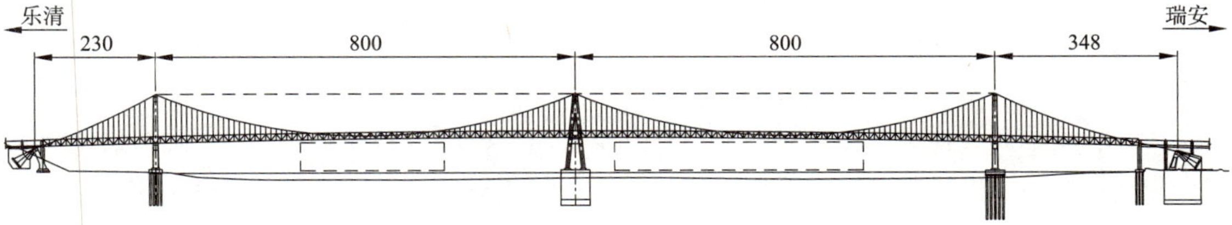

图 7-19　瓯江北口大桥主桥立面布置（单位：m）

1. 约束体系

支承体系是否合理不仅影响结构构件之间内力的传递与分配，也是影响结构运营安全和使用寿命的重要因素。

加劲梁与边塔间设置纵向粘滞阻尼器约束，与索塔及边墩之间的设竖向支座，与各塔柱间均设置横向抗风支座。约束体系布置如图 7-20 所示。

为了消除主塔处竖向支座的负反力，减小靠近主塔处第一对吊索的应力幅，在三个索塔附近的部分钢桁梁区段内采用混凝土压重，增加该部分加劲梁重量，并将靠近主塔处第一根吊索到主塔中心线间的距离增加 20 m，以增加竖向支座的竖向压力。

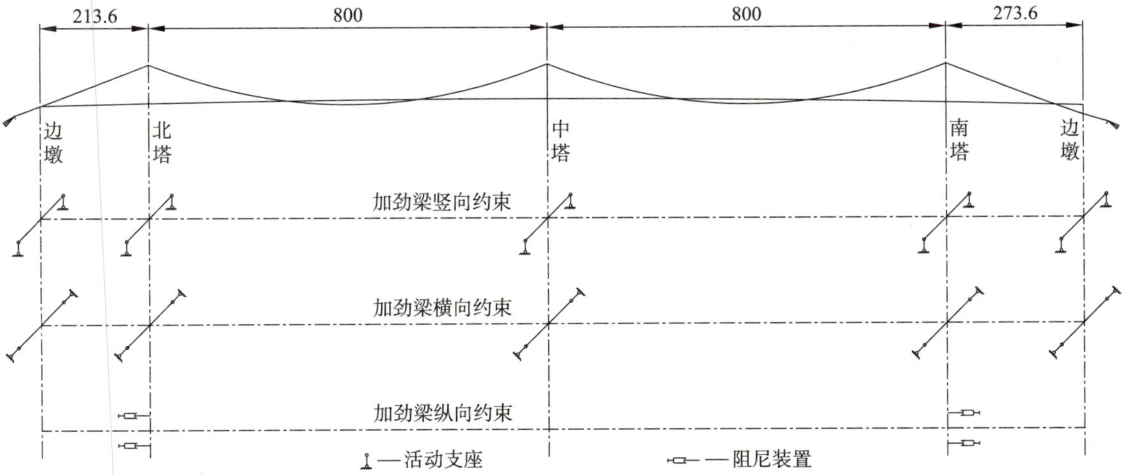

图 7-20　约束体系布置（单位：m）

2. 加劲梁

大跨度悬索桥的加劲梁结构主要有钢箱梁、钢桁梁、钢板梁、钢混结合梁、混凝土箱梁及混凝土板梁等形式，其中以钢箱梁与钢桁梁居多，悬索桥采用何种形式加劲梁，主要由桥址处加劲梁的运输及安装条件、桥梁的抗风稳定性要求、桥梁使用功能需求以及工程造价等因素综合确定。本桥濒临东海，设计风速高，桥址处的设计基本风速达到 $v_{10}=43.2\ \mathrm{m/s}$，风洞实验结果表明，上下层分开布置的钢桁梁方案抗风性能优良，综合考虑到钢桁梁方案抗弯、抗扭刚度大，结构空间利用率高，征地拆迁面积小，综合经济指标较优等特点，本桥加劲梁采用双层桥面布置的钢桁梁方案。

早期的悬索桥采用钢桁梁作为加劲梁时，桥面板多采用支撑于横梁上、不参与主桁共同受力的板桁分离结构，这种结构可在后期方便地实现桥面更换，但结构整体性较差，抗扭刚度较小。因此，本桥加劲梁采用板桁组合钢桁架，双层公路桥面均采用正交异性钢结构，桥面结构参与主桁结构共同受力，使结构抗弯及抗扭刚度大大提高，抗风性能得到提升，施工工序也更为简单，全桥桥面连续不设断缝，行车舒适性好。

主桁采用华伦式桁架，桁高 12.5 m，桁宽 36.2 m，标准节间长 10.0 m。由于桥塔塔顶高程受附近机场飞行净空限制，同时桥面高程受到船舶通航净空高度控制，使得主缆矢跨比变得较小，为尽可能加大主缆矢跨比，采取的措施是将吊索悬吊在加劲梁下弦节点处的横梁外侧牛腿上。

加劲梁大部分节段采用 Q345qD 材质的钢材，主塔附近钢桁梁应力相对较大，采用 Q420qD 的钢材。钢桁梁采用整节段制造，每个节段为全焊结构，相邻节段之间桥面板及弦杆顶面为焊接连接，其余均采用高强度螺栓连接，制造时每两个节间作为一个节段，长 20.0 m，质量约 710 t，加劲梁标准横断面如图 7-21 所示。

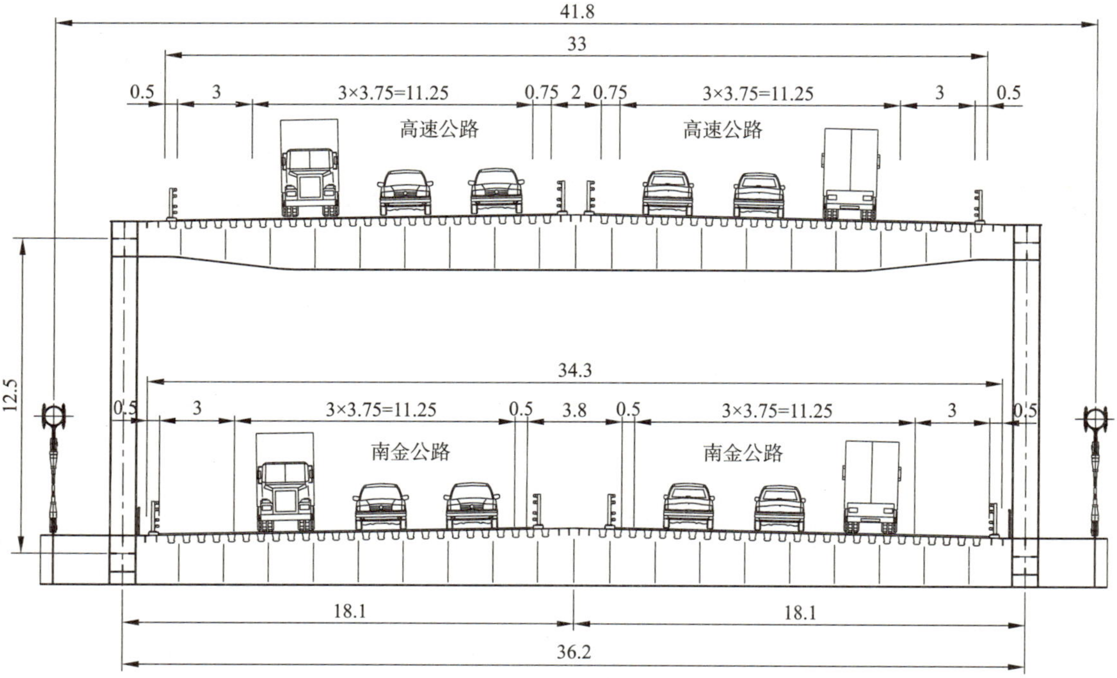

图 7-21　加劲梁标准横断面（单位：m）

3. 中塔

三塔或多塔悬索桥与经典两塔悬索桥的受力特征有较大区别，确定合适的中塔纵向抗弯刚度是关键，使得桥梁既具有一定的总体刚度满足行车要求，同时又使鞍座与主缆钢丝之间抗滑移具有足够的安全度，并且中塔自身受力满足要求。长江上已建成的三座大跨度三塔悬索桥中塔均采用刚度适中、强度较高的钢塔或钢-混凝土混合塔，其中泰州长江大桥采用纵向人字形钢塔，马鞍山长江大桥及鹦鹉洲长江大桥采用钢-混凝土混合塔。

瓯江北口大桥通行两条高等级公路，采用双层桥面钢桁梁，自重较大，使得中塔采用造价较节省的钢筋混凝土结构成为可能，为了保障钢丝与鞍槽间抗滑移安全，采用在主鞍槽中设置竖向隔板与鞍槽焊接（图 7-22），以提高主缆钢丝与鞍座槽间的摩擦力。实验研究表明，主缆与鞍座槽间综合名义摩擦系数≥0.3。如此，在一跨满载一跨空载的极端不利加载条件下，主缆钢丝与中塔鞍槽间抗滑移安全系数 $K \geqslant 2.0$，满足抗滑移稳定性要求。

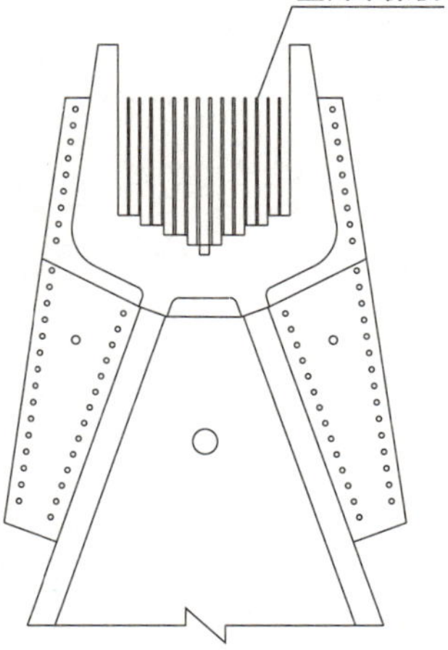

图 7-22　中主鞍座鞍槽内竖向隔板示意

钢筋混凝土结构中塔外形：纵向为 A 形，横向为门形，共四根塔柱，塔顶部设置上横梁，加劲梁之下设置下横梁，塔柱采用箱形截面，为了改善塔柱涡振性能，将塔柱四角进行切角，将截面钝化，切角尺寸为 0.6 m×0.6 m。塔柱横向宽度为 7 m，纵向宽度塔顶结合段由塔顶 9.0 m 渐变至 15.245 m，分叉段各塔柱纵向宽度为 7.0 m。中塔结构如图 7-23 所示。

4. 中塔基础

桥位处于强潮河口区，潮流为往复流，最大流速大于 2 m/s。中塔处海床面以下淤泥及淤泥质黏土厚度达 40 m，桥梁基础冲刷深度大。由于中塔为纵向抗弯刚度较大的 A 形钢筋混凝土结构，所以中塔基础所受的纵、横向弯矩较大。桥下通行 3 万吨级集装箱船，中塔基础所受的船撞力也较大。基于以上建设条件及桥梁受力结构特点，中塔基础采用刚度大、对船撞力承受能力强、造价较低的沉井基础。

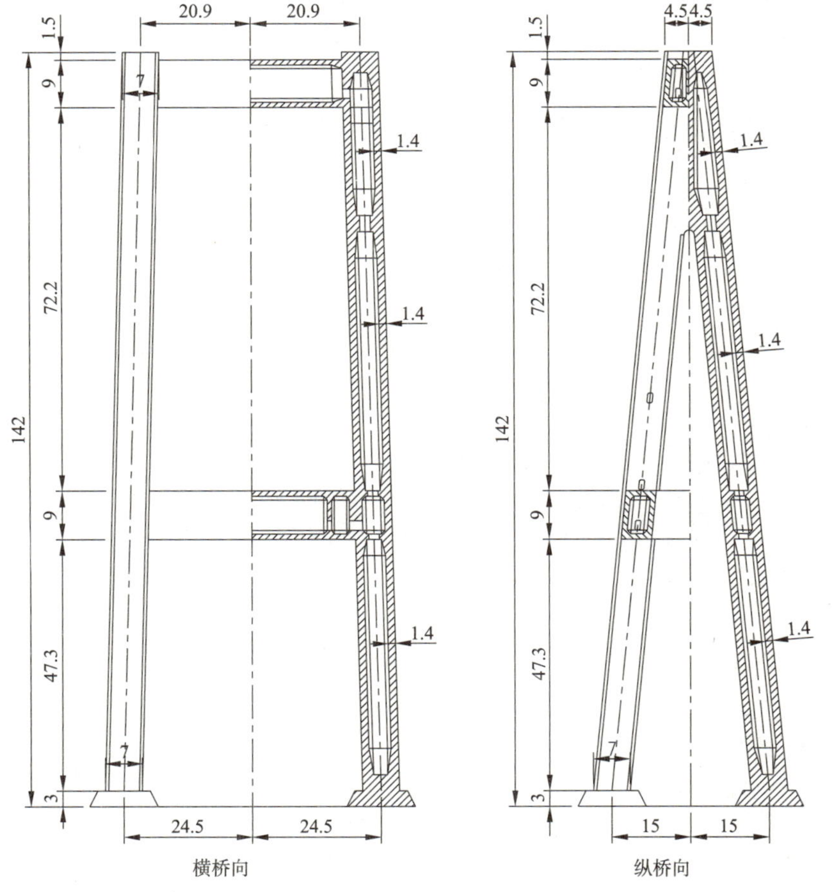

图 7-23　中塔结构（单位：m）

沉井平面尺寸横桥向 66 m，顺桥向 55 m，沉井总高 68 m，其中钢沉井高度 59 m，混凝土沉井高度 9 m；沉井持力层为卵石层。基础处于海洋环境，沉井钢壳壁板厚度根据耐久性需要确定。中塔沉井结构如图 7-24 所示。

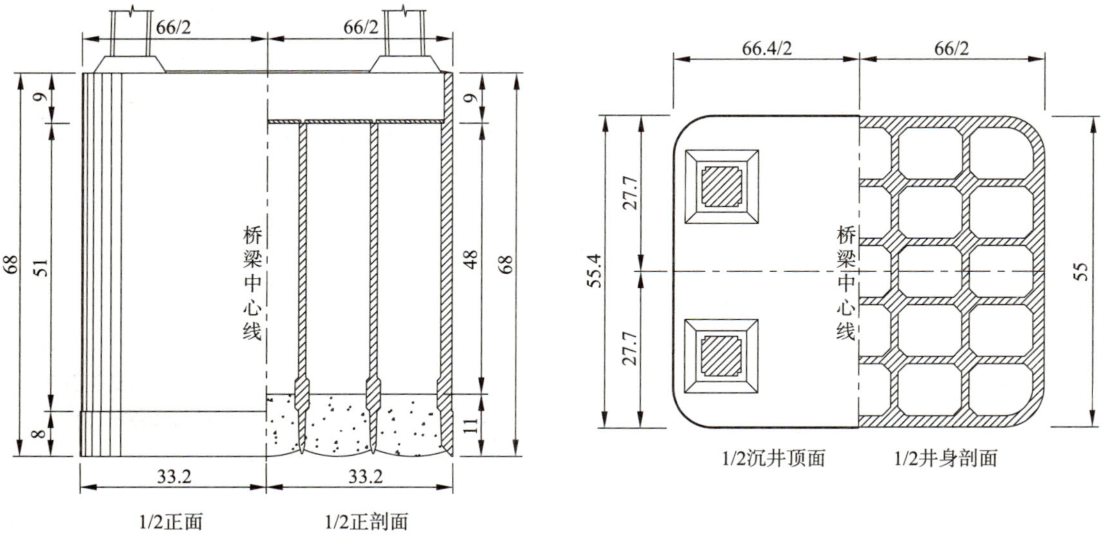

图 7-24　中塔沉井结构（单位：m）

参 考 文 献

[1] 唐寰澄.世界著名海峡交通工程[M].北京:中国铁道出版社,2004.

[2] 项海帆,肖汝诚,葛耀君,等.桥梁概念设计[M].北京:人民交通出版社,2010.

[3] 聂建国.钢-混凝土组合结构桥梁[M].北京:人民交通出版社,2011.

[4] 秦顺全.桥梁施工控制——无应力状态法理论与实践[M].北京:人民交通出版社,2007.

[5] 王应良,高宗余.欧美桥梁设计思想[M].北京:中国铁道出版社,2008.

[6] 肖汝诚,等.桥梁结构体系[M].北京:人民交通出版社,2013.

[7] 万田保,王忠彬.泰州长江公路大桥三塔两跨悬索桥总体稳定性分析[J].桥梁建设,2008(2):17-19.

[8] 万田保,杨进.三塔两跨悬索桥2个重要的技术指标和中塔疲劳验算加载模式[J].世界桥梁,2008(1):8-10.

[9] 杨进.多塔多跨悬索桥应用于海峡长桥建设的技术可行性与技术优势[J].桥梁建设,2009(2):36-39.

[10] 严国敏.现代悬索桥[M].北京:人民交通出版社,2002.

[11] 钱冬生.大跨悬索桥的设计与施工(修订版)[M].成都:西南交通大学出版社,1999.

[12] 杨进.泰州长江公路大桥主桥三塔悬索桥方案设计的技术理念[J].桥梁建设,2007(3):33-35.

[13] 杨进,等.泰州长江公路大桥三塔两跨悬索桥总体设计与结构选型[J].桥梁建设,2008(1):37-40.

[14] 万田保,等.泰州长江公路大桥三塔悬索桥中塔结构形式的选取[J].世界桥梁,2008(1):1-4.

[15] 王忠彬,万田保.泰州长江公路大桥三塔两跨悬索桥结构行为特征[J].桥梁建设,2008(2):38-40.

[16] 邹敏勇,等.泰州长江公路大桥三塔悬索桥中塔方案设计[J].世界桥梁,2008(1):5-7.

[17] 杨进.中国大陆创建多塔大跨度悬索桥的工程进展[J].桥梁建设,2009(6):39-41.

[18] 浙江省交通规划设计研究院,中铁大桥勘测设计院集团有限公司.温州瓯江北口大桥初步设计[Z].杭州:2015.

[19] 高宗余.沪通长江大桥主桥技术特点[J].桥梁建设,2014,44(2):1-5.

[20] 中华人民共和国交通运输部.公路悬索桥设计规范(JTG/T D65-05—2015)[S].北京:人民交通出版社,2016.

[21] 彭旺虎,邵旭东,胡建华.大跨悬索桥桁架加劲梁的选型和设计[J].公路交通科技,2009,26(3):80-86.

[22] 高康平,等.马鞍山长江公路大桥三塔悬索桥中塔刚度研究[J].桥梁建设,2011(5):1-5.

[23] 张强,徐宏光.马鞍山长江公路大桥设计与创新[J].桥梁建设,2010(6):1-5.

[24] 李翠霞.武汉鹦鹉洲长江大桥桥塔设计[J].桥梁建设,2014,44(5):94-98.

[25] 杨进.大桥深水基础方案设计与施工及经济性研究[J].桥梁建设,2011(2):46-49.

[26] 高宗余.温州瓯江北口大桥主桥技术特点[J].桥梁建设,2016(5).

[27] 高宗余.跨长江黄河的高速铁路大跨度桥梁[J].中国工程科学,2009(1):17-21.

[28] 高宗余,李龙安,屈爱平.汶川大地震对铁路桥梁抗震设计的启示和建议[J].铁道工程学报,2008(12):183-189.

[29] 高宗余,李小珍,强士中.大跨度公轨两用桥轨道横梁与整体节点连接疲劳试验研究[J].铁道学报,2007,29(3):78-83.

[30] 高宗余,等.钢桁拱桥吊杆风致振动研究[J].武汉理工大学学报,2007,31(2):281-284.

[31] Zongyu Gao, Lunxiong Yi, Haizhu Xiao. Dashengguan Bridge—The Largest Span Steel Arch Bridge for High-Speed Railway[J]. Structural Engineering International, 2010, (3).

[32] 高宗余,张强,王应良. 组合结构主梁斜拉桥设计进展[J]. 铁道勘察,2007,33(S1):50-53.
[33] 高宗余,方秦汉,卫军. 中国铁路桥梁技术发展与展望[J]. 铁道工程学报,2007,24(1):55-59.
[34] 高宗余. 武汉天兴洲公铁两用长江大桥总体设计[J]. 桥梁建设,2007(1):5-9.
[35] 黄晓航,高宗余. 无应力状态控制法综述[J]. 桥梁建设,2010(1):71-74.
[36] 肖海珠,高宗余. 郑州黄河公铁两用桥主桥结构设计[J]. 铁道勘察,2007,33(S1):30-34.
[37] 朱志虎,易伦雄,高宗余. 南京大胜关长江大桥三主桁结构受力特性与施工控制措施研究[J]. 桥梁建设,2009(3):1-4.
[38] 秦顺全,高宗余,潘东发. 武汉天兴洲公铁两用长江大桥关键技术研究[J]. 桥梁建设,2007(1):1-4.
[39] 郑史雄,徐伟,高宗余. 武汉天兴洲公铁两用长江大桥抗风性能研究[J]. 桥梁建设,2009(4):1-4.
[40] 肖海珠,等. 千米斜拉桥设计关键技术探讨[J]. 桥梁建设,2006(S2):1-4.
[41] 肖海珠,徐伟,高宗余. 安庆铁路长江大桥设计[J]. 桥梁建设,2009(5):6-8.
[42] 高宗余. 中国铁路客运专线大跨度钢桥设计实践[C]. 中国高速铁路国际高峰论坛论文集,北京:中国铁道出版社,2008.
[43] 高宗余. 武汉天兴洲公铁两用长江大桥设计[C]. 铁路客运专线建设技术交流会论文集,武汉:长江出版社,2005.
[44] 李忠三,雷俊卿,林道锦. 多塔斜拉桥力学特性分析[J]. 世界桥梁,2014,42(1):40-44.
[45] 彭伟,彭天波,李建中. 多塔斜拉桥纵向约束体系研究[J]. 同济大学学报:自然科学版,2009,37(8):1003—1009.
[46] 李传习,邹桂生. 法国米约高架桥—7 塔斜拉桥的设计与施工[J]. 世界桥梁,2005(4):18-20.
[47] 张喜刚,等. 嘉绍大桥多塔斜拉桥创新结构体系设计[J]. 公路,2013(7):286-289.
[48] Niels J. Gimsing, Christos T. Georgakis. Cable Supported Bridges-Concept and Design [M]. Third Edition. New York:John Wiley & Sons, Ltd.,2012.
[49] 万明坤,项海帆,秦顺全,等. 桥梁漫笔[M]. 北京:中国铁道出版社,2015.
[50] 李亚东. 桥梁工程概论[M]. 3 版. 成都:西南交通大学出版社,2014.
[51] 郑健. 中国高速铁路桥梁[M]. 北京:高等教育出版社,2008.
[52] 许兆斌,龚志刚. 科林斯湾上的里翁—安蒂里翁 4 塔斜拉桥[J]. 世界桥梁,2003(2):9-11.
[53] 中铁大桥局集团有限公司,等. 宜昌夷陵长江大桥[M]. 武汉:湖北科学技术出版社,2003.
[54] 姜红涛,张照霞,刘建波. 三塔两跨悬索桥中塔建设关键技术[C]. 第二十届全国桥梁学术会议论文集(上册),北京:人民交通出版社,2012.
[55] 吉林,韩大章. 泰州长江大桥设计与中塔基础施工[C]. 第十八届全国桥梁学术会议论文集(上册). 北京:人民交通出版社,2008.